中国茶叶与近代欧洲

刘勇 著

The
Chinese Tea
and
Early Modern
Europe

社会科学文献出版社
SOCIAL SCIENCES ACADEMIC PRESS (CHINA)

本书为国家社会科学基金一般项目"近代中国茶叶欧洲传播史研究"(项目批准号：15BSS037）最终成果

序　一

包乐史（Leonard Blussé）

　　为中国读者写一本关于茶叶的书，就像把一滴水引入大海一样。尽管如此，本书的特别之处在于，它翔实解释了中国的民族饮料被成功引入近代欧洲的整个发展历程：由最初被视为一种神奇药物，到后来成为少数人群的珍稀饮料，再到在英国、荷兰及其他一些国家成为家家户户喜爱的一种时尚流行饮料。这是一个十分生动有趣的故事。

　　500 年前，随着世界各大洲之间海上新航路的开辟，全球贸易开始蓬勃发展，这也深刻地改变了世界各地的饮食文化和习惯。正如英国历史学家亨利·霍布豪斯（Henry Hobhouse）所指出的，有六七种植物改写了人类历史。来自中国的茶叶和中东的咖啡在这些"变革的种子"中占有突出地位，因为它们彻底改变了其被引入地区前现代社会的公众生活行为和社会模式。在西欧，它们推动了茶馆、咖啡馆在许多国家的城镇中如雨后春笋般的出现，使得不同性别和阶层的人可以自由享受这些非酒精饮料，并在新诞生的公共社交场所自由交际。

　　一些草药、植物可以简单地从一个大陆移植到另一个大陆，并成为当地大众日常饮食的一部分。例如，由于西班牙人的成功引进，马铃薯和西红柿得以在中国和欧洲各地迅速普及而成为重要食物，以至人们常常忘记了它们源自南美洲安第斯山区这一事实。其他一些树木无法轻易地从一个地方移植到另一个地方，如香料树。其原因很简单，它们只能在热带地区非常特殊的条件下开花结果。直到今天，用于获取上等肉豆蔻的树木还是只能在印度尼西亚班达群岛的火山土壤中茂盛生长。然而，当人们知道这些香料不仅能够为菜肴增添味道和香气，而且是绝佳的食物保鲜剂时，它们便成为海上贸易中的大宗商品。

　　如今，茶树也生长在印度尼西亚、印度、斯里兰卡以及非洲的肯尼亚、莫桑比克及其他众多地区。但直到 200 年前，茶叶种植仍然是中国人的秘密。因此，在很长一段时间内，茶叶始终是中国珍贵的出口商品，欧美商人很乐于每年前往广州港进行贸易，并为其支付的价格不菲。咖啡在欧洲的引进与阿拉伯物质文化的传入并无多大关系，而茶叶的情况则恰恰相反。近代欧洲在接受中国茶叶的同时，还进口了大量中国瓷器，甚至在欧洲家庭中形成了一股名副其实的热爱中国时尚的浪潮。

多年来，欧洲的饮茶方式越来越适应于当地人的生活习惯和口味。在中国，喝茶可以随时随地。但在欧洲，人们仍然更愿意在具有优雅仪式感的"午茶时光"（即下午四时前后）庆祝放松时刻。本书读者将会惊喜地发现，现今英国人在茶中添加糖和牛奶，德国北部东弗里斯兰省居民甚至偏爱添加奶油，而这些都是源自他们早期就已养成的习惯。

凭借对欧洲多语种文献资料解读的丰富经验，刘勇教授在本书中细致描述和剖析了茶叶的传入对欧洲社会的多重深远影响。正如其系统梳理的那样，从药用植物到上流社会饮品，再到普罗大众日常饮料，茶叶深刻影响了近代欧洲各国的社会习俗、饮食文化，丰富了欧洲人的精神世界，也联结了中西文明交流。可以说，本书就是对一段跨文化传奇历程的生动记录，让我们得以一窥中西文明在茶叶这样一种神秘饮品上的奇妙邂逅。这不仅展现了中国茶叶的魅力，也让我们看到不同文明之间交融互鉴、包容共生的可能。就像我们随时所见，中国茶叶和瓷器的欧洲之旅，至今仍然催生着当地社会对中华文化的浓厚兴趣。

衷心感谢刘勇教授的这部用心之作，让我了解到中国茶叶海外传播更多鲜为人知的历史细节，在享受阅读的同时我也深深体会到东西方文明交汇的内在传承和精神品质，并对其美好未来更加憧憬。

2023 年 6 月于阿姆斯特丹

序 二

庄国土

如果说有哪种中国商品引发了中西关系的突变，那就是中国茶叶。18世纪20年代，随着饮茶习俗在欧洲的流行，欧洲各国的贸易公司开始竞相派船到中国大规模购买茶叶。20世纪初以前的近200年中，茶叶一直都是西方贸易商对东方贸易的大宗商品。

从17世纪20年代起，英国东印度公司在绝大部份年份中，所购买的茶叶价值占其从中国进口货物总价值的一半以上。茶叶贸易不但攸关英国东印度公司的生死存亡，而且对英国财政也至关重要，提供了19世纪前期英国国库全部收入的10%。17世纪中期至18世纪对华贸易的另一个大国荷兰，茶叶占其输出的中国商品总值的70%~80%。在其他欧洲大陆国家，如法国、瑞典、丹麦等国的对华贸易中，茶叶所占的中国货值比例也高达65%~75%。鸦片战争前的140年中，欧美贸易公司用来购买以茶叶为主的中国商品所花费的白银约1.7亿两。这些数据说明，茶叶在17~19世纪欧洲对华贸易中所扮演的重要角色。

在工业革命以前，西方人不能为其东方贸易提供除白银之外的任何有较大市场的产品。大量进口中国茶叶而又逐渐无力继续以白银购买，英美等国转而贩运鸦片到中国，直接导致鸦片战争的爆发，从而改变了整个中国的历史进程，中西关系也从互利商务关系转变为侵略和反侵略的斗争。

可以说，茶叶不仅是一种消费品，还是一种文化符号，代表了近代欧洲人对中国文明的向往和尊重。茶叶也是一种经济动力，促进了欧洲工业革命和资本主义发展，同时引发了中国社会的变革和危机。茶叶更是一种政治工具，影响了中西之间和欧美各国之间的权力平衡和利益分配。可以说，茶叶是连接中西方历史的一条重要纽带，见证了两个不同文明的交流与冲突。

在关于茶叶生产和贸易研究方面，中外学者的研究成果更多集中在茶叶贸易及其在中西商务关系和中国外贸的地位方面。关于茶叶如何取代咖啡、可可等传统饮料，成为风靡欧洲的饮品，从而导致欧洲各国竞相前往中国购买茶叶，则甚少有学者系统关注和研究。茶叶在欧洲流行的原因是一个复杂而多元的问题，涉及历史、文化、经济、社会等多个方面。要想系统地关注和研究这一问题，需要从多个角度和层面进行分析和探讨，不能简单地将其归结为某个因素或某条途径。

本书作者刘勇教授 2018 年推出权威性论著《近代中荷茶叶贸易史》后，在国家社科基金支持下，系统展开饮茶之风如何在欧洲传播的研究。首先，作者梳理了欧洲关于茶叶的传闻和认知，不但阐述了欧洲接受茶叶的认知基础，而且对茶树培养和改良及其国际传播也有较深入研究。其次，作者解读了茶叶传入欧洲后从昂贵的奢侈消费品乃至药品到逐渐成为民众普遍消费品的过程，这一转变是欧洲各国大规模进口中国茶叶和中国茶叶成为风靡世界的饮品的关键因素。最后，作者再以不同阶段茶叶制作和茶叶贸易的曲折变化对茶叶消费的影响阐述中国茶叶仍然能为欧洲人长期接受并被各国尝试种植的原因。

本书是刘勇教授 5 年前出版的《近代中荷茶叶贸易史》的姊妹篇，堪称五年磨一剑，一如既往地体现了其严谨的治学态度。刘勇教授以拉丁、荷、英、法文档案文献和权威著述等主要资料为基础，系统研究饮茶之风在欧洲的传播，这在国内中外贸易史研究中实属凤毛麟角、独辟蹊径。本书以丰富翔实的资料和清晰明确的论点展开论述，既有宏观的概括和总结，也有微观的案例和分析，既有比较，也有联系和融合，形成了一个完整而立体的研究框架。其不仅是对茶叶在欧洲传播和影响历史研究的重要贡献，弥补了该领域及相关文献研究的空白，而且是对中西文化交流和互动历史的重要见证，对欧洲相关社会经济史、商品史也有重要参考价值，体现了较强的创新性。

刘勇教授以扎实的学术积累来研究与当前时髦的"宏大叙事""重大问题导向"似乎没有直接联系的主题，其坐"冷板凳"的精神尤为难得。好在国家社科基金慧眼识金，支持该主题的研究，让坚持学术价值本体的学人仍有信心坚守。

有感于该书的学术价值和作者五年磨一剑的"冷板凳"精神，欣然为序。

2023 年 7 月于厦门

目　录

图表目录

绪　言

众所周知，世界三大饮料分别为原产于亚洲、美洲和非洲的茶、可可和咖啡。其中，既是第一批真正意义上的全球性商品之一，更是当今世界上最受欢迎饮品的茶源自中国，并在千余年的漫长岁月中通过陆海两路向外逐渐传播至世界各地，包括与中国相隔万里的欧洲。虽然中国茶叶传入欧洲至今只有 400 余年的历史，但欧洲在中国茶叶海外传播历史进程中的地位尤为重要。中国茶叶传入欧洲后，在海外的传播速度随着欧洲人全球殖民扩张的脚步进一步加速，饮茶习俗逐步实现其真正意义上的全球化。

归纳起来，在世界各国语言中，"茶"的发音大致分为两种，即 *teh* 和 *cha*（抑或其变体 *chai* 及 *chay*），分别源于中国南北方两种不同的方言体系。不管是何种发音的衍生词，"茶"一词实际上具有多重含义，即茶树、茶树叶子、干茶叶、茶饮甚至泡茶工艺。在茶叶及茶饮历史发展过程中，这些含义不同程度地与农林业（茶树种植培育和茶叶采摘）、食品加工业（茶叶制作加工）、商贸业（茶叶销售和零售）、饮食服务业（茶饮及茶馆经营）和饮食文化（饮茶习俗）等发生着具体而又密切的联系。当然，也会涉及社会发展的其他领域，譬如政治、外交等等。因此，在研究中国茶叶海外传播史时，或在研究中国茶叶与海外国家或地区关系史时，不可避免地需要考虑分析上述"茶"的不同含义各自以何种方式在此范畴中扮演何种角色，发挥作用。

具体到中国茶叶与欧洲的关系，最早可以追溯至 16 世纪。现有研究表明，最初记载中国茶叶及茶饮信息的西方文献于 16 世纪中期由意大利历史地理学家写成；最早接触中国茶叶及茶饮，并留下文字记录的西方人是 16 世纪中期远赴东方传教的耶稣会士；而最先将中国茶叶当作商品引入的西方人是荷兰人，其于 17 世纪早期将茶叶以商船载运回欧洲。18 世纪初至 1838 年，茶叶从中国被源源不断地输往欧洲。

　　茶在近代欧洲社会中的地位变迁是一个从无到有，从开始只是极少数上流阶层才消费得起的奢侈品，到后来成为许多普通家庭日常不可或缺的大众饮料的动态发展过程，欧洲社会其他方面也随之改变。例如，其一，欧洲人对茶的认知是从一些专业人士开始的，即通过其自身对茶叶及茶饮的了解、接触和专业化研究分析得出或统一对这一神秘外来饮料的看法，再由其向普通民众介绍和宣传，最终影响后者对茶的态度。其二，茶叶自18世纪初在欧洲各国贸易公司对华贸易中的地位开始凸显出来，影响着各贸易公司对华贸易，更是左右了一些公司对华贸易经营方式的变更与完善。其三，茶叶在欧洲各国销售和消费的过程中，对各国政府、进口贸易公司、经销批发商、零售商、消费者的各自相关利益，以及各国政府的财政状况与国家政策（尤其涉及茶叶进出口关税及国内消费税、茶叶走私、茶叶掺假制假等方面）等方面同样影响甚大。作为促销手段之一，有关饮茶功效或者茶叶质量或价格的广告宣传也伴随着茶叶销售过程而出现和完善。这对于近代欧洲茶叶销售业本身及商业广告产业的发展而言也意义深远。其四，茶籽或茶种曾先后被直接或间接地从中国及其他地区带到欧洲多国，主要是为了植物学家尝试在欧洲本土试种这一异域物种，而试种经过与结果及其所形成的经验教训，不管是对近代还是对后世欧洲相关领域，都有着十分重要的参考价值。其五，近代欧洲的饮茶习俗经历了从对东方传统饮茶习俗的完全模仿，到初步的创新性简单发展，再到实现符合本国民众饮食习惯的彻底本土化这一系列的演变过程，也正是欧洲各国饮茶习俗既同具共性，又独具个性的发展过程。

　　这些变化的具体内容皆有待研究者进一步研究，概括起来主要涉及近代欧洲茶叶贸易史和近代欧洲饮茶习俗史两个专门领域。目前，就这两大研究领域之间的关系而言，却依旧存在着一个值得学界正视的现象，那就是这两个看似分属不同方向的研究领域长期被学界分割对待。换言之，近代欧洲茶叶贸易史研究通常较少触及饮茶习俗在欧洲的传播，近代欧洲饮茶习俗史研究也往往忽略探讨欧洲的茶叶贸易沿革对欧洲饮茶习俗的影响和推动，而这两者之间事实上存在着不可分割的联系。然而迄今为止，尚无一部真正整合上述两个研究领域具体内容，全面、系统、深入的综合性研究著作。为弥补这一缺憾，本书以近代中国茶叶欧洲传播史为主题，将近代欧洲对华茶叶贸易与近代欧洲饮茶习俗史视为一个有机整体，给予系统考察和综合论述，这对于丰富和完善整个中国茶叶海外传播史研究有着极为重要的价值和意义。

自 20 世纪以来，海内外近代欧洲茶叶贸易史专题研究成果陆续出现。其中一些代表性专著的研究，或侧重于某一两个欧洲国家，或立足于中国，对茶叶在欧洲诸国的销售、消费研究的深度和广度整体相对薄弱，但对本书撰写有着十分重要的参考价值。

国外，克里斯托弗·格拉曼（Kristof Glamann）关于 17 世纪早期至 18 世纪中期荷兰亚洲贸易的《荷兰的亚洲贸易（1620~1740）》研究了几种有代表性的亚洲商品贸易。有关对华茶叶贸易，其根据不太完整的统计数据简单比较了 18 世纪 20～30 年代英国东印度公司（English East India Company，1600-1873，下称"英印公司"）、荷兰东印度公司（Verenigde Oost-indische Compagnie，1602-1795，下称"荷印公司"）在广州所购茶叶种类和价格，以及在各自国内的拍卖价格，从而凸显茶叶贸易对两国的重要性。[①] 梅慧聪（Hoh-cheung Mui）、劳拉·H. 梅（Lorna H. Mui）探讨 1784～1833 年英印公司对华茶叶贸易垄断经营的《垄断管理：1784～1833 年英国东印度公司茶叶贸易经营研究》，通过对中英茶叶贸易买卖市场的平衡研究，翔实分析了英印公司对华茶叶贸易垄断经营的诸多方面，例如英印公司在广州的购茶价格、贸易成本及运费，在其国内的售茶总量和类别，拍卖会上的竞拍均价及最终售价，公司仓库的茶叶出货情况，公司茶叶贸易盈亏等。[②] 罗伯特·贾德拉（Robert Gardella）的《丰收的山区：福建与中国茶叶贸易（1757~1937）》将福建茶产业置于广州一口通商体制

[①] Kristof Glamann, *Dutch Asiatic Trade*, *1620-1740*, Copenhagen and the Hague: Danish Science Press and Martinus Nijhoff, 1958.

[②] Hoh-cheung Mui and Lorna H. Mui, *The Management of Monopoly*: *a study of the East India Company's conduct of its tea trade*, *1784 - 1833*, Vancouver: University of British Columbia Press, 1984. 两位学者在一些论文中详细探讨了 1784 年前走私对英国茶叶贸易的冲击以及 1784 年颁布的减税法案（Commutation Act）对 1784~1793 年英国茶叶贸易的影响。参见 Hoh-cheung Mui and Lorna H. Mui, "The Commutation Act and the Tea Trade in Britain 1784-1793," *The Economic History Review*, vol. 16, iss. 2, 1963, pp. 234-253; Hoh-cheung Mui and Lorna H. Mui, "Smuggling and the British Tea Trade before 1784," *The American Historical Review*, vol. 74, iss. 1, 1968, pp. 44-73; Hoh-cheung Mui and Lorna H. Mui, " 'Trends in Eighteenth-century Smuggling' Reconsidered," *Economic History Review*, new series, iss. 28, 1975。

中加以考究，系统论述了清代及民国时期福建茶叶生产及销售情况，被视为第一个将茶叶产区与茶叶外销相结合的专门研究。① 克里斯·尼尔斯特拉茨（Chris Nierstrasz）的《茶叶及纺织品贸易的竞争：英国、荷兰东印度公司（1700~1800）》比较研究了 18 世纪英印公司、荷印公司的茶叶、纺织品贸易。关于茶叶贸易，其一方面探讨英、荷两大公司在广州茶叶贸易垄断的竞争以及私人茶叶贸易中所扮演的角色，另一方面分析欧洲茶叶走私问题、英国政府针对该问题所采取的措施以及茶叶走私与北美殖民地革命的关系。② 汉纳·霍达克斯（Hanna Hodacs）的《丝绸、茶叶在北方：斯堪的纳维亚贸易与 18 世纪欧洲的亚洲商品市场》有关茶叶的部分，比较研究了 18 世纪北欧国家瑞典、丹麦的对华贸易发展史，以及两国对华贸易的共性与差异性，综合分析了瑞、丹两国对英国的茶叶走私活动，欧洲茶叶市场的竞争，以及欧洲饮茶口味的趋同。③

此外，对中欧茶叶贸易史虽未做专门深入的考察，但对其多有关注或重视的代表性研究成果如下。马士（Hosea Ballou Morse）翔实叙述 1635~1834 年英印公司对华贸易状况的《东印度公司对华贸易编年史（1635~1834）》、④ 汉普顿·普理查德（Hampton Pritchard）深入分析 17~18 世纪中英关系的《17~18 世纪中英关系》和《早期中英关系的关键年代：1750~1800 年》、⑤ 迈克·格林堡（Michael Greenberg）详细讨论 19 世纪鸦片战争前英国对华贸易的《不列颠的贸易与中国的开放（1800~1842）》、⑥ 路易斯·德米尼（Louis Dermigny）周全考察 1719~1833 年广州对外贸易

① Robert Gardella, *Harvesting Mountains: Fujian and the China tea trade, 1757–1937*, Berkeley: University of California Press, 1994.

② Chris Nierstrasz, *Rivalry for Trade in Tea and Textiles: the English and Dutch East India Companies, 1700–1800*, Hampshire: Palgrave Macmillan, 2015.

③ Hanna Hodacs, *Silk and Tea in the North: Scandinavian trade and the market for Asian goods in eighteenth-century Europe*, Hampshire: Palgrave Macmillan, 2016.

④ Hosea Ballou Morse, *The Chronicles of the East India Company Trading to China 1635–1834*, 5 vols., Cambridge: Clarendon Press, 1926–1929.

⑤ Hampton Pritchard, *Anglo-Chinese Relations during the Seventeenth and Eighteenth Centuries*, Urbana: The University of Illinois, 1929; Earl H. Pritchard, *The Crucial Years of Early Anglo-Chinese Relations, 1750–1800*, New York: Octagon Books, 1970.

⑥ Michael Greenberg, *British Trade and the Opening of China 1800–42*, Cambridge: Cambridge University Press, 1951. 该作中译本之名为《鸦片战争前中英通商史》（康成译，商务印书馆，1961）。

的《中国与西方：18世纪广州贸易》、① 克里斯蒂安·科宁克斯（Christian Koninckx）具体探究18世纪前中期瑞典东印度公司（Svenska Ostindiska Companiet，1731-1813，下称"瑞印公司"）与远东海贸关系的《瑞典东印度公司第一、第二特许状（1731~1766）》等。②

国内，关于近代中欧茶叶贸易史专题研究成果依然稀缺，目前为止仅庄国土、仲伟民、刘章才及刘勇之作较为突出。庄国土研究18世纪茶叶国际贸易与中西商务关系的《茶叶、白银、鸦片与战争》系统概述了中西贸易如何结束，并讨论了茶叶在近代中西贸易中的核心地位，但未能细化研究西方各国对华茶叶贸易。③ 仲伟民在《茶叶与鸦片：十九世纪经济全球化中的中国》一书中重点关注了19世纪中国茶叶以英、美、俄为中心的国际贸易，并详细分析了中国近代茶叶国际贸易由盛转衰的原因。④ 刘章才的博士学位论文《十八世纪中英茶叶贸易及其对英国社会的影响》研究了18世纪英印公司对华茶叶贸易，以及该贸易中的运输问题和英印公司所进口茶叶的种类。经过修订完善后，该论文以《英国茶文化研究（1650~1900）》之名出版。⑤ 刘勇的《近代中荷茶叶贸易史》则是在其英文博士学位论文《1757~1781年荷兰东印度公司对华茶叶贸易》的基础上修订而成，研究了整个近代荷兰对华茶叶贸易，将1757~1781年该贸易分处中国、荷兰两端的各个环节，如中国内地产茶区、广州茶叶市场、荷兰茶叶销售市场等联结起来综合考察，以窥该贸易的历史发展全貌。⑥

另外，一些针对中国对外茶叶贸易的通史研究也或多或少地涉及近代

---

① Louis Dermigny, *La Chine et l'Occident：le commerce à Canton au XVIIIe siècle，1719-1833*，3 vols，Paris：S. E. V. P. E. N.，1964.

② Christian Koninckx, *The First and Second Charters of the Swedish East India Company（1731-1766）：a contribution to the maritime，economic and social history of north-western Europe in its relationships with Far East*，Kortrijk：Van Ghemmert，1980. 为节省篇幅，副书名较长的文献本书正文未译出。

③ Zhuang Guotu, *Tea，Silver，Opium and War：the international tea trade and Western commercial expansion into China in 1740-1840*，Xiamen：Xiamen University Press，1993.

④ 仲伟民：《茶叶与鸦片：十九世纪经济全球化中的中国》，三联书店，2010。

⑤ 刘章才：《十八世纪中英茶叶贸易及其对英国社会的影响》，博士学位论文，首都师范大学，2008；刘章才：《英国茶文化研究（1650~1900）》，中国社会科学出版社，2021。

⑥ Liu Yong, *The Dutch East India Company's Tea Trade with China，1757-1781*，Leiden and Boston：Brill，2007；刘勇：《近代中荷茶叶贸易史》，中国社会科学出版社，2018。

中欧茶叶贸易内容。陈慈玉的《近代中国茶业的发展与世界市场》以经济学方法探讨在西方冲击下近代中国茶业的蜕变,分析了近代中国茶业与世界市场的关系,但所涉时间基本为鸦片战争之后,仅于第一章简单讨论了鸦片战争前英印公司的广州茶叶贸易。① 陈椽研究西汉至新中国成立前夕中国茶叶外销的《中国茶叶外销史》,梳理了中国茶叶对外贸易的初兴、发展及衰落,西方资本主义侵入争夺茶叶对中国茶叶产销的破坏,以及中国茶叶外销衰败的根源,但所提西方国家仅为英国、荷兰、俄国且论述过于简略。② 张应龙同样研究中国茶叶外销兴衰史的《中国茶叶外销史研究》起笔于 17 世纪荷兰对华茶叶贸易,止于 19 世纪中国茶叶外销的衰落,其中提及茶叶对中西文化交流的促进作用,但并未做深入探讨。③

截至目前,系统全面论述近代欧洲饮茶习俗史的专题研究成果同样稀缺。关于这方面的探讨,大都包含在现有多数茶学研究专著中,且其内容较为浅略和分散,不易全面准确地反映近代欧洲饮茶习俗历史发展的完整面貌。

国外,威廉·哈里森·尤克斯(William Harrison Ukers)从历史、技术、科学、商业、社会及艺术等方面,阐述全球范围内茶叶所涉各个领域百科全书式的《茶叶全书》,描述了近代中国茶叶输入欧洲的大概过程,对欧洲一些国家的饮茶习俗及其影响有过开拓性简述,但其内容大都全而不精,且部分叙述散乱,或不准确,或缺乏必要的资料来源说明,即使整书引用了大量原始史料。不过,这部 1000 余页的两卷本名作对后世世界茶史研究的深远影响和启迪不容置疑。④ 同样,还需特别提及另外 3 部学术性强、参考价值高的茶史研究成果。简·佩蒂格鲁(Jane Pettigrew)、布鲁斯·理查森(Bruce Richardson)探索 17~21 世纪初茶叶在英国、美国日常生活中所扮演角色的《茶的社会史》,算得上是一部相对系统全面的英美茶史专著,其利用相关馆藏品和档案资料针对许多有趣主题展开研究,例如茶叶初抵英国、英印公司、茶叶走私、饮茶礼仪等。然而遗憾的是,该

---

① 陈慈玉:《近代中国茶业的发展与世界市场》,中研院经济研究所,1982。该书 2013 年以《近代中国茶叶之发展》之名由中国人民大学出版社再版。

② 陈椽:《中国茶叶外销史》,碧山岩出版社,1993。

③ 张应龙:《中国茶叶外销史研究》,博士学位论文,暨南大学,1994。

④ William Harrison Ukers, *All about Tea*, 2 vols., New York: The Tea and Coffee Trade Journal Company, 1935.

书虽然引述了许多珍贵史料内容，但通篇未交代资料来源。① 马克曼·埃利斯（Markman Ellis）、理查德·科尔顿（Richard Coulton）、马修·梅杰（Matthew Mauger）以英国与中国茶叶的关系为视角，从商业、文化、哲学、经济、政治、外交及文学艺术等多个层面，研究 16~20 世纪中国茶叶全球化进程的《茶叶帝国：征服世界的亚洲树叶》，尤为翔实地叙述了英国饮茶发展史的诸多方面，例如茶叶进入伦敦的过程，科学家了解茶叶药性的尝试，文学艺术家对茶的着迷，社会日常生活中的茶叶使用，因茶而起的政治和经济争议与冲突，等等。② 此作对本书研究思路的拓展启发甚多。乔治·范·德利姆（George van Driem）堪与尤克斯之书媲美的力作《茶的故事：史前至今的茶叶通史》，也是一部图文并茂全面介绍茶叶这一世界饮品发展史的权威性百科全书式著作。虽然该书以简洁的风格写成，读起来更像是一本小说，但书中脚注和参考文献极其丰富，无不显示作者所做研究的精心程度。③ 书中的诸多主题及其内容，对本书也极具借鉴价值和启示意义。

　　此外，一些不同程度涉及近代欧洲饮茶习俗，但学术严肃性稍逊的茶史书册也值得一提。伊奥考·海塞（Eelco Hesse）泛谈茶叶种植制作、生产消费、器具食谱、化学药理等方面的《茶：菩提达摩的眼睑》，开篇扼要描述了近代欧洲饮茶习俗的演进脉络。④ 约·特尔·莫伦（Joh R. ter Molen）为博物馆展览所撰关于荷兰饮茶发展史的《茶叶专题》，除简单探讨近代荷兰茶叶进口、销售与消费历史以及荷兰茶店经营、茶叶税征收、茶叶拍卖等方面外，也对荷兰饮茶习俗史诸多方面有所介绍，但缺乏系统深入的学术性研究。⑤ 安东尼·博格斯（Anthony Burgess）所著篇幅不大

---

① Jane Pettigrew, Bruce Richardson, *A Social History of Tea*：*tea's influence on commerce，culture & community*，Danville：Benjamin Press，2014. 此版本是在 2001 年首版基础上扩充内容而成，首版内容仅局限于英国饮茶史。另见 Jane Pettigrew, *A Social History of Tea*：*tea's influence on commerce，culture & community*，London：The National Trust，2001。

② Markman Ellis，Richard Coulton and Matthew Mauger，*Empire of Tea*：*the Asian leaf that conquered the world*，London：Reaktion Books，2015.

③ George van Driem，*The Tale of Tea*：*a comprehensive history of tea from the prehistoric times to the present day*，Leiden and Boston：Brill，2019.

④ Eelco Hesse，*Thee*：*de oogleden van Bodhidharma*，Amsterdam：Bert Bakker，1977.

⑤ Joh R. ter Molen，*Thema thee*：*de geschiedenis van de thee en het theegebruik in Nederland*，Rotterdam：Museum Boymans-Van Beuningen，1978.

的《茶书》也粗略提及了茶叶西方传播史，但基本侧重于19~20世纪的概况。[①] 鲁伯特·福克纳（Rupert Faulkner）所编关于茶叶如何将东方与西方相联结的《茶：东方与西方》，只泛泛说及17~18世纪饮茶及茶具在西欧的传播。[②] 罗伊·莫克塞姆（Roy Moxham）主要叙及19~20世纪英国与南亚殖民地茶业关系的《茶：嗜好、开拓与帝国》，对18世纪英国茶叶税收及走私进行了一定的描述。[③] 比特里斯·霍尼格（Beatrice Hohenegger）探讨茶社会文化层面、寓教于乐式叙事史的《液玉：从东方到西方的茶叶故事》有关茶叶在西方的内容中，也蜻蜓点水般述及17世纪后期英国茶叶税收、英印公司茶叶贸易垄断以及18世纪英国茶叶走私和茶叶掺假制假。[④] 维克托·梅尔（Victor Mair）、厄林·霍（Erling Hoh）的《茶的真实历史》，以时间变迁为经、全球地域为纬，按18个自由式主题，述说中国（也捎带印度、锡兰）茶叶世界传播历程，其中只有两个主题分别涉及茶开始在欧洲的传播以及19世纪英国茶史。[⑤] 即使如此，其也胜过早先劳拉·C. 马丁（Laura C. Martin）的简史式《茶：改变世界的饮料》，内含10个主题的后者只有极少部分内容涉及茶叶欧洲传播史及19世纪的英国茶俗。[⑥] 同样的情况出现在艾伦·迈克法兰（Alan Macfarlane）、爱瑞丝·迈克法兰（Iris Macfarlane）分14个专题介绍印度茶业与英国关系的《绿色黄金》中。[⑦] 涉及茶叶欧洲传播史的研究还见诸日本学者著作，但绝大多数显得浅泛，且不太重视参考资料的出处说明。生活设计编集部（暮しの设计编集部）从美食角度所编的《英式下午茶》略微谈到茶叶传播及英

---

① Anthony Burgess, *The Book of Tea*, Paris: Flammarion, 1990.

② Rupert Faulkner (ed.), *Tea: east & west*, London: V&A Publications, 2003.

③ Roy Moxham, *Tea: addiction, exploitation and empire*, London: Constable & Robinson Ltd., 2003.

④ Beatrice Hohenegger, *Liquid Jade: the story of tea from east to west*, New York: St. Martin's Press, 2006.

⑤ Victor H. Mair & Erling Hoh, *The True History of Tea*, London: Thames & Hudson, 2009.

⑥ Laura C. Martin, *Tea: the drink that changed the world*, Tokyo, Vermont, Singapore: Tuttle Publishing, 2007. 2018 年，该书改名再版，但内容与原来一致。参见 Laura C. Martin, *A History of Tea: the life and times of the world's favorite beverage*, Tokyo, Vermont, Singapore: Tuttle Publishing, 2018。

⑦ Alan Macfarlane and Iris Macfarlane, *Green Gold: the empire of tea*, London: Ebury Press, 2003.

国红茶文化。① 角山荣主要探讨茶叶如何西传的《茶的世界史》，除梳理日本绿茶的世界传播历程外，还简单叙及饮茶在荷兰的兴起，以及英国绿茶、红茶饮用习惯的转变。② 矶渊猛特别讨论红茶世界传播史略的《一杯红茶的世界史》，仅是极其粗略地提及近代英国饮用红茶的演变，其写法与角山荣之作颇为相似。③ 土屋守畅谈当代英国茶文化的《红茶风景》，稍许说及茶在英国的传播。④ 仁田大八分析英国红茶文化的《邂逅英国红茶》，除重点讨论英国红茶文化特色外，还在一定程度上关注了茶叶西传历程。⑤

　　国内相关研究较少，真正具有学术参考价值的代表性研究成果依旧稀缺，前述刘章才的《英国茶文化研究（1650～1900）》和马晓俐的《多维视角下的英国茶文化研究》最值得肯定。刘章才系统阐述了 18 世纪饮茶在英国的普及过程，包括茶叶最初进入英国的状况、茶在英国的传播和最终普及、英国社会关于茶的争论以及茶与英国社会经济和政治生活的关系，很好地反映出该世纪中国茶叶对英国社会的影响。马晓俐详细展示了茶叶在英国的社会角色、文化作用和文学作品中的饮茶仪式及文化，其将茶叶置于多种学科领域并采取多维视角，分别探讨茶叶与社会、历史、文化和文学之间的关系，以体现中国茶叶在英国历史上所发挥的积极作用。⑥ 除了刘章才、马晓俐关于英国饮茶习俗史较深的专题研究，陈椽所编《茶业通史》，刘勤晋所主编《茶文化学》，张忠良、毛先颉所编《中国世界茶文化》，姚国坤所编《惠及世界的一片神奇树叶——茶文化通史》等都对英、荷、法等国的饮茶方式及习俗有过简略扼要的描述介绍。⑦ 而近 30 年来，也有一些零星涉及中国茶叶海外传播及西方（主要是英国）饮茶习俗等方面的期刊文章发表。除了沈立新的《略论中国茶文化在欧洲的传播》

① 生活设计编集部编《英式下午茶》，许瑞政译，台湾东贩公司，1997。
② 角山荣：《茶的世界史》，王淑华译，玉山社，2004。
③ 矶渊猛：《一杯红茶的世界史》，朝颜译，东方出版社，2014。
④ 土屋守：《红茶风景：走访英国的红茶生活》，罗燮译，麦田出版公司，2000。
⑤ 仁田大八：《邂逅英国红茶》，林呈蓉译，布波出版有限公司，2004。
⑥ 马晓俐：《多维视角下的英国茶文化研究》，浙江大学出版社，2010。
⑦ 陈椽编著《茶业通史》，中国农业出版社，2008；刘勤晋主编《茶文化学》，中国农业出版社，2002；张忠良、毛先颉编《中国世界茶文化》，时事出版社，2005；姚国坤编《惠及世界的一片神奇树叶——茶文化通史》，中国农业出版社，2015。

和刘勇的《中国茶叶与近代荷兰饮茶习俗》等极少几篇颇具学术参考价值,[①] 大多数将视野放在逸事介绍上,篇幅有限,内容不详,论据缺乏,深度不足。[②] 此外,还相继出现了几篇研究中国茶叶传播英国(或欧洲)的硕士学位论文。然而,虽然具有一定参考价值,但大都在研究理论、研究方法、研究框架以及史料利用上明显存在相当大的缺陷。[③]

　　结合对前述有关中国茶叶与近代欧洲关系各类研究的不足或缺憾及其参考价值的分析,本书试图突破从历史、经济、文化等单一领域入手的研究模式,以跨学科、多视角、多方位、分专题形式,将近代欧洲茶叶贸易史与欧洲饮茶习俗史融会贯通,以全球化视野从中欧经贸往来与文化交流历史发展的角度,对近代中国茶叶传入欧洲与欧洲饮茶习俗流行及其本土化发展基本历程进行系统概括和论证,归纳总结其一般规律、共同特征及普遍影响;通过深入比较分析欧洲诸国饮茶习俗普及过程的特殊规律及其鲜明个性,以探究促成这些历史现象的内外因素,及其对各国饮茶习俗不同发展方向和内容所产生的重要影响。

　　本书以历史文献研究法为主要研究方法,对所收集整理的与书中各专题相关的近代欧洲原始档案文献,以及现代研究论著等各类资料认真研读

---

① 沈立新:《略论中国茶文化在欧洲的传播》,《史林》1995 年第 3 期;刘勇:《中国茶叶与近代荷兰饮茶习俗》,《历史研究》2013 年第 1 期。

② 罗家庆:《西方茶文化一瞥》,《农业考古》1991 年第 4 期;邹瑚:《英国早期的饮茶史料——英国工人饮茶始于何时》,《农业考古》1992 年第 2 期;徐克定:《英国饮茶轶闻》,《农业考古》1992 年第 2 期;徐克定:《英国饮茶趣史》,《食品与生活》1996 年第 3 期;郝赛丽:《英国人的饮茶风俗》,《中国茶叶》1998 年第 6 期;姚江波:《中英茶文化比较》,《农业考古》1999 年第 4 期;侯军:《英伦问茶》,《农业考古》1999 年第 4 期;辜振丰:《英国红茶文化的光与影》,《农业考古》1999 年第 4 期;李荣林:《茶叶传欧史话》,《农业考古》2000 年第 4 期;郑雯嫣:《论维多利亚时代红茶文化的形成与发展》,《农业考古》2003 年第 2 期;张稚秀、孙云:《西方茶文化溯源》,《农业考古》2004 年第 2 期;孙云、张稚秀:《茶之西行》,《茶叶科学技术》2004 年第 4 期;凯亚:《略说西方第一首茶诗及其他——〈饮茶皇后之歌〉读后》,《中华养生保健》2007 年第 1 期;车乒、蓝江湖:《丝绸之路上中国茶文化的传播及其对欧洲的影响》,《福建茶叶》2017 年第 8 期。

③ 杨静萍:《17~18 世纪中国茶在英国》,硕士学位论文,浙江师范大学,2004;贾雯:《英国茶文化及其影响》,硕士学位论文,南京师范大学,2008;何丽丽:《中国茶在欧洲的传播及其影响研究》,硕士学位论文,南京农业大学,2009;杜大干:《明清时期茶文化海外传播初探》,硕士学位论文,山东师范大学,2010;庄琳璘:《18 世纪英中红茶贸易及其对英国社会的影响》,硕士学位论文,福建师范大学,2016。

分析。所利用的外文资料较为广泛，既有 20 多类未刊原始档案及约 200 种已刊近代文献，也有大量已刊现代书籍、文章、学位论文及报纸期刊；所涉及语种既包括拉丁语，又包括葡、西、意、英、荷、法、德、丹、瑞等国近现代语言。本书运用世界经济学、社会学、传播学、文化学等其他多学科和专业的理论和方法，交叉进行多层次分析和论证，做到纵向归纳与横向比较相结合、宏观辨识与微观探析相结合、整体研究与个案调查相结合、动态分析与静态解剖相结合，使研究既有深度又有广度：以历史的发展为背景，应用唯物史观，广泛吸收国内外研究成果，从宏观上系统梳理归纳和综合分析中国茶叶在欧洲传播的整体发展轨迹，以及欧洲饮茶习俗的演变过程，并对茶叶传播动因及其影响、饮茶习俗在欧洲诸国各自所呈现的不同形态及其特征进行静态微观的个案比较研究。

　　具体而言，本书围绕中国茶叶在近代欧洲的传播这一主题，分别就欧洲人对中国茶叶的认知历程，欧洲对华茶叶贸易的历史沿革，欧洲茶叶销售消费过程中的征税、走私、掺假制假及广告宣传，欧洲人本土种茶尝试以及欧洲饮茶习俗的演变脉络及其本土化进行既系统又深入的探讨。除了绪言和结语，本书共分为八章。第一章是欧洲人对中国茶叶的初识，概述欧洲人借助什么方式对中国茶叶进行最初记载，在何地获得对中国茶叶的最初接触，通过什么途径开始向欧洲输入中国茶叶。第二章是欧洲饮茶习俗的兴起，梳理欧洲各国专业性人群，例如学者、传教士、旅行家、医学家、博物学家、政治家、商人等，其通过对茶叶及茶饮直接接触或间接了解，以及专业化研究分析而做出对饮茶功效的赞扬或质疑，并简述 17 世纪中后期饮茶这一新习俗在各国上流阶层家庭和社会生活中的兴起。第三章是欧洲对华茶叶贸易，论述自 17 世纪前期始，英、荷、法、瑞、丹、德等国先后成立的亚洲贸易公司或东印度贸易公司参与对华茶叶贸易的发展历程，同时注意比较分析上述各国在该贸易中所呈现的不同经营特征。第四章是欧洲的茶叶征税与走私，考察主要几国政府对茶叶进口和在国内销售所征收的进口税及其附加税、消费税，以及对于茶叶再出口所采取的相应税收政策，讨论欧洲大陆国家对英国的茶叶走私，以及英国走私商人的具体走私贩运活动内容，并重点分析英国政府针对茶叶税收先后出台实施的一系列相关重要法案法令。第五章是欧洲的茶叶掺假制假，探究在茶叶出口国中国以及欧洲茶叶进口消费国的掺假制假行为，具体剖析最大茶叶进口国英国政府对茶叶掺假制假行为所采取的应对措施，兼论欧洲贸易公司在华采购茶叶时的掺混现象，国内茶叶经销批发商从公司拍卖会购茶，以及零售杂货商向经销批发商购茶后的拼配分包业务。第六章是欧洲的茶叶广告宣传，详述若干代表性国家茶叶商人为了促销而推行的各类广告宣传模式，如除了保留传统的店铺标志物展示、实物陈列等方式，还陆续发展出登发报纸期刊广告，张贴招贴、海报，散发活页、传单，商品包装纸等上印刷广告语，以及编辑宣传册等。第七章是欧洲人的本土种茶尝试，主要叙述自17世纪后期开始，欧洲多国植物学家利用从中国或其他地区引入欧洲的茶籽或茶种，试图在本土培育的经历。第八章是欧洲饮茶习俗本土化，详细阐释自17世纪中后期始，在欧洲上流阶层示范和带动效应下，饮茶习俗逐渐向中下阶层扩散而成为大众饮食习惯的演变脉络，以及各主要国家饮茶习俗在此过程中如何实现既有共性又各具特色的本土化，同时详细介绍各国文人如何将茶叶和饮茶习俗完美融入各类体裁的文学作品，以表达对饮茶的态度。

综上而言，本书以全球史视野对近代中国茶叶传入欧洲，以及欧洲饮茶习俗流行、变化及其本土化历程，进行整体性和综合性研究，首次系统全面地阐述中国茶叶在欧洲传播、贸易和消费的情况，弥补了既往研究的不足，勾勒了近代中国茶叶欧洲传播史丰富景象，以此进一步诠释近代经济全球化下中欧经贸、文化交流对欧洲历史发展进程的影响与贡献。

本书在物质文化史和中外关系史研究方面皆有所探索，体现了一定的学术特色。物质文化史研究方面，以"茶叶传播"为中心，赋予物质交流以新的内涵，展示茶叶传播及其影响的生动细节，揭示其物质性、文化性、生命性和动态性的多维度图景，并提出自己的思考；中外关系史研究方面，通过对"茶叶传播"的诸多层面进行专题式阐述，重构了历史上不同社会互动的景象，对丰富和完善中国茶叶海外传播、"海上丝绸之路"乃至整个中外交流历史的研究有着推动和深化作用。

第一章　欧洲人对中国茶叶的初识

在相当长一段时期内，茶叶的日常使用仅限于东方两个古老国度，即茶叶故乡中国及其近邻日本。千百年来，茶叶不仅在中国人的社会生活中被赋予十分特殊的意义，而且在中国对外友好交往中也有着非常重要的地位。伴随着中国对外交往的持续扩大，茶叶不断从中国向世界其他地区传播，中国成为截至 19 世纪中叶绝大多数茶叶输入国的唯一货源地。

对于陆海两路距离远东皆为遥远的欧洲来说，其民众早期与中国茶叶建立起联系的方式较为特别，先后经历了从个别学者在本土听闻中间人转述有关茶叶、茶饮信息后记载入册，到数位传教士和旅行家不远万里前往东方游历或来华传教而接触了解茶叶、茶饮并将相关知识信息传回欧洲，再到初步意识到茶叶商业价值的商人驾船将中国茶叶运回欧洲这一过程。

第一节　中国茶叶的最初记载

最早的欧洲茶叶记述出现在文艺复兴（14~16 世纪）后期的意大利。罗马、威尼斯和那不勒斯是 16 世纪艺术和文化蓬勃复兴最为明显的城市，是财富、权力和文艺的集大成之地。欧洲人对亚洲的最初了解是通过有影响力的政治、宗教和经济中心梵蒂冈，贸易和银行在意大利半岛积累起来的。来自亚洲的教会报告和信函在罗马被汇编和出版，他们对茶的描述，在那不勒斯的东方历史和来自威尼斯的丰富多彩的东方游记中，得到生动的补充。

罗马梵蒂冈在整个欧洲大陆和亚洲的一些地区产生了相当大的影响。在东印度群岛，耶稣会（Societas Iesu）好战的福音派与征服者和商人冒险家联手合作。在欧洲就像在亚洲一样，恰逢意大利大部分地区处于西班牙哈布斯堡王朝（Casa de Hapsburgo）的统辖之下，梵蒂冈与里斯本和马德里的皇家宫廷具有共同利益。① 作为罗马天主教信仰的首都，梵蒂冈得到了几乎所有西方国王和王后的一定程度的顺从。此外，罗马教廷的语言是罗马沟通和控制权力的重要来源。几个世纪以来，拉丁语一直是受过教育的欧洲人的通用语，意大利语则是最广为人知的语言。作为外交和信息传递的交会点，罗马是收集外国情报和传播知识的中心城市。梵蒂冈驻印度教廷大使以公函形式，通过每年返回里斯本的东印度商船［经地中海至奥斯蒂亚（Ostia），沿泰伯（Tiber）河上溯罗马］向意大利发送报告。外交公函和教廷信函由此传递，并随后由梵蒂冈以意大利文和拉丁文发布出版，以宣布教会在亚洲所取得的成功，并传播发现的非凡东方信息。

1545 年，那不勒斯成为欧洲人口最多的城市，也是地中海地区的主要港口。那不勒斯拥有可追溯至希腊、罗马时代的充满活力的航海历史，是古代和中世纪世界的贸易和文化中心，附近的萨勒诺（Salerno）也以其医学院而闻名。早在 1224 年，神圣罗马帝国皇帝弗雷德里克二世就创建了那不勒斯大学，这是欧洲历史最悠久的学术机构之一。两个世纪后，当亚洲商品沿着丝绸之路流向西方时，为了满足国王对东方的好奇心，图书馆增添了关于威尼斯商人马可·波罗（Marco Polo）前往中国旅行的书籍。作为那不勒斯王国的首都，这座城市是前往意大利的欧洲和亚洲使者、旅行者以及发往意大利信件的目的地。16 世纪，哈布斯堡王朝任命的总督负责建造和翻新了城中大量建筑、船坞和防御工事。该城的富人赞助创造了艺术收藏场所、博物馆、图书馆和植物园，使得那不勒斯成为欧洲伟大的艺术文化都市之一。

威尼斯位于亚得里亚海的战略要地，曾经是欧洲最强大的城市，在西方与东方的拜占庭帝国及伊斯兰世界之间的陆路和海上贸易中占据着支配地位。随着土耳其人攻陷君士坦丁堡以及 15 世纪与奥斯曼帝国的 30 年战争，威尼斯的势力渐衰。伊比利亚人在亚洲和新世界的崛起，让威尼斯黯然失色。然而，即使在葡萄牙的东印度航线的开通结束了威尼斯对亚洲贸

---

① 哈布斯堡家族发源于 11 世纪早期，是欧洲历史上地位最显赫、统治区域最广袤的王室之一。16 世纪中叶，哈布斯堡家族分为奥地利与西班牙两个分支，前者称作奥地利哈布斯堡王朝，占据神圣罗马帝国帝位；后者称作西班牙哈布斯堡王朝，以西班牙国王之名统治西班牙、尼德兰、那不勒斯王国、撒丁王国以及美洲新世界的广袤领土。

易的垄断之后，威尼斯仍然是一个重要的国际货贸中心。作为通往东方的传统门户，威尼斯的影响力逐渐扩大，城市繁荣起来。威尼斯仍然是地中海和欧洲最大的船坞，建造新式的船舶、武器及装备。意大利北部，威尼斯、佛罗伦萨和热那亚拥有着为欧洲贸易提供资金的银行大家族：德尔班科（del Banco）、美第奇（Medici）、巴尔多（Bardo）。经由陆路西行抵达欧洲宫廷和都市的东方使节和商人在威尼斯开始他们的欧洲旅行，威尼斯人便开始熟知他国各类事务，获得商业利益。事实上，威尼斯几乎在各个方面都与罗马和其他欧洲城市存在着竞争。知识汇入威尼斯并聚集，然后以书籍的形式向欧洲大陆各地散播。威尼斯贸易商、学者和印刷商对知识的翻译、整理和出版极为擅长。该城的出版社在资料和观点的传播方面很有建树，"在 1501 年以前，威尼斯印刷的书籍比任何其他欧洲城市都要多，在意大利只有罗马才能与之相匹敌"。①

　　正是在威尼斯，第一次出现了西方的茶叶记录。威尼斯地方法官乔瓦尼·巴蒂斯塔·拉穆西奥（Giovanni Battista Ramusio）以强烈的好奇心诠释了学识渊博的意大利人对东方的看法。作为欧洲文艺复兴时期著名的政治家、历史地理学家和语言学家，拉穆西奥努力搜集了大量的各种第一手欧亚旅行游记报告，并将其翻译成意大利语。1550～1559 年，他历尽艰辛编撰的三卷本历史地理汇编《航海与旅行》（Delle navigationi et viaggi，或译作《航海旅行纪》）陆续出版。这部鸿篇巨制向整个欧洲大陆展示了当时对欧洲而言极为神秘的东方世界，增加了欧洲人对世界的了解。② 拉穆

---

① Donald F. Lach, "The Printed Word," *Asia in the Making of Europe*, vol. I, chap. 4, Chicago: The University of Chicago, 1965, p. 149.

② 参见 Giovanni Battista Ramusio, *Primo volvme delle nauigationi et viaggi nel qval si contiene la descrittione dell Africa, et del paese del Prete Ianni, con uarii uiaggi, dal mar Rosso a Calicut, & insin all'isole Molucche, doue nascono le Spetiere, et la nauigatione attorno il mondo …*, Venetia: Lvcantonio Givnta, 1550; Giovanni Battista Ramusio, *Secondo volume delle navigationi et viaggi nel qvale si contengono l'historia delle cose de Tartari, & diuesi satti de loro imperatori, descritta da M. Marco Polo gentilhuomo Venetiano, & da Hayton Armeno …*, Venetia: Tomaso Givnti, 1559; Giovanni Battista Ramusio, *Delle navigationi et viaggi raccolte da M. Gio. Battista Ramusio, volvme terzo. Nel quale si contiene le nauigationi al mondo nuouo, à gli antichi incognito, fatte da don Christoforo Colombo genouese, che fù il primo à scoprirlo a i Re Catholici, detto hora l'Indie occidentali, gli acquisti fatti da lui, accresciuti poi da Fernando Cortese, da Francesco Pizarro, & da altri valorosi capitani, in diuerse parti delle dette Indie, in nome di Carlo Quinto Imperatore: …*, Venetia: I. Givnti, 1606。

西奥是一位很会讲故事的大师，非常善于向读者娓娓叙说他与来自东方的外国人接触的各种故事。他在卷二中提到，曾在威尼斯泻湖（Laguna di Venetia）区穆拉诺（Murano）岛的一次聚会上巧遇正在意大利旅行的波斯亚兹德（Yazd）商人查吉·梅梅特（Chaggi Memet），[①] 其刚从中国带来了大黄。自古以来，西方就把大黄根视为治疗便秘和其他多种疾病的药物：由于没有其他的药材可以替代，欧洲的中国大黄贸易变得极其有利可图。但是，在与拉穆西奥的交谈中梅梅特并未大肆扬赞大黄，仅提及中国人对这种草药不太看重，平常只是将其用作熏香和燃料，或是用来喂食病马，这让拉穆西奥惊讶不已。当波斯人详细叙述茶叶的医疗作用时，倍感好奇的拉穆西奥听得尤为仔细："然后，考虑到我比同伴们对他的讲述有着更大的兴趣，他接着告诉我，在整个中国，人们都在利用另一种植物，或者更确切地说，利用它的叶子。它被称作'中国茶'（Chiai Catai），产自中国四川，在该国使用普遍，备受推崇（参见图 1-1）。人们取此草药，不管是干的还是新鲜的，放入水中煮熟。空腹饮服一两杯这种汤剂可消除发烧、头痛、胃痛、腰痛或关节痛，且要尽人所能忍受地热饮。他还说，它对其他很多他已无法记住的疾病也有疗效，痛风即为其中之一。如果有人因吃得太多而感到胃部不适，只要饮服这种汤剂少许，胃胀即可很快消失。它是如此珍贵，如此广受推崇，以至于每一个出游者都随身带着它。如他所言，人们会很乐意用一袋大黄换取一盎司的茶叶。"[②]

---

① 查吉·梅梅特又称作哈吉·马霍麦德（Hajji Mahommed，16 世纪波斯语）；亚兹德始建于 5 世纪，现为伊朗亚兹德省省府。参见 Samuel Adrian Miles Adshead, *China in World History*, New York: St. Martin's Press, 2000, p. 223。

② Giovanni Battista Ramusio, *Secondo volume delle navigationi et viaggi*, "Dichiarazione d'alcuni luoghi ne'libri di Messer Marco Polo, con l'historia del reubarbaro," foli. 15; "Hajji Mahomed's Account of Cathay as Delivered to Messer. Giov. Battista Ramusio," *Cathay and the Way Thither: being a collection of medieval notices of China*, Ⅷ, ed. & trans. by Henry Yule, London: Hakluyt Society, 1866, pp. cxiv-cxvi.

图 1-1　拉穆西奥的《航海与旅行》第二卷主书名页和提及中国茶叶之页

资料来源：G. B. Ramusio, *Secondo volume delle navigationi et viaggi*, "Dichiarazione," titulus pagina & foli. 15。

第二节　与中国茶叶的最早接触

自马可·波罗从中国返回欧洲后，长时期内不管是经陆路还是海上都再无欧洲人前往中国，这一状况一直维持到 16 世纪早期。15 世纪末 16 世纪初，欧洲人完成"地理大发现"，开启了大航海时代。伴随着欧亚新航路的开辟，葡萄牙人开始不断向东扩张，将触角逐渐伸至包括印度、东南亚、中国、日本在内的广大亚洲地区，建立起通往东方的海上霸权，也成为最先谋求对华通商的欧洲人。

1508 年，葡萄牙人塞魁拉（Diogo-Lopes de Sequiera）率领舰队从里斯本驶往东方，其任务之一就是奉葡萄牙国王曼纽尔一世"训令"收集关于中国的情报。1510 年，葡萄牙出兵占领印度果阿，使其成为葡萄牙在东方的殖民总部。1511 年，印度总督继任者阿尔布开克（Afonso de Albuquerque）自果阿率领舰队强占马六甲这一控扼印度洋进入南海之咽喉的重要战略枢纽，随即与到此贸易的中国帆商积极接触，计划继续北上抵近中国沿岸。其间，葡萄牙人带着葡王"训令"多方打探该地的中国帆船情况，包括它们来自哪里，何时启航，航程多远，买卖何物，每年抵达的帆船数量、体型、吨位，以及年内是否再来，在该地是否设有商栈，等等。① 至少在 1515 年前，驶往马六甲等南洋港口的中国帆船，其出口到当地的货物主要还是瓷器、生丝及绸缎、药材和各种日用必需品，茶叶似乎并未引起贸易商们过多的兴趣。② 因此，我们几乎很难判断葡萄牙人彼时彼地是否已接触到该物。当然，葡萄牙人在与中国帆商打交道的过程中难免会遇到被端茶接待的情况。

乔治·阿尔瓦雷斯（Jorge Álvares）是葡萄牙早期航海探险家之一。1511 年，他在从印度坎那诺尔（Cannanore）向果阿运输给养及西洋布的葡萄牙船"鲁梅萨"（S. João da Rumessa）号上任书役。阿尔瓦雷斯及两位同胞海员随从自缅甸勃固（Pegu）启航，在 5 艘帆船的引领下，于 1513 年 5 月抵达广东珠江口屯门岛寻求贸易，③ 并在岛上立下刻有葡萄牙军徽的十字碑（padrão）以示纪念。据信，他们是大航海时代第一批到达中国的欧洲人，此为中葡关系之发端。④ 1517 年、1519 年，阿尔瓦雷斯又先后两次航返中国。他于 1520 年最后一次登上屯门岛，并于次年 7 月 8 日在同胞好友杜阿尔特·科艾略·佩雷拉（Duarte Coelho Pereira）的怀中去世。⑤ 至于阿尔瓦雷斯等人在屯门岛期间是否接触过茶或茶饮，亦无史料实证。但依据其多次造访中国东南沿海并在屯门岛停留时间前后长达数年这一史实，我们似乎也很难排除此种可能性。

1516 年，多默·皮列士（Tomé Pires）作为葡萄牙国王曼纽尔一世的使臣出使中国，其在费尔罗·皮列士·安德拉德（Fernão Pires de Andrade）

---

① J. M. Braga, *The Western Pioneers and Their Discovery of Macao*, Macau: Imprenso Nacional, 1949, p. 60.

② 多默·皮列士：《东方志——从红海到中国》，何高济译，江苏教育出版社，2005，第 100 页；沈光耀：《中国古代对外贸易史》，广东人民出版社，1985，第 39 页。

③ 葡萄牙历史文献记为 Tamão，又叫贸易岛，是葡萄牙人占据该岛后向当地人打听后而起的名字，在中国典籍中并无此名。据考证，"屯门岛"可能指的是内伶仃岛，距今深圳南头约 9 公里，也可能是指香港大屿山，因为葡萄牙人曾于该岛的大澳建立据点，据猜测该处即今日番鬼塘。

④ 此后不久，阿尔布开克还派遣过拉斐尔·佩雷斯特罗 [Rafael Perestrello，为探险家哥伦布（Christofer Columbus）表兄弟]。其自马六甲乘船驶抵广东沿岸，并于翌年返回马六甲。参见 Timothy Brook, *The Confusions of Pleasure: commerce and culture in Ming China*, Berkeley: University of California Press, 1998, p. 124.

⑤ J. M. Braga, "The 'Tamao' of the Portuguese Pioneers," Ching-hsiung Wu et al. eds., *T'ien Hisa Monthly*, vol. 8, no. 5, 1939, p. 423.

所率舰队的护送下前往广州。1517年，他们驶入珠江口，登上屯门岛，随即请求建立对华通商关系。1518年，皮列士获准登陆广州，不久后抵达南京并获得正在南巡的明武宗接见，然后随其造访北京。1521年，武宗驾崩，皮列士被新帝明世宗遣回广州，听候后命。1524年（抑或1540年），其病逝于广州狱间。皮列士原为里斯本药剂师，他是首批到达东南亚的欧洲人之一，也是中国明朝以来葡萄牙乃至整个西方世界首位进入中国的使者。在率团出使中国之前，皮列士即于1512~1515年利用他在印度和马六甲所收集的信息编写了著名的《东方志》，这是16世纪上半叶欧洲关于东方最重要和最完整记载的地理史文献。该书是描述葡属东方殖民地的最古老、最广泛的著作，是作者通过对其所接触到的各国商人、水手及其他人士进行详细调查和准确收集信息而完成的资料汇编，涉及历史、地理、人种、植物、经济特别是商贸等多方面信息。因为当时皮列士还未曾踏足中国，所以书中关于中国的绝大部分内容基本源自作者在马六甲的听闻。作者在该书中讨论中国人的饮食习惯时，特别提到了筷子——"他们（中国人）用两根棍子吃饭，左手把陶瓷碗放近嘴边用两根棍子吸进去"，[①] 但却丝毫未提及茶叶，仅笼统地写道："他们（中国人）喝大量各种饮料。"[②] 在出使中国期间，皮列士先后接触了地方官吏、中国皇帝及大臣以及狱役等各阶层的人，虽然没能留下任何史料记载，但对药草和香料颇有研究的他有着诸多机会接触到茶叶或茶饮这一事实，似乎不容置疑。遗憾的是，《东方志》成书于其出使中国之前，否则皮列士很可能会成为最早接触并论述中国茶叶的欧洲人。

于是，早期远赴东方传教的欧洲传教士则成为最早接触到茶叶及茶饮，并留下确凿文字记录的欧洲人。这些天主教传教士带着炽热的宗教激情和对于信仰的坚定信心，跟随着葡萄牙帝国商船和军舰，前往亚洲及世界其他各地的"新世界"传播"福音"。在此过程中，他们也接触到了各类异域物产，其中就包括东方神奇饮料——中国茶叶。

1542年，天主教传教士、耶稣会创始人之一的圣方济·沙勿略（Saint Francisco Xavier）神父受葡萄牙国王派遣，自里斯本前往果阿，成为第一位在东方传教的耶稣会士。1552年12月3日，为寻求进入中国内地传教，

---

① 这是已知欧洲人对中国筷子的最早描述。
② 多默·皮列士：《东方志——从红海到中国》，第96页。

沙勿略随船抵达广东珠江口外的上川岛，但不幸在岛上病逝，从而将记录接触茶叶的机会留给了后来的多明我会（Ordo Praedicatorum）士葡萄牙神父加斯帕·达·克鲁兹（Gaspar da Cruz）。

1548 年，克鲁兹及其他 11 位修士被派往印度传教，成为多明我会最早前往亚洲的传教士之一。1554~1556 年，克鲁兹在马六甲及柬埔寨做过短暂传教尝试但并不成功，于是转而前往中国。1556 年冬，他驶抵珠江，随即获准进入广州城，并在城中成功布道约 1 个月。① 他于 1569 年返回葡萄牙，次年 2 月死于鼠疫。依据其在中国的短暂停留经历，克鲁兹撰写了著名的《中国志》（参见图 1-2）。② 该书被视为第一本以中国为主题的欧洲图书，也是继《马可·波罗行纪》后欧洲出版的第一部关于中国的实录。③ 书中对明代的人口、农业、饮食等方面多有谈论，其中给予了茶这一让其感到无比好奇的中国饮料极为宝贵的描述："若是有一个或几个人以客人的身份造访某人私宅，那么习惯的做法是向客人献上一种他们称为茶（cha）的温水，茶装在承载于精致盆上的碗中（其数量与客人数相当）。那是带红色的并有助于健康的常用饮料，用略带苦味的药草混合物制成。无论来的是熟人还是生客，或者是受到自己尊敬的所有人，都奉上这种普通的饮料。他们也多次请我喝这种饮料。"④

1575 年，第一批抵达菲律宾的西班牙传教士之一、奥古斯丁会（Ordo sancti Augustini）士马丁·德·拉达（Martín de Rada）神父随着征剿海盗的明军将领王望高从马尼拉抵达泉州，后至福州谒见福建总督，请求长期

---

① Jose Eugenio Borao, Macao as the Non-entry Point to China: the case of the Spanish dominican missionaries（1587-1632）, paper represented at international conference on the role and status of Macao in the propagation of Catholicism in the East, Macao: Centre of Sino-Western Cultural Studies, Instituto Politecnico de Macao, 2009, p. 2.

② Gaspar da Cruz, *Tractado em que se cõtam muito por estêso as cousas da China, cõ suas particularidades, e assi do reyno de Ormuz: cõposto por el. R. Padre Frey Gaspar da Cruz da Ordê de Sam Domingos…*, Évora: em casa de Andréde Burgos, 1569.

③ Donald F. Lach, "The Century of Discovery," *Asia in the Making of Europe*, vol. 1, bk. 2, Chiacago: The University of Chiacago Press, 1965, pp. 742-743; Joan-Pau Rubiés, "The Spanish Contribution to the Ethnology of Asia in the Sixteenth and Seventeenth Centuries," *Renaissance Studies*, vol. 17, iss. 3, 2003, p. 429.

④ C. R. Boxer, *South China in the Sixteenth Century: being the narratives of Galeote Pereira, Fr. Gaspar da Cruz, O. P.（and）Fr Martinde Rada, O. E. S. A.（1550-1575）*, 转引自博克舍编注《十六世纪中国南部行纪》，何高济译，中华书局，1990，第 98 页。

图 1-2　加斯帕·达·克鲁兹的《中国志》主书名页

资料来源：G. da Cruz, *Tractado em que se cõtam muito por estêso as cousas da China*, título página。

留在中国传教但未获准许。同年，复经厦门返回马尼拉。此后，他又试图再随王望高来华传教，但终未成功。在 1575 年中国之行期间，拉达完成了见闻录《记大明的中国事情》（*Relacion de las cosas de China que propiamente se llama Taylin*），① 其中同样对中国这一以茶待客的习俗进行了记录："有

---

① 该书原稿当时未被出版，但其成为 10 年后奥古斯丁会士西班牙神父胡安·冈萨雷斯·德·门多萨（Juan González de Mendoza）出版的《中华大帝国史》（*Historia de las cosas mas notables, ritos y costvmbres, del gran Reyno dela China, sabidas assi por los libros delos mesmos Chinas, como por relacion de Religiosos y otras personas que an estado en el dicho Reyno…*, Roma: Bartholome Grassi, 1585）的重要参考资料。门多萨之书则是欧洲第一部全面而详尽介绍中国的百科全书式著述，一经问世即在欧洲引起轰动，并于随后的 10 多年在欧洲诸国以各种语言印刷发行了 30 多种版本，为当时欧洲人更加认识中国以及对后来耶稣会士在欧洲掀起中国热起到了积极促进作用。

人来访时，行过礼入座后，一名家仆捧着一个盘子，放有许多杯热水，和就座的人数一般多。这水是用一种略带苦味的草煮的，留一点末在水里，他们吃末喝热水。尽管我们开始不怎么在意那种煮开的水，我们仍然很快习惯喝它，而且渐渐喜欢它，因为它始终是拜问时待客的头一件东西。"①

拉达的福建之行与克鲁兹的广东之行一样，时间过于短暂，他们对茶饮的记录皆较简单，仅提及这种用来招待客人的日常饮料是用略带苦味的药草煮制而成。虽然克鲁兹描述茶水颜色为"红色"，但我们很难以此来判定其当时喝的是绿茶还是红茶（根据颜色判断，红茶的可能性较大），而拉达的书中对"吃（茶）末喝热水"这一当时饮茶方式的记录也较引人关注。

与克鲁兹、拉达等传教士在华短暂居留不同，耶稣会士、意大利神父利玛窦（Matteo Ricci）自 1582 年来华传教开始，在华连续工作生活长达28 年且多次深入中国内地，并最终死于并葬于北京。作为一名外国人，利玛窦对中国茶叶、茶饮的记录就当时而言已甚为详细，对茶叶的采集制作、中日茶饮的调制方法和以茶待客的方式以及饮茶的功效（留待下一章再述）等方面都进行了较为深入的分析比较。1610 年，以其文稿为基础的《利玛窦中国札记》在罗马印刷出版，成为欧洲早期最重要的茶叶文献之一，其中部分内容摘录如下：

有两三样东西是欧洲人完全不知道的，我必须简略地加以说明。第一，有一种灌木，它的叶子可以煎成中国人、日本人和他们的邻人叫作茶（cia）的那种著名饮料。中国人饮用它为期不会很久，因为他们的古书中没有表示这种特殊饮料的古字，而他们的书写符号都是很古老的。的确，也可能同样的植物会在我们自己的土地上发现。在这里，他们在春天采集这种叶子，放在荫凉处阴干，然后他们用干叶子调制饮料，供吃饭时饮用或朋友来访时待客。在这种场合，只要宾主在一起谈着话，就不停地献茶。这种饮料是要品啜而不要大饮，并且总是趁热喝。它的味道不很好，略带苦涩，但即使经常饮用也被认为是有益健康的。

---

① Martín de Rada, *Relacion de las cosas de China que propiamente se llama Taylin*，转引自博克舍编注《十六世纪中国南部行纪》，第 234 页。

　　这种灌木叶子分不同等级，按质量可卖一个或两甚至三个金锭一磅。在日本，最好的可卖到十个或甚至十二个金锭一磅。日本人用这种叶子调制饮料的方式与中国人略有不同。他们把它磨成粉末，然后放两三汤匙的粉末到一壶滚开的水里，喝这样冲出来的饮料。中国人则把干叶子放入一壶滚水，当叶子里精华被泡出来以后，就把叶子滤出，喝剩下的水。……

　　客人就坐以后，宅中最有训练的仆人穿着一身拖到脚踝的袍子，摆好一张装饰华美的桌子，上面按出席人数放好杯碟。里面盛满我们已有机会提到过的叫作茶的那种饮料和一些小块的甜果。这算是一种点心，用一把银匙吃。仆人先给贵宾上茶，然后顺序给别人上茶，最后才是坐在末座的主人。如果作客为时很长，仆人要再次甚至三、四次地这样上一圈茶，每次都上一道不同的点心。……

　　到达之后先照常互相行礼致意，然后客人被请到前厅就座喝茶，以后再进入餐厅。……①

　　就在《利玛窦中国札记》出版的同一年，葡萄牙旅行家佩德罗·特谢拉（Pedro Teixeira）也发表了其游记《佩德罗·特谢拉行纪》。特谢拉于1586年离开里斯本开始东方旅行，先后游历了波斯、印度、马六甲，最后自印度经陆路返回意大利。该著作就是他对这次东方旅行经历的记录，其中描述了大量关于亚非人种、自然史和药物的趣闻逸事。书中关于茶叶的部分写道："还有另一种名为'可阿'（kaoàh）的饮料，在土耳其、阿拉伯、波斯和叙利亚被广泛饮用。这是一种非常像小干豆的植物种子，来自阿拉伯。人们将其加工后储备在家里。其汤剂浓稠，近乎黑色，平淡无味。如果说它有什么味道的话，那就是一丝淡淡的苦味。想喝的人家聚集在一起，用中国瓷杯盛着的热汁被端到每个人面前，每个杯子可以容纳四盎司到五盎司。人们手握瓷杯，以嘴吹汤，轻轻啜饮。习惯喝的人总说它对胃有好处，可以防止胃胀积食，并能刺激食欲。同样受欢迎的还有中国茶（cha），人们以相同的方式饮用它。茶是一种小药草的叶子，一种来自鞑

①　利玛窦、金尼阁：《利玛窦中国札记》，何高济等译，中华书局，1983，第17~18、68~70页。

鞑的植物，我在马六甲看到过。但由于是干枯的，所以我无法判断它原来的形状。据说它非常有益处，在中国可预防暴饮暴食所引起的种种不适。"①

16 世纪欧洲传教士进入日本要比进入中国容易得多，因此在日本生活的欧洲传教士数量大大超过在中国的，相应的，他们接触日本茶及茶道的机会也不少。

在罗马，梵蒂冈批准出版来自日本教区的耶稣会士报告，以提升天主教在欧洲的地位，并增加其利益，尤其是欧洲北部，在那里书籍对天主教和新教教徒的作用如同朝气蓬勃的教会服务。1552 年，沙勿略和范礼安（Alessandro Valignano，意大利籍，逝于澳门）的信件出版时，欧洲读者获得更多信息的需求得到了满足。天主教耶稣会长、西班牙人伊格纳提乌斯·洛约拉（Ignatius Loyola）指出了罗马读者的期望，包括"这些地域的世界志"，以及有关"其他看似不同寻常的事物要将其记录下来，例如那些要么根本不被所知，要么不知大小的动植物的详细信息，等等"。② 耶稣会士对茶叶的描述，在很大程度上满足了欧洲读者对异国植物、药材和习俗的好奇，而日本茶道尤受关注。

1564 年 10 月 25 日，在日本传教的耶稣会士意大利神父路易斯·德·阿尔梅达（Luís de Almeida）从福田向国内寄出的信件中提到"富裕的上流日本人，为向客人表示他们的好意，或在分别时表示他们的亲密关系，其习以为常的做法就是出示他们所收藏的宝物，即用配备必要工具的器物，饮用被碾成粉末的叶子。这种饮料被称为茶，对习惯饮用者来说，不仅香味醇厚，而且还有益于健康"。③ 此为关于东方茶叶的信息第二次由欧洲人传回欧洲，

---

① Pedro Teixeira, *Relaciones de Pedro Teixeira d'el origen descendencia y svccession de los reyes de Persia, y de Harmuz, y de vn viage hecho por el mismo avtor dende la India Oriental hasta Italia por tierra*, vol. 1, Amberes（Antwerpen）: En cafa de Hieronymo Verdussen, 1610, p. 19; Pedro Teixeira, *The Travels of Pedro Teixeira; with His "Kings of Harmuz", and Extracts from His "Kings of Persia"*, trans. & anno. by William Frederick Sinclair, London: Printed for the Hakluyt Society, 1902, p. 201.

② D. F. Lach, "The Christian Mission," *Asia in the Making of Europe*, vol. 1, bk. 1, ch. 5, p. 318.

③ Luís Fróis, *Historia de Japam: 1549 - 1564*, edição anotada por S. J. José Wicki, Lisboa: Biblioteca Nacional de Lisboa, 1976, p. 389. 弗洛伊斯的《日本史》于 1584~1594 年完成，但直至 20 世纪后期（1976 年、1981 年、1982 年、1983 年、1984 年）才由何塞·威基（S. J. José Wicki）分五卷本编校出版。

也是日本茶叶信息首次由欧洲人传回欧洲。根据其记述的内容来看，阿尔梅达所关注的重点是茶道而非茶叶制作或饮茶方式。虽然他对日本茶道的内在本质显然一无所知，这可以通过其一直对茶道器具价格不厌其烦地罗列和略带夸张地大惊小怪之表现看出，但是阿尔梅达的这一信件在欧洲人认识日本茶道的过程中所起到的深远影响却不容置疑。① 1563~1597 年在日本传教并葬于长崎的耶稣会士葡萄牙神父路易斯·弗洛伊斯（Luís Fróis）16 世纪八九十年代撰写了《日本史（1549~1564）》（História do Japam：1549-1564），其在介绍日本茶道时就深受阿尔梅达对日本茶道认识的影响，对日本茶道器具着墨甚多。或许是受到阿尔梅达等人的影响，曾担任耶稣会日本教区（包括中国澳门及内地）巡视员的范礼安在巡视日本时，敏锐地察觉到茶道的特殊社会功用，因此鼓励利用茶叶来加深耶稣会对宗教和商业的关注。他指示，驻日耶稣会士在欢迎来访的日本领主和官员时，要观察、研究茶道，并要求所有耶稣会住院中须设有清洁、设施完备的茶道场所，以茶道待客。② 1591 年，范礼安还在耶稣会士葡萄牙神父若奥·罗德里格斯（João Rodrigues，逝于澳门）的陪同下特意造访了日本基督教领主、茶艺人蒲生氏乡（Gamō Ujisato），一位才华横溢的茶道耶稣会士。③

第三节　对中国茶叶的起先输入

虽然，葡萄牙人是最先与中国建立起通商关系的欧洲人，且早在 1557 年经明廷批准而居留澳门，其中一些居澳葡人也开始像中国人一样熟悉饮茶。但是，在随后的贸易往来中，他们似乎并未尝试借机在欧洲推动对茶叶的需求。④ 而早先将茶叶输入欧洲者，有据可考的是荷兰人和英国人。

---

① 阿尔梅达神父自日本寄回意大利的信件较早于 1588 年被耶稣会士意大利著名作家乔瓦尼·彼得罗·马菲（Giovanni Pietro Maffei）收录于其《印度书札四选篇》（Selectarum epistolarum ex India libri quatuor）和《印度史十六卷》（Historiarum Indicarum libri xvi）（详见第二章第一节）的茶饮记录。

② 转引自戚印平《远东耶稣会史研究》，中华书局，2007，第 237~238 页。

③ Michael Cooper, "The Early Europeans and Tea," Paul Varley and Kumakura Isao (eds.), Tea in Japan：essays on the history of Chanoyu, Honolulu：University of Hawai'i Press, 1989, p. 119.

④ 参见 C. R. Boxer, "The Dutch East India Company and the China Trade," History Today, vol. 29, iss. 11, 1979。

　　当谈论荷兰人与茶叶的最初联系时，首先不得不提及燕·惠更·范·林斯豪登（Jan Huygen van Linschoten）。1583~1585年，这位年轻的荷兰航海家和探险家远赴印度，受雇充任葡属果阿大主教的随从。利用职业的便利，林斯豪登详细考察和收集了所见所闻的大量东方物产和风土人情材料，其主要部分是关于他居住过的印度，但同时还涉及他从未到访过的从锡兰直至中国和日本的其他地区，因此其中既有实地考察的真实记录，也有从别处获得的二手信息。其中关于中国和日本的知识，基本来源于据称曾到过中国的其荷兰同胞德克·格里荣·庞珀（Dirck Gerritszoon Pomp）①的描述。

　　林斯豪登回到荷兰后，将其所收集的材料重新进行了详细记录、编辑和整理，取名《旅行指南》，于1596年印刷出版。② 书中，林斯豪登用了很大篇幅描述中国的多方信息，但却没有提及其特产之一茶叶，反而是在介绍日本时概要地谈论了该国当时流行的饮茶习俗与仪式。他将茶叶之名拼写为"chaa"，这基本上沿袭了当时葡萄牙人对茶叶的习惯性称呼。

　　该书一经面世，便好评如潮。1598年、1599年、1611年，英译本、德译本、拉丁译本和法译本相继出版，且荷文原版也一版再版，在欧洲诸国产生广泛影响，成为当时意欲开拓东方贸易航线的欧洲各国商人、船长们必读的价值非凡的航行参考文献。正是受此书的启迪，对参与利润丰厚的亚洲贸易早已梦寐以求的荷兰人，不仅获取了最远可达日本的东向航海路线信息，而且还了解到在此路线上只要占据某个或某些关键枢纽，即可打破葡萄牙人在东方贸易中的长久垄断地位。

　　1595年，荷兰商船在考纳利厄斯·霍特曼（Cornelius Houtman）的指挥下，冲破葡萄牙人的重重封锁成功驶往东印度。次年6月，船队抵达万

---

① 来自荷兰恩克赫伊（Enkhuizen）的航海家、探险家，被当时的荷兰人昵称为"Dirck China"，据称是首个访问中国和日本的荷兰人。参见 Jan Willem Ijzerman, *Dirck Gerritsz Pomp, alias Dirck Gerritsz China, de eerste Nederlander die China en Japan bezocht（1544-1604）*, 's-Gravenhage: Martinus Nijhoff, 1915。

② Jan Huyghen van Linschoten, *Itinerario, voyage ofte schipvaert van Jan Huyghen van Linschoten naer Oost ofte Portugaels Indien, inhoudende een corte beschryvinge der selver landen ende zee-custen …: waer by ghevoecht zijn …: maer ooc een corte verhalinge van de coophandelingen… Alles beschreven ende by een vergadert, door den selfden, seer nut, oorbaer, ende oock vermakelijcken voor alle curieuse ende liefhebbers van vreemdigheden*, Amsterdam: Cornelis Claesz., 1596.

丹并设栈贸易，返航时收集、装载了大量的东方货物，从而开启了荷兰亚洲贸易。至于茶叶当时是否也被纳入其中，则不得而知。截至 1602 年，荷兰不同城市先后向亚洲共派出了 65 艘商船进行贸易，其中，1601 年甚至有两艘船抵达澳门港口外，企图登岸贸易，遭居澳葡人拒绝，双方交火后荷兰人被捕，18 人被绞死，两名军官被遣送果阿囚禁。①

为了避免荷兰国内各城市海贸商人之间的过度内耗，同时也为了增强该国在亚洲贸易中的对外竞争力，1602 年 3 月 20 日荷兰联合七省共和国（Republiek der Zeven Verenigde Provinciën，俗称荷兰共和国）议会颁布法令，批准阿姆斯特丹、豪恩（Hoorn）、恩克赫伊曾（Enkhuizen）、鹿特丹、代尔夫特（Delft）、米德尔堡（Middelburg）等 6 个沿海城市商会先前各自设立的以东印度贸易为重点的公司合并，成为一家联合贸易公司。自此，荷兰亚洲贸易正式进入了约 200 年的荷印公司时期。

荷印公司成立之后，即再于 1603 年、1604 年派出商船前往澳门试图贸易，均遭居澳葡人阻挠而失败。1607 年 7 月 25 日，考内利斯·马特里夫·德·扬（Cornelis Matelief de Jonge）率领 4 艘商船驶抵珠江寻求通商，再次遭拒，并于该年 9 月 15 日驶离中国。虽然寻求对华通商失败，但荷兰人通过这几次实地考察至少可以或多或少地证实他们此前所获得的中国对外贸易情报，即大量的茶叶、瓷器、土茯苓、大黄、麝香、朱砂、明矾以及生丝、绸缎、棉布等中国货物从澳门启航，通过远洋贸易销往马尼拉、日本、巴达维亚（Batavia，下称"巴城"）、东京、柬埔寨、暹罗、科罗曼德、马六甲及其他地区。②

1609 年，两艘荷印公司商船携带荷兰国王莫里斯（Maurits，Prins van Oranje）对此前日本政府邀请荷兰人前来通商的肯定答复驶抵平户，并随即获得日本幕府所颁贸易通行证。自此，荷兰对日贸易正式开启。次年，荷印公司商船驶离平户，经万丹返航欧洲。据尤克斯所言，荷印公司商船于 1610 年自日本返航欧洲时运回了日本茶叶。但令人遗憾的是，其书并未

---

① 陈乐民：《十六世纪葡萄牙通华系年》，辽宁教育出版社，2000，第 108 页。

② François Valentyn，*Oud en nieuw Oost-Indien，vervattende een naaukeurige en uitvoerige verhandelinge van Nederlands mogentheyd in die gewesten ...*，dl. 4，"Beschryvinge van den handel，en vaart der Nederlanders op Tsjina，" bk. 3，hk. 1，Dordrecht en Amsterdam：Joannes van Braam en Gerard onder de Linden，1726，pp. 4，6.

就此论断给出确切的资料来源，只是以瑞士解剖学家及博物学家卡斯帕·鲍欣（Caspard Bauhin）在其 1623 年的《植物博览》一书中所谓"荷兰人最早于 17 世纪初将茶叶从日本、中国运往欧洲"之言对自己的论断加以佐证。但是，在鲍欣的书中却无法找到这一言论的出处，其涉及茶叶的内容仅有关于日本茶叶特性和价值的寥寥数句，而其资料引用来源恰恰又是林斯豪登的 1596 年版《旅行指南》。①

幸运的是，我们仍然可以发现 17 世纪早期荷兰人将中国茶叶运回国内的确凿史证。荷兰莱顿大学图书馆特藏资料"图书馆馆长档案"记录显示，该大学著名的医学"解剖室"（Theatrum Anatomicum）② 很早即已将茶叶当作外来新奇物种纳入该校图书馆收集品之列，而该收集品编目中明确提到，此批于 1618 年寄自爪哇的茶叶是一种通过"不可思议之方式"养胃温肠的精汁。③ 此外，一份登记 1622~1628 年莱顿大学所获物品的清单中也特别提及，该校曾收取了"一个寄自日本的用土封口内藏中国茶叶的大罐子，其外壁刻有如何使用茶叶的字样"。④

此外，一封 1637 年 1 月 2 日荷印公司最高领导层"十七绅士"（Heren Zeventien）写给巴城荷属东印度殖民政府［Gouverneur-Generaal en Raad van Indië，或称"巴城高级政府"（Hoge Regering te Batavia），由荷印总督及评议会委员组成，下称"巴城政府"］总督的信函可被视为有关荷兰最早使用茶叶记录的史料。"十七绅士"在该信中写道："由于茶叶开始为一些人所用，我们期望（公司）每艘船都能够携带几罐中国茶和日本茶。"⑤

---

① Caspard Bauhin, *Pinax theatri botanici Caspari Bavhini basileens archiatri & professoris ordin. Sive index in theophrasti dioscoridis plinii et botanicorvm: qui à seculo scripserunt opera: plantarvm circiter sex millivm ab ipsis exhibitarvm nomina cvm earundem synonymiis & differentiis methodicè secundùm earum & genera & species proponens...*, Basileae Helvet: Sumptibus et typis Ludovici Regis, 1623, p. 147.

② 即流行于近代早期的欧洲大学、用于讲授解剖学的场所，一般是一个大致为圆形剧场形的教室。其中间设有一张桌子，摆放着人类或动物的解剖体，四周配有若干层内低外高呈圆形、椭圆形或八角形的扶手栏杆，供学生们站靠着观察学习。

③ *Archief van Curatoren*, no. 228, Universiteitbibliotheek Leiden.

④ Joannes Antonius en James Barge, *De oudste inventaris der oudste academische anatomie in Nederland*, Leiden: H. E. Stenfert Kroese, 1934, pp. 57, 66.

⑤ "De kamer Amsterdam der O. -I. Compagnie verzoekt de H. -E. te Batavia caue（koffie）over te zenden," *Bijdragen van het Kon. Instituut voor de Taal-, Land- en Volkenkunde van Nederlandsche Indië*, dl. 26, nr. 1, 1878, pp. 377-378.

通过此信，我们所能获得的信息大致如下。当时荷兰饮茶习俗已经兴起，但仍主要局限在上流阶层这一小范围内，为此荷印公司开始将茶叶视为一种常规贸易商品。而荷兰真正大规模进口茶叶的时间似乎是 1667 年前后。该年 1 月 25 日，荷印殖民政府总督在一份写给国内的报告中提到，"由于去年我们的人在福建被迫收取了大量的茶叶，这极其违背了他们的意愿，而且由于我们在东印度也不知道该如何处理这么多的茶叶，于是我们决定将其中好的一部分送往祖国"。① 1668 年 4 月 24 日的"十七绅士"决议中提及，将尝试花一年时间在阿姆斯特丹的拍卖会上销售一些产自东印度的茶叶、钻石、珍珠等物货，因为通常那里汇集了最大的购买群且可以得到最高的市场价。②

　　英国人对茶叶的最早记录，可追溯至 1615 年 6 月 27 日英国老东印度公司驻日本平户的贸易代表理查德·威科姆（Richard Wickham）写给该公司驻日本宫古的贸易代表威廉·伊顿（William Eaton）的一封信。在信中，威科姆悲伤地向伊顿倾诉道，他想要得到茶叶这一奢侈品，但在其所处的海边小渔村根本不可能实现这一愿望。于是，他请求远在宫古的好友为其购寄一罐（或一品脱）最好的茶叶以及弓箭、装烟草的镀金方盒等其他一些物品。③ 此愿望是否实现，无从得知。而 1616 年 8 月 8 日该公司驻平户贸易代表约翰·奥斯特威克（John Osterwick）写给驻大阪（或日本其他地方）的威科姆的信件则清楚地表明，该年英国人在日本成功购

---

① Johann K. de Jonge, *De opkomst van het Nederlandsch gezag over Java: verzameling van onuitgegeven stukken uit het oud-koloniaal archief*, dl. vi, 's-Gravenhage: Nijhoff, 1872, p. 107.

② "Resolutie van Heren Zeventien (24 April 1668)," Archieven van de Verenigde Oostindische Compagnie 1602-1795 (VOC) 165, Nationaal Archief, Den Haag.

③ 尤克斯一书将日本宫古误认为中国澳门。伊顿在 1615 年 10 月 23 日写给威科姆的信中，明确注明其在日本宫古（Meaco 或 Miaco），而同时出现在该信中的澳门被拼为 Amacau（Macao）。参见 W. H. Ukers, *All about Tea*, vol. I, p. 72; William Foster (ed.), *Letters Received by the East India Company from Its Servants in the East: transcribed from the "original correspondence" series of the India office records*, vol. III, London: Sampson Low, Marston & Company, 1899, p. 205; Henry Yule and A. C. Burnell, *Hobson-Jobson: a glossary of colloquial Anglo-Indian words and phrases, and of kindred terms, etymological, historical, geographical and discursive*, London: John Murray, 1903, p. 906; George Birdwood, *Report on the Old Records of the India Office, with Supplementary Note and Appendices*, London: W. H. Allen & Co., Limited, 1891, p. 26。

得茶叶。①

1664 年、1666 年，英印公司先后两次向英国国王查理二世进贡名茶 2 磅 2 盎司和 22 磅 12 盎司，分别花费 4 镑 5 先令和 56 镑 17 先令，其中前一次是公司购自商人托马斯·温特（Thomas Winter），② 后一次可能购自荷兰市场，也可能购自自家商船职员。③ 1668 年，英印公司指示驻万丹的贸易代理为国内输送 100 磅其所能得到的最好茶叶。1669 年，两大罐重 143 磅 8 盎司的茶叶从万丹运抵英国；1670 年，运回 4 小罐重 79 磅 6 盎司茶叶。此后，英印公司每年（除 1673～1677 年外）从万丹、苏拉特（Surat）、甘贾姆（Ganjam）、马德拉斯（Madras）等地进口茶叶。1687 年，英印公司商船抵达厦门购得茶叶，这才有了英国人直接从中国运回茶叶的第一次记录。④

关于茶叶最早何时传入法国，存在着几种不同的观点。早在 1653 年，耶稣会士法国神父亚历山大·德·罗德（Alexandre de Rhodes）便提出，茶叶是由荷兰人带入巴黎的："荷兰人将茶叶从中国带到巴黎，以每磅 30 法郎的价格出售，尽管他们在那个国家只付了 8 苏或 10 苏（sou⑤），而且它还是老陈破损的：这就是我们勇敢的法国人让外国人在东印度贸易中致富的原因所在。如果法国人有勇气，像获得成功的途径比法国人少的邻居

① William Foster（ed.），*Letters Received by the East India Company from Its Servants in the East：transcribed from the "original correspondence" series of the India Office Records*, vol. Ⅳ, London：Sampson Low, Marston & Company, 1900, p. 156.

② Anonymous, *The Monthly Repertory of English Literature, for December, January, February, and March；or an Impartial Account of All the Books Relative to Literature, Arts, Sciences, History, Biography, Architecture, Commerce, Chemistry, Physics, Medicine, Theatrical Productions, Poems, Novels, etc. …*, vol. Ⅲ, Paris：Parsons, Galignani, and Co., 1808, pp. 341-342；William Milburn, *Oriental Commerce：containing a geographical description of the principal places in the East Indies, China, and Japan, with their produce, manufactures, and trade, …*, vol. Ⅱ, London：Printed for the author, and published by Black, Parry, & Co., 1813, p. 531.

③ G. Birdwood, *Report on the Old Records of the India Office*, London：W. H. Allen & Co., Limited, 1891, pp. 221-222；H. B. Morse, *The Chronicles of the East India Company*, vol. Ⅰ, p. 9.

④ W. Milburn, *Oriental Commerce*, vol. Ⅱ, p. 531；H. B. Morse, *The Chronicles of the East India Company Trading to China*, vol. Ⅰ, p. 9.

⑤ sou 为当时法国发行的一种价值不高的铜制辅币，约为 0.1 法郎。

那样从事该贸易，他们则可以从中获得世界上最庞大的财富。"① 半个多世纪后，时任法国警察长尼古拉斯·德拉马尔（Nicolas Delamare）在其 1719 年出版的《警察论》一书中声称，1636 年巴黎开始使用来自中国的茶叶。② 而依据 19 世纪著名的《迈耶百科词典》记载，巴黎最早出现茶叶的时间应当是 1635 年。③ 其实德拉马尔和《迈耶百科词典》两者给出的年份相差无几，刚好是茶叶成为欧洲主流社会议论焦点之时。然而，法国图书馆员、历史学家奥弗雷德·富兰克林（Alfred Franklin）在其书《往日隐私》系列一卷八"咖啡、茶叶和巧克力"（Le café, le thé et le chocolat）中对上述两种推论均提出了质疑，认为时间不可能那么早。但是，他给出的理由较为牵强，所依据的是法国外科医生、书信作家、巴黎医学院院长圭伊·帕丁（Guy Patin）于 1648 年 3 月 22 日写下的一封评论当时巴黎新兴饮茶之潮的有名信件，其中提到茶叶根本就是"本世纪无关紧要的新奇事物"（l'impertinente nouveauté du siècle）。④

茶叶最早也是通过荷兰传入德国的，据称在 1650 年前后。至 1657 年，茶叶已成为德国的交易商品之一，在诺德豪森（Nordhausen）的药房价目表中标出一把量的价格为 15 盾。⑤ 但是，当时茶叶在德国的使用推广进程缓慢，除了濒海地区，例如奥斯特弗里斯兰（Ostfriesland）省。在那里，茶叶的消费量远大于德国其他地区。据推测，这可能主要受到与该地区相邻的、与其同文同种的荷兰弗里斯兰（Friesland）省人的生活习俗的影响。而德国直接从中国进口茶叶的历史迟至 1751 年才开始。该年，为开通对华

① Alexandre de Rhodes, *Voyages et missions du Père Alexandre de Rhodes en la Chine et autres royaumes de l'Orient*, Paris: Julien, Lanier et Cie., 1854, p.61.

② Nicolas Delamare, *Traité de police, où l'on trouvera l'histoire de son établissement, les fonctions et les prérogatives de ses magistrats; toutes les loix et tous les réglemens qui la concernent ...*, tom. Ⅲ, Paris: Michel Brunet, Grand'Salle du Palais, au Mercure Galant, 1719, p.797.

③ Hermann Julius Joseph Meyer, *Meyers Konversations-Lexikon. Fünfte auflage*, sechzehn band, Leipzig, Wien: Bibliographisches Institut, 1897, p.805. 《迈耶百科词典》是 19 世纪德国学者、出版商约瑟夫·迈耶（Joseph Meyer）及其子赫曼·尤利乌斯·约瑟夫·迈耶（Hermann Julius Joseph Meyer）所编纂的一部百科全书，其首创了在百科全书中编入地图卷的做法，以重视新技术及解说通俗著称。

④ Alfred Frankin, *La vie privée d'autrefois: arts et métiers, modes, mœurs, usages des Parisiens, du xiie au xviiie siècle d'après des documents originaux ou inédits*, serie I, vol.8, Paris: Librairie Plon, 1893, p.130.

⑤ 德国 17 世纪通行的货币单位为盾（gulden），约等于 1.7 德国马克（mark）。

直航贸易，"皇家普鲁士埃姆登亚洲公司"〔Königlich-Preussische Asiatische Compagnie in Emden nach Canton und China（KPACVE），又称 Königlich-Preussische Asiatische Handlungscompagnie von Emden auf China 或 Ostasiatische Handelskompanie in Emden，1751–1765，下称"埃姆登公司"〕在德国西北海港城市埃姆登（Emden）成立。

斯堪的纳维亚国家早期对茶叶的接触，也完全得益于荷兰商人对该地区的商贸活动。荷兰商船很早就与斯堪的纳维亚国家保持着传统的近海贸易，而荷印公司成立后该贸易的规模则进一步扩大，大量的东方物货由荷印公司或荷兰私商转口贸易至该地区。1616 年 3 月 17 日，丹麦成立了一家所谓的东印度公司，开始主要经营与印度的直航贸易，这对茶叶加速传入斯堪的纳维亚地区起到了一定的推动作用但十分有限。该公司只经历了一段短暂的繁荣期后便长期处于衰落状态，直至 1730 年丹麦亚洲贸易公司〔Dansk Asiatische Compagnie（DAC），1730–1807，下称"丹亚公司"〕成立。该公司成立后的主要业务之一就是开展以茶叶为主的广州直航贸易。瑞典虽然早在 1626 年就受荷印公司成立的启示而萌发了成立亚洲贸易公司的构想，但由于长期受困于跟邻国的频繁战争，迟至 1731 年才真正实现这一梦想，成立了瑞印公司。其主营业务也是对华贸易，进口货物同样以茶叶为大宗。

第二章　欧洲饮茶习俗的兴起

17 世纪早期，茶叶逐渐引起欧洲人的关注和兴趣。茶叶最初被当作具有异国情调的、具有社会仪式功能或者药物价值的舶来稀罕物品，而最先接触到茶的则是一些国家的上流阶层专业人群，主要包括传教士、旅行家、东印度公司职员、博物学家、医学家、宫廷人士及销售商等，其纷纷对茶叶功效形成各自的评价和看法。

在此过程中，饮茶有益论拥护者与饮茶有益论质疑者们从来都没有停止过对各自论点的阐述抑或对相反观点的抨击。正是通过这些人各种形式的对比论证，特别是凭借医学专业人士对茶叶功效相对科学的验证，及其对饮茶习俗的积极支持和推荐，17 世纪中后期饮茶有益论在欧洲多国上流阶层成为主流，饮茶习俗也最先兴起于该阶层，这对茶叶在欧洲的传播至关重要，深刻影响了饮茶习俗在欧洲的兴起。

第一节　关于饮茶功效的赞述

在欧洲人对茶叶的最早记载——拉穆西奥的《航海旅行纪》中，茶叶即以满受赞誉的形象出现（详见第一章第一节）。虽然，该书中所有这些关于饮茶功效的赞誉之词是此前从未听闻和接触过茶叶的欧洲人对他者说法的一种转述，甚至连转述者本人对其可信度都可能有所质疑，但是，由于那个时代该书作者所居住的威尼斯地处欧亚交通要道，其不仅是极其重要的商业中心，也是知识聚集和散播的枢纽，当地商人、学者和出版社特别擅长对所获各类知识的翻译、整理和出版，因此，可以肯定的是，欧洲人对茶叶及饮茶功效的初步了解，一定程度上得益于拉穆西奥的《航海旅行纪》在欧洲各地不同语种的再版。这对于日后欧洲人对饮茶功效认识的不断加深所产生的影响不容小觑。

拉穆西奥之后，那不勒斯学者乔瓦尼·洛伦佐·达纳尼亚（Giovanni Lorenzo d'Anania）在其于1576年出版的四卷本大部巨著《世界的基本构成》中也简单地提及茶。该著作第二卷论述世界历史，包括当代亚洲知识，记录了三个中国商人在前往西班牙和其他欧洲国家的途中，出人意料地造访了那不勒斯，他还饶有兴趣地描述了远东动植物的自然奇观，并将茶称作日本酒的替代品："……所有那些不喝酒的人，改饮掺入了一种松软粉末的水，其被称作茶（chiam）。"①

如前章所述，有史可证最早接触到茶叶的欧洲人，是来华传播天主教第一人的克鲁兹神父。其《中国志》有关茶叶的记载较泛泛，对饮茶功效也仅以"有助于健康"加以表述。约20年后，同样赴华尝试传教而接触到茶饮的西班牙神父拉达在其《记大明的中国事情》中，对该饮料的记述则更为简单且完全未提及其功效如何。由于该书原稿完成后未及时出版，拉达对茶饮的记述甚至在他的祖国西班牙都没能及时得到传播。所幸，这一史料成为从未进入过中国，但极具天马行空般想象力的西班牙神父胡安·冈萨雷斯·德·门多萨（Juan González de Mendoza）所著《中华大帝国史》的重要参考资料，拉达有关中国茶饮的介绍也借助此书得以流传于欧洲各国。门多萨于1581年欲转道墨西哥前往中国未果，因搜集当时传教士及商人有关中国资料而编撰成此书，并于1585年在罗马首次发行。这一依据间接材料完成的重要著述由两大部分构成：第一部分为总论，介绍中国先前历史和当代中国状况；第二部分着重记述三位传教士的中国之行以及环球旅行。该书第一部分第三卷第十九章"在这个国家人们是如何相互致敬收礼的，还有他们的部分礼节"基本上摘自克鲁兹的《中国志》第十

① Giovanni Lorenzo d'Anania, *L'universale fabrica del mondo, overo cosmografia di M. Gio. Lorenzo d'Anania, diuisa in quattro trattati, ne i quali distintamente si misura il cielo, e la terra, & si descriuono particolarmente le prouincie, città, castella, monti, mari, laghi, fiumi, & fonti, et si tratta delle leggi, & costumi di molti popoli: ..., tra.* II, Venetia: Ad instantia di Aniello San Vito di Napoli, 1576, p.236. 此著作分为四卷，是16世纪欧洲地理知识的总结性研究成果，描述了该世纪欧洲世界所了解的欧洲、亚洲、非洲和西印度群岛地区的各城市、城堡、山脉、海洋、湖泊、河流、树木、草药、食物、法律、习俗和宗教等知识。

三章，因此其对饮茶功效的评价也大致与克鲁兹相同，稍有区别之处也仅在于语言表达方式："还有另一种在全国都饮用、用各种草药制成的饮料，有益于身心，饮用时要加热。"① 需指出的是，显然参阅并摘录过拉达书稿内容的门多萨在谈论这种中国人的全国性日常饮料时，根本就未如拉达一样明确写出其名称，虽然我们现在再读到这段文字时基本都能够确定他谈论的对象就是茶叶。

前章所提在日传教的阿尔梅达神父有关茶饮的记述于 1565 年传回意大利后，意大利神父乔瓦尼·彼得罗·马菲（Giovanni Pietro Maffei）不仅将茶饮收入 1588 年汇编出版的《印度书札四选篇》，而且还在同年出版的《印度史》一书中转引了他对饮茶功效的记载并稍加补充："（中国人）从一种草药中提取出非常健康的汁液，叫作茶（chia），并趁热饮用，就像日本人那样。饮茶让他们不受头重、眼疾困扰；饮茶使他们延年益寿，几乎不知疲倦。"②《印度史》在佛罗伦萨以拉丁语首次出版后很快再版，随后被翻译成意大利语及法语等，有关茶饮的信息得以更广泛地在整个欧洲传播。接着，1589 年天主教哲学家乔瓦尼·博特罗（Giovanni Botero）在其关于世界历史的一书中也描述过茶叶。当叙及中国人与戒酒的关系时，他写道："他们也有一种草药，可从中榨出美汁饮用，以代替葡萄酒。它也保护了人们的健康，使他们得以摆脱过度饮用葡萄酒所带来的一切罪恶。"③ 讨论日本时，博特罗详述了日本茶艺，称赞茶饮的珍美："他们以某种珍贵的粉末与水混用，认为这是一种美味的饮料：他们称其为茶（chia）。"④

自 1601 年直至去世，一直担任中国朝廷科学顾问的利玛窦依据其在华亲身经历，以其灵敏的个人感受对热饮茶水的功效有过具体描述。他在中

---

① J. G. de Mendoza, *Historia de las cosas mas notables, ritos y costvmbres, del gran Reyno dela China*, par. 1, lib. 3, cap. 19, p. 124.

② Ioannis Petri Maffeii, *Historiarvm Indicarvm libri xvi. Selectarvm item ex India epistolarum eodem interprete libri Ⅳ. Accessit Ignatij Loiolae vita postremo recognita. Et in opera singula copiosus index*, Florentiae: Apvd Philippvm Ivnctam, 1588, p. 109.

③ Giovanni Botero, *A Treatise concerning the Causes of the Magnificencie and Greatness of Cities, Deuided into Three Books by Sig: Giovanni Botero, in the Italian Tongue; now done into English*, trans. by Robert Peterson, London: Richard Ockould and Henry Tomes, 1606, p. 75.

④ Giovanni Botero, *The World, or an Historical Description of the Most Famous Kingdoms and Commonweales Therein Relating Thier Situations, Manners, Customes. Translated into English, and Inlarged*, trans. by Robert Johonson, London, 1601, p. 216.

国的长期生活，以及通过自身认真学习和研究而对中国人的生活方式甚为熟悉，使得他在《中国札记》中对饮茶功效的赞誉之词令欧洲读者较为信服："他们的饮料可能是酒或水或叫作茶的饮料，都是热饮，盛暑也是如此。这个习惯背后的想法似乎是它对肚子有好处，一般说来，中国人比欧洲人寿命长，直到七八十岁仍然保持着他们的体力。这种习惯可能说明他们为什么从来不得胆石症，那在喜欢冷饮的西方人中是十分常见的。"①

利玛窦将饮茶习惯与疾病预防密切联系起来的描述，20多年后得到了自1613年赴华传教始先后两次在华生活共36年（1636年返欧，1644年再度来华）并卒于澳门的耶稣会士葡萄牙神父曾德昭（Alvaro Semedo）的肯定。曾德昭是继利玛窦之后通晓中国语言文学的欧洲人，其对中国人各类风俗习惯的熟悉程度不亚于利玛窦。有关在中国、日本盛行的饮茶的功效，他在1638年完成于果阿的《大中国志》中有过进一步详述，即在该书第一部分第三章"北方诸省"有关陕西省的介绍中。他先是提到"茶（chà）是一种树的叶子，如桃金娘叶般大；在别的省份，大的有像罗勒叶，小的则像石榴叶。人们将它置于铁筛上烘焙，让其变硬卷缩。……将这种焙干的叶子投入热水中，待泡出色泽及味道后，刚尝不太好喝，但习惯了便可接受。中国人、日本人大量喝茶，通常用以替代饮料，也拿来招待客人，就像北方人用酒那样。这些国家的人一般认为，招待客人，即便是新客，仅说些客套话会显得寒碜小气，至少得请喝茶"。接着便指出："据说此种茶叶有多种功效，确实有助于健康。中国和日本没有结石病，甚至连该病的名称也没听说过。由此可以推知，经常饮茶或许有利于这种疾病的预防。也可以确知，若有人因工作、娱乐而需通宵熬夜，饮茶则有利于消除困乏，因为它的浓醇味道便于让头脑清醒。最后，饮茶对学生也有益。其他的功效我不太确定，因此不谈。"②

---

① 利玛窦、金尼阁：《利玛窦中国札记》，第69页。

② 曾德昭于1637年开始用葡萄牙文撰写《大中国志》（*Relação da propagação da fé no reyno da China e outros adjacentes*），并于次年完成手稿。1642年，该手稿被摘译为西班牙文。1643年，原稿被译成意大利文出版。1645年及1647年，其法文译本出现；1655年，英文译本出现。Alvaro Semedo, *Imperio de la China, i cvltvra evan gelica en èl, por los religios de la Compañia de Iesvs. Compuesto por el Padre Alvaro Semmedo de la propia Compañia, natural de la Villa de Nisa en Portugal, procurador general de la Prouincia de la China, de donde fue embiado a Roma el año de* 1640, Madrid: Iuan Sanchez en Madrid, 1642, pp. 28-29.

不同于上述所有西方传教士，耶稣会士葡萄牙神父陆若汉（João Rodrigues）先后在中国和日本传教数十年（在华23年，在日45年），并与这两国近代众多知名人物都有过密切交往和深入交流，同时还兼负南蛮通辞、通商代理人等多重身份。陆若汉利用其特殊的传教生涯，通过朴素的文笔于1620~1634年撰就《日本教会史》（*Historia da igreja do Japão*），其作为实地目击者真实报告的记录，成为16~17世纪类似文本中最详尽精彩的重要论述。其中关于中国的内容占据了很大篇幅，这或许是因为1618年以前耶稣会中国教区隶属于日本主教区。该书专门用了四章共计数万字的篇幅，通过比较研究的方法，详细介绍了中国和日本的茶树生长、茶叶采摘及烘焙过程、茶叶等级及价格、茶叶存储和运输。令人称赞的是，陆若汉还根据向中国人和日本人了解所得的茶叶特性、效用和益处等知识，再依据自身的饮用经验，将茶叶功效归纳总结为六大方面。

一、主要功能是有助于消化食物，缓解因饮食过度而引起的胃胀，促使所吃食物消化及下行，进而护胃。据此，他们认为喝茶能健胃，吃下硬食后喝茶比吃下软食后喝茶更适合，因为这样有助于消食。……

二、缓除头闷，驱除睡意，抑制酒精上头。因此，它能去除头痛，并适合患有偏头痛、胃痛、脊背与关节疼痛之人。另外，也有助于熬夜学习的人和在晚上做生意或工作的人抵御倦意。据此原因，夜间畅谈之人大量喝茶，但其质量比宴席上使用的低下，数量也更少。假如有人想在夜里好好睡一觉，那么在晚饭后就不能喝好茶或浓茶，因为这样他不仅无法入睡，还会使头脑更清醒、身心放松。喝茶不会造成疼痛与烦恼，反而使思维敏捷通达。……

三、体弱者怯冷怕热，因此喝茶能减缓或排除伤寒毒热。另外，茶也是强心剂，可缓解心悸胸闷，要是优等茶，其香味可使人活力大增。适量喝浓茶，其宜人气味可持久弥留，并残存于喉。再有，因其性趋冷，它还是解毒剂。

四、能让体内多余水分变成尿液多多排出。大量喝茶的人会快乐而无痛苦地大量排尿。……一般情况下，饭后必得喝茶，它不会像喝水那样容易使胃功能紊乱，而是能调节胃功能，使之保持健康状态，因此茶亦是神奇的祛痰剂。

五、茶又对治疗结石、尿淋漓等症非常见效。其可导致大量排尿，消除剩余物，让病原体在体内难以集结。就因如此，中国人和日本人不易患结石病，他们仅知道此病叫石淋。

六、听说还能帮助禁欲和节制，因为它通过排尿去除了食物营养的多余成分，从而清肾抑阳，让其重新生机勃勃。……①

陆若汉所归纳的上述六大饮茶功效，完全可以说达到了医学专业水准，而事实上他仅是一名传教士。而更令人折服的是，通过深入比较中国、日本两个东方古国各自差异较大的饮茶方式，陆若汉最终以一位持着完全不同的西方文化观的欧洲人视角就两种方式的优劣给出了自己的独到见解，认为无论是日常饮茶还是再三饮茶，中式饮用法更益于健康、更符合自然，因为那种用热水缓煮的茶水会煨出茶叶中有益的根本物质，然后留下沉淀物和渣滓等没有效能的剩余物。② 凭此见解，始终对东方文化持着真实赞赏心态的陆若汉有关茶叶的论述，已远超同时代大多数西方人的著作，甚至在其后相当长时期内的同类著作也难以望其项背。

此后还有数位到过中国的欧洲传教士在各自的著述中，对茶叶功效给予了种种赞誉之词。17 世纪 30 年代以哲学教授的身份在澳门寓居 10 年的法国神父亚历山大·德·罗德（Alexandre de Rhodes）曾于 1653 年提到，"依我看来，茶叶（thé）是塑造那些高寿的中国人十分健康的身体的最重要事物之一，在整个东方茶叶的使用都极为常见。……茶有三个优点：第一能够医治及预防头痛。……它还有缓解胃胀及促进消化的绝妙功效。……它的第三个用处是清除肾结石与痛风。这恐怕就是在（中国、日本、交趾支那）这些国家不曾发现此类疾病的真正原因，就如我上文所提。我对茶的描述进行了一点儿扩展，自从我回到法国后，有幸遇到一些品质伟大、功绩杰出的人，他们的生命健康对法国极为重要，他们饮用茶叶并恳切希望我可以告知他们我这 30 年来的经历所教会我关于这一伟大疗法的一切"。③

1696 年，耶稣会士法国神父李明（Louis Le Comte）根据自己在华期间（1687~1692）写给法国国内友人的通信汇编出版了个人书信集《中国

---

① 转引自戚印平《远东耶稣会史研究》，第 243 页。
② 转引自戚印平《远东耶稣会史研究》，第 242 页。
③ Alexandre de Rhodes, *Voyages et missions du Père Alexandre de Rhodes en la Chine et autres royaumes de l'Orient*, pp. 61, 63–65.

现势新志》（又名《中国近事报道》），共收录了 14 封书信。他以亲身经历对在中国的所见所闻做了较为客观的详尽报道，内容涉及气候、地址、物产、建筑、医学、动植物、语言文字、风俗、宗教等方面，可谓是 17 世纪欧洲人对中国认识的总结，成为 18 世纪欧洲人特别是启蒙思想家们了解中国的重要参考文献之一。该书信集一经出版便在欧洲引起轰动，4 年间 5 次再版并被译成英、意、德等多语种出版，但随后因礼仪之争成为禁书，并于 1700 年遭巴黎索尔邦（Sorbonne）神学院一纸禁令而被尘封近 300 年。

在书中第八封信关于中国人思想特点的论述中，李明着重谈及自己对茶叶特性的看法，即有别于当时欧洲存在的两种截然对立的观点——茶叶有益论和茶叶有害论，认为对茶叶功效应当秉持折中的看法。他在信中写道：

> 中国人不易患痛风、结石和坐骨神经痛，许多人推测茶（thé①）可能抑制了这些病症。鞑靼人因食生肉而常患病，一旦停止饮茶就会持续出现消化不良症，为了得到大量的茶叶，他们几乎将自己所有的马匹进奉给皇帝用以组建骑兵。当人们受到头昏脑涨困扰时会发现，一旦习惯了饮茶此症状就会缓解。在法国，很多人发现它对结石、消化不良和头痛都有良好的疗效，此外，有些人声称通过饮茶几乎奇迹般地治好了结石：它的效果是如此的迅速和显著。所有这些都表明，茶叶（的功效）不是人们的一种幻觉和纯粹的固执。也有些人饮茶后睡眠反而更好，这说明茶并不适合提神和醒酒；有的人消化功能紊乱，且在吃过生冷食物后长时间内感觉胃胀，饭后喝茶总觉得不舒服；还有些人感到结石和坐骨神经痛都没有减缓。很多人声称茶能利尿，可使人瘦下来，从而变得苗条；还有人声称，要是茶有某些功效，那么大部分树叶几乎都有相同的功效。这些试验至少证明，茶的功效并非人们所想象的那般能包治百病。
>
> 因而，我觉得谈论茶时必须适度，既要提益处也要提坏处。也许开水自身就是治病良药，但人们将功劳全归于茶叶。由于习惯于热

---

① 作者在书中指出，thé 是福建方言，而中国官话则读作 tçha。

饮，有的人与许多小毛病无缘。但可肯定的是，茶叶本身就具备侵蚀性，将茶叶放入肉中一起煮，硬肉可变软，因此它有助于消化，或者说它有助于消化肉类。这正好说明，茶叶起到的作用不是堵塞，而是剥离或较容易地将附于血管内壁的所有杂物带离。此特性还有助于消耗过剩的体液，促进凝滞腐坏体液的流动，排出促成结石与坐骨神经痛的体液。所以，茶谨慎饮用则是良药，虽然其并非那么有效，也并非那般能治百病。有些人的体质，因病痛的严重程度而可能使得某些玄秘的医治方法的疗效常常无法及时发挥，或甚而导致其功效全无。①

随着欧洲传教士、航海旅行家们自东方返回故土后积极介绍和赞颂茶叶的著述不断增多，以及茶叶作为商品输入欧洲的数量逐渐增加，茶叶首先越来越多地吸引了各类自然学家、博物学家以及医学家的极大兴趣。其中，通过医学实验证明进而宣扬茶叶功效者，随着时间的推移也变得越来越多。

茶叶最早由荷兰人输入欧洲，荷兰医学家、博物学家借助较早接触茶叶的便利，在早期欧洲的茶叶功效论战中，相应地占有着较重要的地位。1614 年获得莱顿大学医学博士学位的博物学家雅克布斯·邦丢斯（Jacobus Bontius，又名 Jacob de Bondt）医生是荷兰热带医学先驱，成为将热带医学视作医学独立学科的第一人。他曾以荷印殖民政府专职医生的身份在荷属东印度工作生活，并借此在与当地华人交往中获得接触到茶的机会。其在东印度度过了生命的最后四年，并在临终前完成了《印度医学》（De medicina Indorum），此为西方最早关于热带医学的研究成果之一。该书于 1642 年首次出版，② 并于 1658 年以《东印度自然医学史》之名再版。其中，通过一种特别的对谈方式以医学专业人士的视角，阐述了他对茶叶功效的看法：中国人认为此物很神秘很珍贵，如果不以它待客，就好像未尽地主之谊。它在中国人心目中的地位如同咖啡在穆斯林心目中的地位，其

---

① Louis Le Comte, *Nouveaux memoires sur l'etat present de la Chine*, tome I, Paris: Jean Anisson, Directeur de l'Imprimerie Royale, 1696, pp. 457-460.

② Jacobus Bontius, *De medicina Indorum*, Leiden: Francism Hackium, 1642. 在该书中，邦丢斯还通过自己在东印度观察到的相关病例，对痢疾给出了第一次现代描述。

属干性，能抑制睡眠，对气喘病患者也有益处。① 有鉴于此，邦丢斯可谓是欧洲最早论述茶叶功效的医学家及博物学家。

1641 年，荷兰著名医生克拉斯·皮特森（Claes Pieterszoon）基于耶稣会士、荷印公司职员等所提供的多方信息，再依据自己的医学案例报告所得结论，以尼古拉斯·图勒普（Nicolaes Tulp）之名发表了著述《医学观察》，极力推荐饮茶。他认为，饮茶作为一种有效方法可以延年益寿，预防当时各种不利健康的流行疾病："没有什么比得上这种植物。那些鉴于此而使用它的人免遭一切疾病，且延年益寿。它除了能增强体力，还可防止胆结石、头痛、感冒、眼炎、黏膜炎、哮喘、胃部不适和肠道疾病。它具有防困解乏的额外优点，对于那些希望在夜间写作或思考的人来说帮助很大。"② 他所列举的这些饮茶功效，其实在前述早期传教士著述中或多或少有所提及，但都未给出任何令人信服的科学依据。图勒普医生从专业的医学角度阐述饮茶功效，从而成为最早赞美饮茶的欧洲医学专业人士之一。此后，他始终坚持自己的观点，而其积极鼓励饮茶的看法通过于 1675 年出版的一份小册子《药草茶叶的优良品质及其绝佳功效——来自尼古拉斯·图勒普的观察》［*Uitstekende eigenschappen，en heerlyke werkkingen van het kruid thee，getr. uit de observatien van... Nic. Tulp（Ond.）*］得以在荷兰广泛流传。③

考内利斯·邦特库（Cornelis Bontekoe，实名为 Cornelis Dekker）医生无疑是 17 世纪最热烈拥护饮茶的欧洲专业权威人士。他在《论绝佳药草茶叶》一书中详细阐述了茶叶的良好药性，认为人体的每一部位几乎都受到茶叶的积极影响：饮茶不会导致身体极度消瘦，不会引起战栗或跌倒，不会对男女生育能力造成不良影响，对脑、眼、耳、口、喉、肠胃、胸腹、肺肾、血管、膀胱等部位都有良效。他声称茶叶并非一种包治百病的灵丹妙药，但饮茶可以让血液保持在一种温暖稀释的状态，促使人体血液

① Jacobus Bontius, *Historiæ naturalis en medicæ Indiæ Orientalis*, libri 6, Amsterdam: Ludovicum et Danielem Elzevirios, 1658, pp. 11-12, 87-89.

② Nicolaes Tulp, *Observationes medicæ*, libro 4, Amstelredami: Apud Ludovicum Elzevirium, 1652, pp. 400-403.

③ Pieter Anton Tiele, *Bibliotheek van Nederlandsche pamfletten*, dl. 3, nr. 7386, Amsterdam: Frederik Muller, 1860, p. 111.

良性循环，以达到治疗多种疾病的功效，而血液循环正是人体健康的关键所在；他不建议喝浓茶苦茶，认为淡茶对健康最适宜，即使喝再多也不会产生副作用。此外，该书还对人的生命、疾病和死亡以及同时代荷兰的医学、医药做了简短论述，而这些都正是当时渴望活得更长久、更健康的普通民众所希望多了解的。① 在随后与斯蒂芬努斯·布兰卡特（Stephanus Blankaart）联名发表的《茶叶的使用与滥用》一书中，邦特库还对茶水泡制过程及使用目的做了进一步的说明。②

邦特库对饮茶好处的极力宣传，在很大程度上促使茶叶在荷兰广为人知，并逐渐成为人们喜爱的日常饮料。他因而不仅在荷兰赢得了良好的声誉，广受饮茶喜好者们的敬仰并被昵称为"茶医"（Theedokter），甚至还被勃兰登堡（Brandenburg）选帝侯（Großer Kurfürst）兼普鲁士公爵弗里德里希·威廉（Friedrich Wilhelm）聘为宫廷医生及大学教授。③ 人们对邦特库以及茶叶功效的赞颂，还被以"茶叶的功效"（Kragt van de Thee）这一诗名收入于1697年发表的诙谐诗歌集《快乐的婚礼嘉宾》中："邦特库，谦恭的茶叶作家，因为勤奋谨慎、知足常乐而被我们时常念叨。他向我们推荐茶叶，因为这是来自东方土壤最健康的绝佳药草。茶叶，对，就是茶叶，应当被我们颂扬，被视为人们身体的最佳医生，……"④ 这种以通俗易懂的大众文学形式向普通民众宣传医学专家力荐饮茶的观点，在当时不啻为一种简单易行的好办法。

邦特库关于茶叶的学说拥有一批追随者，如经验主义科学家布兰卡特医生和博物学家、磨镜技师安东尼·范·列文虎克（Antonie van Leeuwenhoek）

---

① Cornelis Bontekoe, *Tractaat van het excellenste kruyd thee: 't welk vertoond het regte gebruyk, en de grote kragten van 't selve in gesondheid, en siekten...*, 's-Gravenhage: Pieter Hagen, 1678, pp. 443, 447, 459.

② Cornelis Bontekoe & Stephanus Blankaart, *Gebruik en mis-bruik van de thee, mitsgaders een verhandelinge wegens de deugden en kragten van de tabak..., hier nevens een verhandelinge van de coffee...*, 's-Gravenhage: Pieter Hagen, 1686.

③ Wiep van Bunge et al. (eds.), *The Dictionary of Seventeenth and Eighteenth-Century Dutch Philosophers*, vol. 1, Bristol: Thoemmes Press, 2003, pp. 128-132.

④ J. Jonker, *De vrolyke bruidlofs gast: bestaande in boertige bruidlofs levertjes, en vermaakelyke minne-digten, op de natuur, van de viervoetige dieren, vissen, vogelen, etc. Als ook op andere voorwerpen. Mitsgaders, een toegiste, van eenige raadselen, kus, drink en blaas-levertjes*, Amsterdam: Daniel van den Dalen, en Andries van Damme, 1697, pp. 423-424.

等。1683 年，布兰卡特在《笛卡尔学术》一书中将茶叶描述为："我目前所知最健康的饮料：将此药草的精良叶片浸泡于热水中，啧啧饮食 12～20 杯，如此便可稀释净化我们的血气和体液，……"① 有着光学显微镜与微生物学之父称号的列文虎克，甚至借助于自制显微镜及其他精密仪器，对茶叶进行了细致入微的观察和实验。通过在高温加热器中对一份茶叶样品的蒸发，提取到尽可能多的叶脉、茶油及嗅盐，作为检测的基本成分。此前他已研究过一只"装有茶盐的小瓶子"，据称来自"一位从东印度回来的先生，在那儿（茶叶）被作为一种有效药物治疗热病"。列文虎克据此认为，茶叶"能够向肾脏输送大量液体以稀释结石"，因而是一种医治肾结石的有效药物。②

法国医学界关于茶叶功效的赞述，最早可追溯至 1648 年菲利伯特·莫里斯特（Philibert Morisset）医生的论著《茶叶能否增强智力》（*Ergo thea Chinesium*，*menti confert*，Paris），其将来自中国的茶叶推崇至万应灵药、包治百病的地位。③ 当时，欧洲主流社会，特别是医学界对茶叶药用功效的看法仍存在着很大分歧。莫里斯特医生在巴黎医学界有夸夸其谈远甚于精湛医道的名声，而在巴黎医学界地位颇高的巴黎医学院院长帕丁医生对其观点深表质疑。因此，莫里斯特此后很难得到同行的公开赞同与支持，反而遭受众多医生的强烈指责。

时任法国首席大法官（Chancelier de France）皮埃尔·塞吉尔（Pierre Séguier）是对茶叶功效赞誉有加的罗德神父在巴黎经常接触的重要人物之一。④ 他是一位博学多闻之人，创建了一个藏品规模仅次于皇室的图书馆。

---

① Steven Blankaart, *De Kartesiaanse academie, ofte institutie der medicyne. Behelsende de gantsche medicyne, bestaande in de leere der gesondheid en des selfs bewaringe, als ook der ongesondheid en haar herstellinge. Alles op de waaragtige gronden, volgens de meining van den heer Cartesius &c. gebouwt*, Amsterdam: Johannes ten Hoorn, 1683, p. 192.

② Antonie van Leeuwenhoek, *Derde vervolg der brieven, geschreven aan de Koninglyke Societeit tot London*, Delft: Henrik van Kroonevelt, 1693, pp. 371, 381, 387.

③ W. H. Ukers, *All about Tea*, vol. I p. 33; Bennett Alan Weinberg & Bonnie K. Bealer, *The World of Caffeine: the science and culture of the world's most popular drug*, New York and London: Routledge, 2002, p. 66.

④ 皮埃尔·塞吉尔为 17 世纪法国政治家，出身于巴黎中产家庭。他于 1633 年成为掌玺大臣，1635 年升任首席大法官，17 世纪 60 年代开始主导法国外交政策，对路易十四的外交成果多有贡献。1635 年，他被选为法兰西科学院院士，也是位居一号座椅的院士。

塞吉尔非常喜爱茶这一新兴饮料，更是饮茶的习惯性实践者和积极倡导者，经常在自己的文学沙龙举办茶话会款待社会各界名流，其对于在巴黎上流社会（haut monde）推广茶饮的贡献无疑比其他任何法国人都要巨大。1657 年，作为法兰西学术院（Académie française，常被称作"法兰西学院"）官方资助人的塞吉尔欣然接受参加巴黎著名医生皮埃尔·克雷西（Pierre Cressy）之子 M. 克雷西（M. Cressy）以"献给塞吉尔"之名、关于茶叶治疗风湿病功效研究的博士学位论文《治风湿药中国茶叶》（Anarthritidi the sinensium）答辩会。① 极少出现在公众面前的这位法国首席大法官在皇家枢密院成员的陪同下，全程参加了长达一上午的答辩会。答辩会上，M. 克雷西这位年轻医生用时 4 个多小时，生动而详细地阐述了茶叶医治风湿的功效及其原理。整场答辩会中，意兴盎然的塞吉尔正襟危坐、凝神静听，直至晌午也未有丝毫倦意。论文答辩非常成功，茶叶被确认为治疗风湿病及其他各种疾病的良药，自此以后茶叶在法国的地位更加稳固了。② 时任法国皇家花园主管及巴黎医学院植物学教授、著名植物学家丹尼斯·荣奎（Denis Joncquet）医生是否与塞吉尔一道出席了 1657 年的这场答辩会，我们尚不得而知。但就在同年的某一时期，荣奎通过一种极其文学的表达方式，将茶叶与希腊、罗马神话中的仙肴"安布罗希亚"（Ambroisie）相提并论，称赞其为一种包含"安布罗希亚"所有琼浆的神圣药草。③

自 1598 年林斯豪登的《旅行指南》一书英文版在伦敦发行，"茶叶"一词便开始为英国人所熟知。随后，有关茶叶的介绍不断出现在一些英文著作中，但早期的作品并未对其功效做过多少评判。譬如，1614 年萨缪尔·珀切斯（Samuel Purchas）在《珀切斯朝圣之旅》一书中提到"他们

---

① Sabine Yi, Jacques Jumeau-Lafond et Michel Walsh, *Le livre de l'amateur de thé*, Paris: Robert Laffont, 1983, pp. 65 – 66; Kit Boey Chow and Ione Kramer, *All the Tea in China*, San Francisco: China Books, 1990, p. 95.

② A. Frankin, *La vie privée d'autrefois*, p. 133.

③ J. G. Houssaye, *Monographie du thé: description botanique, torréfaction, composition chimique, propriétés hygiéniques de cette feuille*, Paris: l'auteur, 1843, p. 8; Martine Acerra, "Le modes du thé dans la Société Française aux XVIIe et XVIIIe siècles," Raibaud Martine and Souty François, *Le commerce du thé. De la Chine à l'Europe XVIIe – XIXe siècle*, Paris: Les Indes Savantes, 2008, p. 57.

常将一种叫作茶（chia）的药草粉末，以胡桃壳所能含有的量投入瓷杯中，然后用热水冲饮"；① 1641 年出版的《热啤酒》才再次提及茶叶，仅署名为 F. W. 的该书作者只是以一句"中国人大多热饮一种称作茶（chia）的药草的滤汁"简单转述意大利神父马菲在《印度史》中关于茶叶的介绍。②

有关茶叶品质及功效的具体赞述，直至 1660 年才在伦敦以一份宣传招贴的形式出现，其制作者是被公认为第一个向英国公众提供茶叶之人、伦敦咖啡店主托马斯·伽威（Thomas Garway）（图示详见第六章第三节）。该招贴完美、充分地将伽威所打听到的中国医书关于茶叶功效与欧洲传教士、旅行家们有关茶叶品质效用的描述整合为一体，主要包括："（茶叶）品质中热，冬夏适宜。饮品极为健康、卫生，可延年益寿。其特别之处是：使人身体敏捷健壮；有助于消除头痛、眩晕和坠胀；可消除脾梗阻；配蜂蜜而非糖饮用可清肾利尿，消除结石；可疏通肺气梗死，缓解呼吸困难；可防止目糊眼燥，清睛明视；可消除疲劳，降火清肝；可强心健胃，促进食欲及消化，尤其对于肥胖者和常食肉者；可防止做噩梦，放松大脑，增强记忆；多饮能抑制嗜睡，防止困倦，因温胃固胃而可通宵学习却毫不伤身；适量饮用可预防和治疗寒热和过食，刺激毛孔轻柔伸缩；加奶饮用可正气固本，预防肺痨，有力缓解肠道不适或腹胃绞痛；适量饮用可防治感冒、水肿及维生素 C 缺乏病，通过出汗、排尿清洁血液，驱除感染；可祛除疝痛，清净胆汁。因茶叶功效多而卓著，很显然（特别是最近几年）受到了法、意、荷及其他基督教世界有钱、有识之士的推崇和饮用。"③ 伽威先生的这份茶叶广告招贴历史意义非同一般。在此之前，英国普通民众对茶叶知识了解甚少，而正是由于这份英国历史上关于茶叶的早

① Samuel Purchas, *Purchas His Pilgrimage. Or Relations of the World and the Religions Observed in All Ages and Places Discovered, from the Creation unto This Present. Containing a Theological and Geographical Historie of Asia, Africa, and America, with the Ilands Adiacent.* ..., bk. 5, London: William Stansby, 1626, p. 587.

② F. W., *Warm Beere, or, a Treatise Wherein is Declared by Many Reasons That Beere So Qualified Is Farre More Wholsome Then That Which Is Drunke Cold with a Confutation of Such Objections That are Made against It, Published for the Preservation of Health*, Cambridge: R. D. for Henry Overton, 1641, p. 142.

③ Thomas Garway, "An Exact Description of the Growth, Quality and Vertues of the Leaf Tea," Advertisement Broadsheet Folio: Ink on paper, 11x15 inches, c. 1660, British Museum, London.

期最有效的广告的得力宣传，英国众多各类疾病患者纷纷将茶当作可治百病的神药加以饮用。

此后，英国议会议员及殖民官员、皇家学会会员托马斯·波维（Thomas Povey）据说曾于 1686 年翻译过一份关于茶叶功效的荷兰语宣传活页，该翻译抄文被同为英国皇家学会会员的博物学家、发明家罗伯特·胡克（Robert Hooke）所收藏。① 据称，这份题为《茶叶的效力》（*Krachten vande Thee*）的宣传活页出现的年份约为 1680 年，其正文内容为："根据中国人说法的转译所知，它有如下优点：1. 净血降稠，2. 祛除噩梦，3. 除蒸舒脑，4. 安神镇痛，5. 预防水肿，6. 提神醒脑，7. 消除刺痛，8. 消梗通窍，9. 明目清眼，10. 温肝降火，11. 清理膀胱，12. 温脾去燥，13. 驱免嗜睡，14. 缓解脑钝，15. 轻身促敏，16. 强心通络，17. 驱焦除怯，18. 祛风止痛，19. 怡保子宫，20. 固肠消食，21. 锐化智巧，22. 提高记忆力，23. 坚定意志，24. 温清胆汁，25. 增性促爱，26. 解渴利津。"②

茶叶功效通过上述各种文本形式在欧洲多国被广泛而持久地传播，且其宣传内容得到各界重要人物的大力认同与赞颂，这在极大程度上促使了 17 世纪中后期饮茶有益论在这些国家最先接触茶的上流阶层成为主流，从而深刻影响到通常引领外来饮食新风尚的该阶层对饮茶习俗的基本态度。

第二节　针对饮茶益处的质疑

不可避免的是，伴随着饮茶有益论，近代早期的欧洲社会也时时出现针对茶叶功效的负面看法。相较于饮茶有益论随着时间的推移而不断被越来越多的社会各界人士所认可和接受，针对饮茶功效的质疑之声从未成为欧洲社会的主流，且最终也日渐衰落。甚至，随着对茶叶认知的逐渐加深，以及面对不断增加的支持饮茶有益的科学依据，一些质疑者最终改变态度，喜欢上这一新兴饮食习惯。

欧洲最早也是最激烈的饮茶有益论质疑者，当属德裔丹麦博物学家、

---

① Robert Hooke, "Qualities of the Herb Called Tea or Chee. Transcribed from a Paper of Thomas Povey Esq. Oct. 20 1686," *Collection of Scientific Papers and Letters*, British Library, London, Sloane MS 1039, foli. 139r.

② 该宣传页长 31.5 厘米，宽 20 厘米，现藏于荷兰海牙国家图书馆（Nationale Bibliotheek）。

医生西蒙·保利（Simon Pauli）。保利出生于德国罗斯托克（Rostock），早先在罗斯托克、莱顿及巴黎等地学习医学知识，1626~1629 年入读哥本哈根大学（Københavns Universitet），1630 年在德国维滕贝格大学（Universität Wittenberg）获得医学博士学位。他在罗斯托克开始其执业生涯，并于1634~1639 年在罗斯托克大学（Rostocker Universität）任教。1639 年，他被聘为哥本哈根大学解剖学、外科和植物学教授，随后，还曾担任丹麦国王弗雷德里克三世的首任御用医生。

当年，保利博士论文答辩的题目为《烟草和药草茶叶的滥用》（*De abusu Tobaci et herbae Theé*）。1661 年，他再将此论文扩充完善，以《烟草和药草茶叶滥用的评论》之名出版。该书内容共由三个部分组成：首先讨论，使用烟草、茶叶、咖啡及巧克力等外来商品的利弊，认为不仅要根据医学和化学原理加以公正考虑，而且要通过观察和经验给予确定；其次指出，应当制定全面而明确的指导说明，以了解这些物品在何种情况下，以及对于何种特定体格是有益的或有害的；最后断言，中国或亚洲茶叶（的功效）与欧洲雏菊（European chamelæagnus）或荷兰布拉班特香桃木（myrtus Branbantica）其实一样。全书分析对象虽然涵括了烟草、茶叶、咖啡和巧克力，但讨论内容却是以茶叶为主，其所占篇幅极重，而后才是烟草、巧克力及咖啡。保利对这些物品在欧洲的效用持严重质疑态度，对使用这些物品尤其茶叶而带来的所谓有害影响提出了许多耸人听闻的告诫。

书中，关于茶叶，保利主要关注了三个方面：一是茶叶属于何种草本植物，二是茶叶是否仅为亚洲专有以及是否曾在欧洲被发现过，三是何种欧洲植物最有可能替代茶叶被使用。他认为，茶叶只不过是世界上的普通植物之一。由于空气、水和自然环境差异，茶叶在欧洲无法产生如在亚洲尤其在中国那样的效果，相反，甚至可能会变得非常危险。经常饮茶远远不能使人长寿，特别是对中年人来讲，反而会加速老年化。[1] 这表明其对茶叶药用价值的极度怀疑，深信茶叶具有致命的毒性。而总体上，保利认

---

[1]　Simon Paulli, *A Treatise on Tobacco, Tea, Coffee, and Chocolate. In Which…*, trans. by Robert James, London: Printed for T. Osborne, J. Hildyard, and J. Leake, 1746, pp. 69, 131–134. 原始拉丁文版本参见 Simon Paulli, *Commentarius de abusu tabaci Americanorum veteri, et herbæ thee Asiaticorum in Europe novo, quæ ipsissima est chamæleagnos Dodonæi, alias myrtus Brabantica, …*, Argentorati: Sumptibus Authoris Filij, 1665。

为茶叶、咖啡和巧克力这三大饮料均有害。因此他推断这些饮料在引起人体虚弱和无力方面完全一致。他希望，欧洲人将来会明智地拒绝饮用茶、咖啡和巧克力，因为其饮用者通常懒惰、浪荡、贫瘠、无力、虚弱。①

保利在该书的最后总结道，狡猾、贪婪和撒谎是亚洲人的显著特点，他认为他们每年都骗取欧洲人巨额的买茶钱。他已尽最大努力阻止从中国进口茶叶及其在欧洲的疯狂流行，他请求那些"不懂植物学的人"停止饮用中国茶，而改饮欧洲雏菊。他声称，虽然其没有足够权力将自己的观点强加给别人，但希望能够说服同胞们使用石蚕（betony），它可以取代并无多少味道，且因受损于长途航程而已缺失原有品质的茶叶，轻松治愈中国人推荐用茶叶来医疗的那些疾病。他当然也相信，中国医生确实有值得称赞的地方，譬如戒食、戒饮，用简单汤剂或其他类似东西来治病。然而，对于自己的观点和意见是否能够得到认可和拥护，保利并没有十足的把握，所持态度也难称坚决："如果我的意见被人嘲笑，我会以此思考安慰自己，因为我对真理的执着是如此神圣和不可侵犯，无论她将我带往何方，我都欣然前往。"② 他甚至还在书的结尾处，不惜笔墨直接大段引用罗马共和国著名哲学家、雄辩家马库斯·图利乌斯·西塞罗（Marcus Tullius Cicero）的言辞进行自勉："在我的一生中，我对真理的追求是公正的，从不试图强加于他人的判断，因为我可以在永世神灵面前发誓，我不仅热爱真理，而且说出我内心的真情。我为何不愿意去发现真理呢？当我高兴地发现接近真理的事物时，我为何不愿意去发现真理呢？这是人性特有的荣耀——以感知真理的本来面目，因此，为了真理而考虑接受谬误是一种耻辱。然而，我并不声称自己是绝对正确的，因为我承认，我和其他人一样，也可能会犯错。"③

除了著书反对饮茶，保利还持续在40多年间就其观点发表演说，直至1680年去世。因其学识渊博、医术高超、声誉斐然，更因其对近代欧洲植物学和解剖学所做出的杰出贡献，这位最坚定的咖啡因反对者对含此成分的外来饮料的敌意在欧洲造成了很大影响。而1681年后，该书的多次再版

① S. Paulli, *A Treatise on Tobacco, Tea, Coffee, and Chocolate. In Which…*, p. 166.

② S. Paulli, *A Treatise on Tobacco, Tea, Coffee, and Chocolate. In Which…*, pp. 169–170.

③ M. T. Ciceronis, "Academicæ Quæstiones: epistola ad M. Terentium Varr-onem," *M. Tullii Ciceronis Opera Philosophica*, vol. 1, lib. 4, Londini: Curante et imprimente A. J. Valpy, A. M., 1830, p. 99.

以及 1746 年英文版的面世，更是扩大和提升了其论点的影响力。

较讽刺的是，任命保利为御用医生的弗雷德里克三世其实十分喜欢喝茶。或许是这位医生对茶叶害处的无情说教，对宫廷中容易上当受骗的贵族们造成的寒蝉效应，使得这位丹麦国王心烦意乱，抑或是保利对其皇家资助人说了太多直言不讳的话，终于有一天，弗雷德里克三世再也忍受不了保利对其最爱饮料的批判，用拉丁语生气地说道："我相信你可能疯了！"（Credo，Te non esse sanum）[1]

在科学界，保利对咖啡因的强硬立场常常模糊和分散了科学研究的注意力，阻碍了对茶叶的特性、品质、功效和缺陷的正确、冷静的判断，使得欧洲植物学家们花了十多年的时间，才推翻其"茶叶即桃金娘"的说法。在荷印公司驻长崎商馆任职的德国医生安德烈亚斯·克莱尔（Andreas Cleyer）曾将一份茶树标本送至柏林，献给选帝侯威廉。随后，德国植物学家、汉学家克里斯蒂安·门策尔（Christian Mentzel）于 1682 年在柏林出版《植物名称通用索引》一书，有力驳斥了保利的这一错误说法。[2] 为嘲讽保利的茶树植物观，学界甚至常将"西蒙·保利茶"（Thé du Simon Pauli）这一假名赐予无辜的香杨梅（myrica gale，又称作欧洲杨梅、沼泽杨梅或荷兰杨梅）。

相较于对茶叶一生都固执地保持敌视态度的保利医生而言，比其年轻近十岁的同代法国人帕丁医生虽然也同样长年偏执地反对饮茶，但并没能像前者那样坚持到死，而是在活过大半生后见风使舵妥协了。

帕丁是当时法国反对饮茶派的领衔人物，其关于茶叶的观点最早因 1648 年 3 月 22 日的那封嘲讽同行莫里斯特的《茶叶能否增强智力》，进而评论当时整个巴黎饮茶风潮的信而出名。时任巴黎医学院教授的他对莫里斯特赞颂茶叶功效论点的深度质疑在此信中溢于言表："我们的一位医生，名叫莫里斯特，与其说是一个医术高超之人，不如说是一个吹牛大王，他愿

---

[1] Simon de Vries, *Kort begryp en 't voornaemste margh van allerley onlanghs uytgekoomene boecken in verscheydene talen en gewesten van Europa；soo in alle soorten van geleerdheyd，als insonderlinge curieusheden，uytsteeckende konsten，en wonderlijcke voorvallen. ...*，Utrecht：Wilhelm van Poolsum，1703，p. 242.

[2] Christian Mentzel, *Index nominum plantarum universalis，diversis terrarum，gentiúmque linguis，quotquot ex auctoribus ad singula plantarum nomina excerpi & juxta seriem A. B. C. collocari potuerunt，ad unum redactus，videlicet：...*，Berolini：ex officina Rungiana，1682，pp. 72，299.

意喜爱本世纪无关紧要的新奇事物，并努力给其一些赞誉，为此还发表了一篇关于茶叶的论文。每个人对他都持反对意见：我们的一些医生将其烧掉，并向院长抗议，因为他批准了这篇论文。你将可能读到它并会嘲笑它。"①

如果再晚两年的话，莫里斯特论著的发表极可能会受到不小阻力，因为帕丁于 1650 年出任巴黎医学院院长，为期两年。作为法国医学界的重要人物，帕丁成为社会各项革新的公敌，特别是在医学方面，且不仅仅是反对将茶叶用作药材。关于对茶叶药效的质疑，帕丁还曾在 1657 年 4 月 1 日的一封信中专门针对时任法兰西枢密院首席大臣、枢机主教（又称"红衣主教"）的儒勒·马萨林（Jules Mazarin）利用茶叶治疗痛风的想法嘲讽道："马萨林将茶当作防治痛风的药物，这不是治疗痛风的最有效方法！"②晚年的马萨林深受痛风困扰，他是在听取罗德神父有关饮茶可以治疗结石和痛风的建议之后决定尝试的，而这一做法在当时巴黎贵族圈中也较受欢迎。不过很快，帕丁改变了自己此前的一贯态度。在 1657 年 12 月 4 日的一封信中，他提到其列席 M. 克雷西的博士论文答辩之事。这次答辩之所以值得一提，正是因为首席大法官塞吉尔的率众出席。虽然，帕丁私下认为，塞吉尔作为重要的政治人物亲自出席答辩会有失身份，但是，此次答辩会使得列席的教授团成员们纷纷决然放弃过去对茶叶的敌视，更有甚者还将茶叶当作烟草来抽吸。这一事实大大出乎他的意料，脑筋灵活的他于是也迅速改变论调，转而赞美起茶叶。③

在 1678 年 8 月 12 日英国驻法国特使亨利·萨维尔（Henry Savile）从巴黎写给其舅舅、时任英国南部国务大臣亨利·考文垂（Henry Coventry）的一封信中，出现了英国最早针对茶叶功效的质疑之声。④ 萨维尔提到，

---

① A. Frankin, *La vie privée d'autrefois*, p. 130.

② A. Frankin, *La vie privée d'autrefois*, p. 131.

③ A. Bierens de Haan et al., *Memorieboek van pakhuismeesteren van de thee te Amsterdam 1818- 1918, en de Nederlandsche theehandel in den loop der tijden*, Amsterdam: J. H. De Bussy, 1918, p. 6; A. Frankin, *La vie privée d'autrefois*, p. 133.

④ 1782 年之前，英国政府根据地理位置的划分任命两位国务大臣分别对北部和南部各部门负责。职权更高的南部国务大臣负责英格兰南部、威尔士、爱尔兰、北美殖民地（1768 年改由殖民地国务大臣负责）以及与欧洲罗马天主教及伊斯兰国家的关系；职权较低的北部国务大臣负责英格兰北部、苏格兰以及与北欧新教国家的关系。1782 年，两位国务大臣改组为内务大臣和外交大臣。参见 Stephen Constantine, *Community and Identity: the making of modern Gibraltar since 1704*, Oxford: Oxford University Press, 2009, p. 69。

他的朋友"晚餐后要求饮茶，而不是吸烟和喝酒：一个低级的毫无价值的印度式习俗。我很赞赏这在您的基督徒家庭中是不被允许的"。① 通过这封信我们至少可以感知到，餐后饮茶不仅不被萨维尔接受，同样也不受考文垂待见，而这两位都是当时英国政府重臣，属于上流阶层，社会地位颇高。很难断定，他们对茶叶的态度究竟会给英国社会带来多大影响，而这也是截至 18 世纪早期英国唯一有据可考的关于反对饮茶论调的文献记载。但清楚的是，此后经过相当长一段时期，对茶叶功效的反对之声才间歇性地在 18 世纪出现过若干次。

1730 年，苏格兰医生托马斯·肖特（Thomas Short）发表了医学专著《茶叶论》。书中指出，欧洲此前出版了一些关于茶叶的著述，其所依赖的资料要么来源于那些仅仅观察了多为东方国家所特有的茶叶的种类、培植及使用的旅行家们，要么来源于那些为了增加茶叶进口量而随意赋予其功效的商人们。一些自称提供了茶叶药用价值理论的人对其原理甚至都未能给出令人满意的说明，而且也未合理地解释饮茶为何或如何带来人们所期盼的那种奇效。他认为，茶叶并不适应于欧洲的气候以及欧洲人的体质、年龄和饮食习惯。②

1744~1766 年，英国著名女作家伊丽萨·富勒·海伍德（Eliza Fowler Haywood）在伦敦陆续编辑发行了极具影响力的杂志《女性旁观者》，此为世界首份专为女性而刊的杂志，而该时期妇女们正是推动饮茶习俗在英国流行的主力军。1745 年，该杂志第八期曾评论了饮茶对英国经济的消极影响，提出喝茶是家庭主妇的祸根，其因浪费那些本应花在以诚实和谨慎的努力增加或保障财富或先业的时间而对所有的经济造成了彻底的破坏。③

---

① William Durrant Cooper（ed.），*Savile Correspondence. Letters to and from Henry Savile*，*Esq.*，*Envoy at Paris*，*and Vice-chamberlain to Charles Ⅱ and James Ⅱ*，…，London：Printed for the Camden Society，1858，p. 69.

② Thomas Short，*A Dissertation upon Tea*，*Explaining Its Nature and Properties by Many New Experiments*；*and Demonstrating from Philosophical Principles*，*the Various Effects It Has on Different Constitutions. To Which is Added the Natural History of Tea*；*and a Detection of the Several Frauds Used in Preparing It.* …，London：Printed by W. Bowyer，for Fletcher Gyles，1730，p. 3.

③ Eliza Fowler Haywood（ed.），*The Female Spectator*，vol. 8，London：Printed for T. Gardner，1745，p. 281.

很难确知，这则评论在多大程度上代表了当时的社会主流之声。但借此我们至少可以了解到，该时期饮茶不管是好是坏，对整个英国国民经济的影响都是不容置疑的。

　　1748 年，饮茶再次受到英国重要人物的攻击。基督教神学家、卫理公会创始人、英国国教大牧师约翰·卫斯理（John Wesley）在该年 12 月 10 日的一封信中声称，饮茶对人身体和心灵都会产生危害，坚决督促教友基于医学和道德方面的原因停止饮茶。他谴责茶叶的言辞与其反对烈性饮料的相同激烈，呼吁信徒们不要饮茶，并将因此而节省下来的钱用于慈善事业。他还将自己的瘫痪痊愈归功于戒茶，认为如果那些虚弱的病人能够戒除饮茶习惯，那么他们的健康和事业都将受益丰厚，如果一个人停止饮茶，那么所省费用可以在衣食上帮助一个同胞，或许还能拯救一个生命。他反对一些人声称的茶叶并非对所有人都无益，认为连许多名医都断定这一声明在若干方面是有害的。[①] 然而，卫斯理在后半生对饮茶的态度却发生了 180 度大转变，又开始经常饮茶，甚至还拥有一把可装一加仑茶水的专用精美茶壶。卫斯理对此壶极为珍惜，小心翼翼地使用至 1791 年去世，因为它是英国近代著名陶艺家乔塞亚·韦奇伍德（Josiah Wedgwood）1761 年作为友谊象征送给卫斯理的亲手定制品。其雪白的外壁两边，分别印有优美的基督教祈祷文和圣歌诗人约翰·森尼克（John Cennick）生前写的圣歌《卫斯理恩典》（*Wesley Grace*）。[②]

　　作为英国国民收入统计学先驱、近代英国最具影响力之一的政治经济学家，英格兰农业、经济学及社会统计学作家，亚瑟·扬（Arthur Young）对茶叶评价颇低，声称饮茶对整个英国国民经济完全有害。他曾于 1767 年对当时他认为表面上看似无关紧要，但实际上却非常值得注意的一种日渐兴盛的社会习俗极度不安，那就是男士们和女士们一样多地将茶当作日常饮料，工人们徘徊于茶桌旁消耗时光，农仆们甚至要求主人为他们的早餐配备茶饮。他认为，如果男人与女人一样浪费时间去喝如此糟糕的饮料而使他们的健康受损，那么普通贫民们将会发现自己比以往任何

---

① John Wesley, *A Letter to a Friend, concerning Tea*, London: W. Strahan, 1748, pp. 3−14.

② 参见 World Methodist Museum （ed.）, *Treasures of the World Methodist Museum*, London: Biltmore Press, 1970。

时候都痛苦。①

在欧洲另一个重要饮茶国度荷兰，饮茶功效在被绝大多数医生称赞的同时，也不时遭受一些质疑和反对。其中，反对者更是认为，这一热饮料对人体健康有害无益。荷兰著名博物学家、旅行家弗朗索瓦·瓦伦丁（François Valentyn）自19岁起以荷印殖民政府牧师之职在荷属东印度（主要在摩鹿加群岛）生活了将近16年（1685~1694年及1706~1713年），对东方人的饮茶习俗多有了解。他早在1681年就已初次接触到茶，其留下的印象则是茶水"味道并不比干草水好"。② 通过自己的观察，他认为在热带地区，高温容易导致人们体液流失，饮茶的确可能会对补充体液发挥良好作用，对治疗结石、痛风及其他各类疾病有所帮助。但是，在像荷兰这样的寒冷地区，人们的体液不那么容易流失，而且也有很多水及饮料，是否还需要饮茶来补充体液，这或许值得商榷。他声称，长期饮茶会导致体瘦者严重脱水，肠道萎缩，并强烈建议有气喘和虚脱感之人不要饮茶。③

1705年，时居海牙（1703~1714）的法国著名医学教授丹尼尔·邓肯（Daniel Duncan）医生提出了引人注意的"热饮料不利健康"理论，将当时欧洲人常患的一些乡土病归因于新近引入的茶叶、咖啡和巧克力等外来热饮料，并就如何防止滥用这些热饮料给出了许多所谓的好建议。④ 他的这一理论还得到了欧洲知名临床学及现代学术医院奠基人、荷兰医学教授赫尔曼·布尔哈弗（Herman Boerhaave）在一定程度上的支持。

布尔哈弗在植物学及医学方面贡献极大，在1709年成为莱顿大学植物学及医学教授后，改进和扩充了莱顿植物园（Hortus Botanicus Leiden），出

---

① Anonymous, *The Politician's Dictionary*; *or*, *a Summary of Political Knowledge*: *containing remarks on the interests*, *connections*, *forces*, *revenues*, *wealth*, *credit*, *debts*, *taxes*, *commerce*, *and manufactures of the different states of Europe*, vol. Ⅱ, London: Printed for Geo. Allen, 1775, p. 173.

② F. Valentyn, *Oud en nieuw Oost-Indien*, dl. 5, "Beschryving der kust van Choromandel," bk. 1, hk. 1, p. 190.

③ F. Valentyn, *Oud en nieuw Oost-Indien*, dl. 4, "Zaaken van den godsdienst op het eyland Java," bk. 7, hk. 1, pp. 17–18.

④ 参见 Daniel Duncan, *Avis salutaire a tout le monde*, *contre l'abus des choses chaudes*, *et particulierement du café*, *du chocolat*, *& du thé*, Rotterdam: Abraham Acher, 1705。

版了众多描述新植物品种的著作，并于 1714 年成为莱顿大学应用医学教授时，引入了临床教学现代体系。这位赫赫有名的植物学及医学权威虽然也不赞成饮茶，但并没有完全否定茶叶功效。他在 1732 年出版的世界著名化学教科书《化学元素》（*Elementa chemiae*）中，曾就此做出过专业性评判。他认为，医生们都清楚，冲泡和煎煮茶的最可靠药效既取决于所选植物自身的特性，也取决于所用热水的温度和分量。那些指责滥用茶热饮的人将罪过强加给茶叶，而事实上热水才最应该被多加指责。[①]

紧随其观点，18 世纪后半期不时传出过量饮用热饮料将弱化肠胃吸收功能、促使胆汁及其他体液功能失效以及妨碍食物的消化过程等警告性论调，[②] 甚至还有观点认为饮用营养丰富的啤酒可以更好地帮助人们解渴，特别是在从事繁重体力劳动之时。[③]

第三节　饮茶习俗的兴起

自 17 世纪早期传入欧洲后，中国茶叶便开始在多国被当作稀有的治病良药使用。17 世纪中后期，随着这些国家早先接触到茶的上流阶层对饮茶益处的普遍认可和接受，作为一种新兴高尚消遣，饮茶习俗也最先兴起于该阶层。其中，在荷兰、英国这两个最具代表性的国家中体现得尤为突出。

在率先引入茶叶的荷兰，上流富裕阶层首先对茶产生兴趣，于 17 世纪三四十年代开始尝试品饮，第一批饮茶人主要包括海牙宫廷内外的达官贵人以及以阿姆斯特丹近郊小镇默伊登（Muiden）为聚集地的"默伊登圈子"

---

① Herman Boerhaave, *Elementa chemiae, quae anniversario labore docuit, in publicis, privatisque, scholis, Hermannus Boerhaave*, tom. 2, Lugduni Batavorum: Apud Isaacum Severinum, 1732, pp. 24–25.

② Joannes Grashuis, "Verhandeling van het kolyk van poitou," *Verhandeling uitgegeeven door de Hollandse Maatschappy der Weetenschappen te Haarlem*, dl. 4, Haarlem: F. Bosch, 1758, p. 554.

③ J. O. de Haaze, "Bericht van de gelegenheid van Terneuzen en Axel, haare natuurlyke gesteldheid, levenswyze der inwoonderen enz. ," *Verhandelingen van de Natuur-en Geneeskundige Correspondentie-Societeit in de Vereenigde Nederlanden, opgericht in 's Hage*, dl. 1, 's-Gravenhage: Jan Abraham Bouvink, 1783, p. 53.

（Muiderkring）里的文艺从业者及科学家。①

　　荷兰王室何时开始饮茶，现已无从知晓。但保存至今的荷兰王室财产清单目录显示，弗雷德里克·亨德里克（Frederik Hendrik）国王遗孀阿玛莉亚·范·索尔姆斯（Amalia van Solms）曾拥有大批金银茶器收藏品，包括金银茶罐各一只、小银茶壶一把以及一定数量的瓷器，如大瓷茶壶一把和带棱纹小茶瓶一只。② 茶叶最初在文艺知识分子当中能够引起特别兴趣，那些以茶叶为主题的拉丁语和希腊语颂诗也一定程度上起到了积极推动作用，譬如阿姆斯特丹"雅典娜神庙"（Athenaeum Illustre，一所存在于1630～1878年的高等教育机构）学校口才学及希腊语教授、拉丁语演说家和诗人彼得勒斯·弗朗修斯（Petrus Francius）早在1635年便以古希腊"安纳克里昂"（Anakreon）风格写下优美的抒情诗，将茶叶歌颂为真正的"甘美雨露"。③

　　在阿姆斯特丹，艺术家彼得·德·格拉夫（Pieter de Graaff）及其胞兄则是第二代饮茶爱好者代表之一。他在日记中提及，其兄长曾于1676年在海牙以1.25荷磅茶叶与人换取5枚银质纪念币，还向一名商人购获约2磅茶叶和2只小圆茶杯。④ 1694～1714年，曾13次担任阿姆斯特丹市市长的尼古拉斯·威泽恩（Nicolaes Witsen）定期向迪温特市（Deventer）精英学校"雅典娜神庙"的史学、口才学教授吉斯伯特·库珀（Gijsbert Cuper）寄送茶叶，其中包含"一小瓶品质上佳的武夷和白毫"。⑤

　　荷兰贵族阶层的代表——惠更斯家族使用茶叶的历史可以被较详细地

① 处于荷兰共和国"黄金时期"的17世纪，一群在艺术和科学上较有造诣的荷兰人在默伊登城堡定期聚会，品茶论事，其中以政治家、科学家、诗人及音乐家康斯坦丁·惠更斯（Constantijn Huygens）等人较为著名。这群著名人士组成的群体当时被俗称为"默伊登圈子"。参见 Paul Zumthor, *Daily Life in Rembrandt's Holland*, Stanford: Stanford University Press, 1994, p. 218。

② S. W. A. Drossaers en T. H. Lunsingh Scheurleer, *Inventarissen van de inboedels in de verblijven van de Oranjes en daarmee gelijk te stellen stukken 1567 – 1795*, dl. 1, 's-Gravenhage: Martinus Nijhoff, 1974, pp. 244, 249–250, 309.

③ 参见 Petrus Francius, *Petri Francii in laudem Thiae Sinensis anacreontica duo*, Amstelodami, 1635。

④ *Inventaris no. P. A. 76*, no. 196, Gemeentearchief Amsterdam（GAA）.

⑤ Johan Fredrik Gebhard, *Het leven van mr. Nicolaas Cornelisz. Witsen.*（*1641 – 1717*）, dl. 2, Utrecht: J. W. Leeflang, 1882, p. 346.

追溯。1664 年 1 月 17 日，著名政治家、编年史学家康斯坦丁·小惠更斯（Constantijn Huygens Jr.）从海牙写信给其弟——著名物理学家、天文学家和数学家克里斯迪安·惠更斯（Christiaan Huygens），告知他自己给他附寄了茶叶并建议每日晚餐后喝点。自那时起，克里斯迪安再无牙疾。同年，小惠更斯还收到一份来自巴黎的请求，托其在阿姆斯特丹或海牙购买一个配备齐全，可用于泡茶、饮茶的精美盒子，用作进献给波兰国王的礼物。① 据称，小惠更斯的表兄，曾任荷印公司驻日本长崎商馆总班以及驻台湾殖民总督之职的弗朗索瓦·卡隆（François Caron）也十分喜爱饮茶。② 荷兰作家及翻译家昆纳特·德罗斯特（Coenraet Droste）在其个人传记中提及，1680 年秋他逗留巴黎期间曾在移居该地的卡隆遗孀康斯坦夏·布当（Constantia Boudaen）家中有过数次茶聚。③ 而在惠更斯家族日记中，较晚时期也出现过有关饮茶的记述：1677 年，小惠更斯在布雷达（Breda）居住期间于 3 月 27 日晚餐后赴其侄儿家饮茶。④ 1694 年 2 月 3 日上午，小惠更斯抵达英国哈里奇（Harwich）时，其随身行李中就有准备进献给英国女王玛丽二世的一小箱茶叶。⑤ 从上述记载中我们可以发现，当时茶叶在欧洲王室社交圈中已被当作珍贵礼品相互赠送。

　　现今，只可大致推算饮茶习俗在荷兰较富裕阶层中兴起的时间。小惠更斯曾于 1673 年 12 月 31 日所写赋诗《饮茶医生》中大胆提出当时在荷兰

---

① Christiaan Huygens, *Oeuvres complètes de Christiaan Huygens*, dl. 5, 's-Gravenhage: Martinus Nijhoff, 1893, pp. 17-18.

② Willem Otterspeer (ed.), *Leiden Oriental Connections, 1850 - 1940*, Leiden: Brill, 2003, p. 355; William Campbell, *Formosa under the Dutch: described from contemporary records with explanatory notes and a bibliography of the island*, London: Kegan Paul, Trench, Trubner & Co. Ltd., 1903, p. 75.

③ Ch. Huygens, *Oeuvres complètes de Christiaan Huygens*, dl. 5, p. 120; Robert Jacobus Fruin (red.), *Overblyfsels van geheugchenis, der bisonderste voorvallen, in het leeven van den heere Coenraet Droste*, dln. 1, 2, Leiden: Brill, 1879, pp. 167, 438.

④ Constantijn Huygens Jr., *Journaal van Constantijn Huygens, den zoon, gedurende de veldtochten der jaren 1673, 1675, 1676, 1677 en 1678*, handschrift van de Koninlijke Akademie van Wetenschappen te Amsterdam, Werken: Historisch Genootschap, no. 32, Utrecht: Kemink & zoon, 1881, p. 145.

⑤ Constantijn Huygens Jr., *Journaal van Constantijn Huygens, den zoon, van 21 October 1688 tot 2 Sept. 1696*, handschrift van de Koninklijke Akademie van Wetenschappen te Amsterdam, Werken: Historisch Genootschap, no. 25, dl. 2, Utrecht: Kemink & zoon, 1877, p. 312.

已出现大众迷上饮茶的说法。① 这看起来似乎有些夸张，此现象更多的应该出现于一些最富裕家庭。而可以确信的是，饮茶习俗在中产阶层中形成开始于 1680 年前后。同时期的荷属东印度情况则不同，这主要是因为荷兰殖民者在当地很早就接触到饮茶习俗。鲍道斯（P. Baldaeus）指出，茶叶在荷属东印度被荷兰民众，尤其是女士们错误地饮用，他们随性大量饮茶，并且还习惯饭后满腹饮用，同时还配有甜点。他认为这些都是不正确的。② 先勿论鲍道斯这一论断的对错，它从另一方面却点出了一个事实，那就是作为亚洲殖民地与荷兰本土之间的联系人，荷属东印度的荷兰居民影响和推动了荷兰本土饮茶习俗的普及。

　　然而，正如瓦伦丁所记载的一段逸事所反映的，该时期荷兰本土普通百姓几乎还未完全了解这一新式饮料。他在 1726 年出版的书中提到，过去 40 年里在多德莱赫特（Dordrecht）人们对茶水这一饮料知之甚少，只有像马修斯·范·登博鲁克（Mattheus van den Brouke）等在东印度待过的极少数人熟悉并饮用茶。③ 由此可说，这两位先生是将茶叶带到该地的第一批人。

　　1680 年起，饮茶习俗在荷兰逐渐流行，对此前述邦特库的著述可谓贡献极大。1683 年，布兰卡特甚至宣称茶水在荷兰已成为一种大众饮料，那些此前出于某种偏见而质疑饮茶益处的人在习惯了茶水味道后也迅速转变态度，乃至有些人还成为最积极的饮茶喜好者。④ 至 17 世纪末，虽然偏高的价格仍然让大多数荷兰人将茶叶视为一种奢侈品，但绝大部分人都已对饮茶时尚有所了解。⑤

---

① J. A. Worp（red.），*De gedichten van Constantijn Huygens，naar zyn handschrift uitgegeven*，dl. 8，Groningen：J. B. Wolters，1893，p. 104.

② P. Baldaeus，*Naauwkeurige beschryvinge van Malabar en Choromandel，der zelver aangrenzende ryken，en het machtige eyland Ceylon*，Amsterdam：J. Janssonius van Waasberge en J. van Someren，1672，p. 183.

③ F. Valentyn，*Oud en nieuw Oost-Indien*，dl. 5，"Beschryving der kust van Choromandel，" bk. 1，hk. 1，pp. 173，190.

④ Steven Blankaert，*De borgerlyke tafel，om lang gezond te leven：waar in van yder spijse in 't besonder gehandelt werd. Mitsgaders een beknopte manier van de spijsen voor te snijden，en een onderrechting der schikkelijke wijsen，die men aan de tafel moet houden. Nevens de Schola Salernitana*，Amsterdam：Jan ten Hoorn，1683，p. 84.

⑤ Jacobs Scheltema，*Geschied- en letterkundig mengelwerk*，dl. 4，Utrecht：J. G. van Terveen & zoon，1830，p. 210.

自 17 世纪中期传入法国后，茶叶也很快受到贵族们的欢迎。枢机主教马萨林用茶治疗痛风的做法在巴黎贵族圈中受到推崇，并间接地终结了那些质疑饮茶有益的论调。特别是在法国首席大法官塞吉尔这一饮茶最积极倡导者亲自出席站台的 M. 克雷西关于茶叶医病良效的博士学位论文答辩顺利通过后，对饮茶有益论的攻击变得稀少，就连国王路易十四也因为治疗自己的痛风而成为一位茶叶爱好者。法国书信作家塞维尼夫人（madame de Sévigné）［原名玛丽·德·拉布汀-尚塔尔（Marie de Rabutin-Chantal）］就曾在书信中提及法国宫廷对饮茶的热情：她看到过塔兰托王妃（princesse de Tarente）艾米丽·德·海塞（Emilie de Hesse）每天喝 12 杯茶，而王妃则声称这样可以缓解她的病痛，王妃还向她保证，其侄子黑塞-卡塞尔（Hesse-Cassel）伯爵查尔斯一世每天早上甚至喝 40 杯茶。[①] 显而易见，这种痴迷与当时茶叶在法国同样被认为具有药用治疗功效有很大的关系。

17 世纪 50 年代，茶叶开始在英国引起时人的关注。伦敦是茶叶输入英国的第一站，在那里最先对茶叶感兴趣的是一些科学家，其中最有影响力的都与德裔博学者塞缪尔·哈特里布（Samuel Hartlib）有关联。哈特里布是一个对科学、医学、农业、政治和教育等领域都充满兴趣并积极推动的人，曾于 1657 年出版著述，整理和研究了包括土耳其咖啡及中国茶叶等舶来品在内的全部当时所知饮料的药物特性和商业潜力。其中关于茶叶的讨论，主要是基于对荷兰医生图勒普于 1652 年出版的《医学观察》相关内容的参考和吸收。[②] 哈特里布之书提及，当时伦敦的茶叶大都是从阿姆斯特丹输入，每磅价格高达 6 英镑（约为现在的 847 英镑）。即使其价格高、味道苦，但仍有一些富裕名人购买饮用，如曾于 17 世纪 40 年代寓居荷兰数年的查尔斯·哈博德（Charles Harbord/Herbert）爵士、第一代纽波特

---

① Marie de Rabutin-Chantal, *Lettres de Madame de Sévigné*: *avec les notes de tous les commentateurs*, tome 4, lettre 711, mercredi 4 octobre 1684, Paris: Chez Lefèvre, Libraire, 1843, p. 420.

② Samuel Hartlib, "Ephemerides 1654 Part 3, Hartlib," *The Hartlib Papers*, no. 254, 4 August 1654, HP 29/4/29A-B; Samuel Hartlib, "Copy Extract on Tea, Anon," *The Hartlib Papers*, "Descriptio Herbæ Theê, ex Tulpii lib. 4. Observ. 59," HP 42/4/5A – 6B; Nicolai Tulpii, "Caput lix. herba theê," *Observationes medicæ*, pp. 400–403.

（Newport）伯爵芒乔伊·布朗特（Mountjoy Blount）。有的甚至以茶配饭，如非常在意自身健康的著名诗人、政治家埃德蒙·沃勒（Edmund Waller）。[①]

与此同时，哈特里布也已能够在当地咖啡馆品茶。在英国，茶叶被正式作为普通饮料供应开始于伦敦的咖啡馆。17世纪50年代，咖啡馆已在伦敦各区林立并扩散至郊区，人们在那里不仅可以喝咖啡、巧克力及其他饮料，还可以品茶。咖啡馆成为官员、商人、教育界及自由职业者聚集的理想场所，商业情报、政治新闻、日常逸事等各类信息在此得以频繁交流、传播，而饮茶也伴随着咖啡、巧克力饮俗慢慢盛行起来。在这些早期多集中于伦敦交易巷（Exchange Alley 或 Change Alley）的咖啡馆当中，有一间名为"伽威"（Garway 或 Garraway）的咖啡馆颇为出名。[②] 根据其业主托马斯·伽威（Thomas Garway）于1660年自行印制散发的一份茶叶销售招贴所言，他于1657年之前已出售茶叶及茶饮，但仅用作高级接待和娱乐活动中的一种特殊饮品以及作为礼品赠予参加上述接待活动的王宫贵族，其价格高达每磅6~10英镑。[③] 自该年起，伽威正式开始公开销售茶叶及茶饮，可谓开启了英国茶叶史新纪元，对饮茶习俗在英国的普及功不可没。然而，英国最早的茶叶销售广告并非1660年"伽威"咖啡店的招贴广告，而是早在1658年9月23~30日伦敦咖啡馆"苏丹娜之首"（The Sultaness Head）在新闻周刊《政治快讯》［*Mercurius Politicus*，即《伦敦公报》（*The London Gazette*）的前身］上刊登的广告（上述招贴广告及报刊广告的详细内容见诸第六章第二节），据考证该店业主同为伽威。[④]

17世纪60年代英国上流阶层接触饮茶的情况日益增多，这可以在该阶层代表之一的英国政治家、皇家学会主席、日记作家、时任海军部首席

---

① Samuel Hartlib, "Ephemerides 1657 Part 1, Hartlib," *The Hartlib Papers*, May 1657, HP 29/6/12B.

② 交易巷是一条连接伦敦旧城商店和咖啡馆的狭窄小巷，是从康希尔（Comhill）的皇家交易所（Royal Exchange）到伦巴底街（Lombard Street）邮局的捷径。该巷的咖啡馆，尤其是"伽威"咖啡馆和"乔纳森"（Jonathan's）咖啡馆成为进行股票和大宗商品交易的早期场所。参见 John Biddulph Martin, "*The Grasshopper*" *in Lombard Street*, New York: Scribner & Welford, 1892; J. Pelzer and L. Pelzer, "Coffee Houses of Augustan London," *History Today*, vol. 32, iss. 10, 1982, pp. 40~47。

③ T. Garway, "An Exact Description of the Growth, Quality and Vertues of the Leaf Tea".

④ Markman Ellis, *The Coffee House: a cultural history*, London: Weidenfeld & Nicolson, 2004, pp. 25~40; M. Ellis et al., *Empire of Tea*, p. 34.

秘书萨缪尔·佩皮斯（Samuel Pepys）对当时英国社会，尤其是自家日常生活及习俗的记录中了解一二。1660 年 9 月 25 日，佩皮斯在日记中记述了当时已经习惯了喝咖啡的他生平第一次喝茶的经历：在其海军办公室里与西班牙富商理查德·福特（Richard Ford）爵士会面时，他品尝到了后者所赠而泡的一杯茶，这是他之前从未喝过的一种中国饮料。1665 年 12 月 13 日，佩皮斯在日记中写道，他造访外科医生詹姆斯·皮尔斯（James Pierce）先生，并受邀与主人夫妇一道品茶。他又在 1667 年 6 月的一篇日记中提及其妻子沏茶之事：她这么做仅仅是因为著名药剂师瓦特·佩林（Walter Pelling）医生建议她多喝茶，这有助于治愈其伤风感冒和经常流眼泪的病症。①

　　饮茶习俗在英国上流阶层逐渐普及的状况，还可以通过同时代的另外两位重要女士的相关趣闻逸事得到验证，而这些故事也恰恰证明了茶叶与17 世纪后半期英国妇女，以及上流阶层生活之间的密切联系。1662 年 5 月 13 日，嫁给英国国王查理二世的葡萄牙布拉甘扎王朝的凯瑟琳公主（葡文 Catarina Henriqueta de Bragança，英文 Catherine of Braganza）抵达英国，自此成为英国王后，直至 1685 年成为寡妇后返回葡萄牙。凯瑟琳公主随身携带的丰厚嫁妆除了诸如漆器、棉布及瓷器等东方珍稀物品，还有一盒中国茶叶。由此，她将自己一直喜爱并保持的、早已流行于葡萄牙贵族阶层的饮茶消遣习惯引入英国宫廷，饮茶习俗随后逐渐在英国贵妇圈中传播。② 英印公司领导层对这位得到国王宠爱的英国第一位饮茶王后的此嗜好甚为重视，先后于 1664 年 9 月 30 日、1666 年 6 月 30 日两次在伦敦高价购入若干上好的中国茶叶进贡王室，以博得其欢心。③

---

① Robert Latham & William G. Matthews（eds.），*The Diary of Samuel Pepys*, vol. I, 25 September 1660, London: Bell & Hyman Limited, 1970–1983, p. 253; *Ibid.*, vol. VI, 13 December 1665, p. 328; *Ibid.*, vol. VIII, 28 June 1667, p. 302.

② Agnes Strickland, *Lives of the Queens of England, from the Norman Conquest; with Anecdotes of Their Courts*, vol. VIII, New York: James Miller, 1845, p. 310; Gertrude Z. Thomas, *Richer than Spices: how a royal bride's dowry introduced cane, lacquer, cottons, tea, and porcelain to England, and so revolutionized taste, manners, craftsmanship, and history in both England and America*, New York: Alfred A. Knopf, 1965, passim; L. C. Martin, *Tea: the drink that changed the world*, pp. 120–123.

③ Anonymous, *The Monthly Repertory of English Literature*, vol. III, pp. 341–342.

1666 年，时任英国国务大臣、第一代阿灵顿伯爵亨利·本尼特（Henry Bennet）和第六代奥塞里伯爵托马斯·巴特勒（Thomas Butler）一道从海牙返回伦敦，随身行李包括一定数量的茶叶。他们的妻子是一对荷兰王族姐妹：伊丽莎白·洛德韦克（Elizabeth Lodewyck van Nassau）和艾米丽娅·洛德韦克（Emilia Lodewyck van Nassau），其父为荷兰国王莫里斯私生子洛德韦克（Lodewyck van Nassau）。她们除了在家中按照当时欧洲大陆最新式、最为讲究的荷兰贵族化方式煮茶自饮和招待客人，还将其带入宫廷以提升自己在贵妇圈中的地位，这很快就受到贵妇们的热烈欢迎，从而极大地推动了英国王室贵族们的饮茶之风。① 虽然当时茶叶价格依旧昂贵，但宫廷饮茶风气的盛行引起社会妇女们对饮茶这种时髦新鲜事情的加倍兴趣。

17 世纪 80 年代，在宫廷饮茶之风的有力带动下，饮茶已成为英国精英贵族阶层家庭和社会生活的既定组成部分。至于饮茶新潮是如何在此阶层中形成的，我们可以具体通过阅览这一阶层的杰出代表人物之一、第五代贝德福德伯爵和第一代公爵威廉·拉塞尔（William Russell）的往来书信及其家庭日常消费开支账本等相关文件记录获得深刻认知。位于贝德福德郡沃本（Woburn）的拉塞尔家于 1685 年开始购茶，而其早在 1670 年就已开始采购咖啡。鉴于当时茶叶极为稀贵，其专门由家庭总管夫妇负责采购，而非像其他家庭那样将日常消耗品交由管家置办。他们常常代表某一家庭成员向伦敦商人理查兹（Richards）先生购买茶叶及各自所需茶具。1685 年，拉塞尔一家为购买茶叶总共支付了 10 英镑，而当时茶叶价格为每磅 23～25 先令；1687 年，购茶总额则升至近 15 英镑，每磅价格 25 先令，但偶尔也会高达 3 英镑 3 先令。家庭成员所购茶具的价格同样昂贵：1685 年拉塞尔夫人拥有一套价值 1 英镑 14 先令的茶具，1688 年她再购入一套包括价值 24 先令的 6 只盘子以及一只价值 5 先令的银质茶托的茶具，1690 年又添购了一把价值 2 英镑 3 先令的茶壶。②

---

① Jonas Hanway, *A Journal of Eight Days Journey from Portsmouth to Kingston upon Thames, through Southampton, Wiltshire, &c.; … To Which is Added, an Essay on Tea, …*, vol. II, London: Printed for H. Woodfall, 1757, p. 21; W. H. Ukers, *All about Tea*, vol. I p. 41; M. Ellis et al., *Empire of Tea*, p. 38.

② Gladys Scott Thomson, *Life in a Noble Household, 1641 - 1700*, London: Jonathan Cape, 1937, pp. 169-170.

第三章 欧洲对华茶叶贸易

随着 17 世纪早期茶叶开始作为商品被运回欧洲，其日渐凸显的商业价值先后被越来越多国家的贸易商发现和重视。有的国家先前成立的东方或亚洲贸易公司，逐步转变早期对华贸易重视瓷器、丝绸等商品的经营策略，持续加大茶叶在所购回程商品名单中的份额；有的后期加入亚洲贸易的国家所成立的贸易公司，虽然名为东印度公司，但实际上自始至终所开展的就是对华贸易，而茶叶则始终为其所购最大宗商品；有的国家为了采购茶叶而专门成立对华贸易公司，以期在茶叶贸易中分得一杯羹；有的国家甚至为了茶叶，不断尝试调整对华贸易政策，以使得贸易利润最大化。

截至广州一口通商时期结束前夕，英、荷、法、丹、瑞、德等主要几个对华贸易国家所成立的贸易公司年复一年地将各种类、各等级、各价位的大量中国茶叶输入欧洲市场。这不仅为其自身带来了丰厚的商业利润，还为中国茶叶在欧洲的传播做出了重要的历史贡献。

第一节 英国对华茶叶贸易

近代欧洲对华贸易各国中，英国的历史地位最重要。该国对华贸易发展史，实际上基本就是英印公司对华贸易发展史。在欧洲各国为开拓东方贸易而成立的贸易公司中，英印公司是设立时间最早、维持时间最长久、资本实力最雄厚的贸易垄断集团。促成这一现象的主要因素之一即茶叶贸易。茶叶在英国对华贸易史中的地位一直都是稳步提升的，并长期占据统治地位，直至公司解体。

截至 16 世纪中期，英国所需东方物品皆由此前先后控制了欧洲对东方贸易的葡萄牙、西班牙商人提供。16 世纪后半叶，英国商人开辟直航东方贸易的欲望越来越强烈。1580 年 9 月，首开英国东方航线的航海探险家弗朗西斯·德雷克（Francis Drake）船长在完成其第三次探险航行暨第一次环球探险航行后，带着价值相当于英国王室当年全年赋税收入的大量战利品返回英国。① 1591～1594 年，詹姆斯·兰克斯特（James Lancaster）率领 3 艘舰船绕过好望角经印度洋抵达马来半岛并成功返航。②

1598 年，荷兰人林斯豪登的《旅行指南》英译本出版。这一展示大量东方贸易情况，以及葡萄牙人对东方航线控制地位已岌岌可危等重要信息的航行参考文献，极大地启迪了急欲开拓东方贸易航线的英国商人、船长们，并进一步促进了英印公司的成立。③ 1599 年，一些英国商人在商业冒险家们的倡导下联合起来，成立了一家股份制协会，并向英国王室申请对外贸易特许状以建立特许贸易公司，但未能立即得到允许。④ 1600 年，由于荷兰人在香料贸易上的垄断，该年伦敦市场上的胡椒价格翻倍，这直接迫使英国王室首肯成立此特许贸易公司。⑤ 同年 9 月该商业协会成立，12 月 31 日即获得伊丽莎白女王所颁特许状，并正式将其命名为"伦敦官商东印度贸易公司"（The Governor and Company of Merchants of London Trading into the East-Indies，1600-1709，俗称"老东印度公司"）。根据英国王室特许状，老东印度公司获得自好望角以东直至麦哲伦海峡的整个东方地区贸易专营权，期限为 15 年。⑥ 1609 年，詹姆斯一世更是颁给该公司永久专营特许权。1657 年，护国公奥利弗·克伦威尔（Oliver Cromwell）再颁特

---

① John Campbell, *The Life of the Celebrated Sir Francis Drake: the first English circumnavigator*, London: Printed for Longman, Rees, Orme, Brown, and Green, 1828, pp. 50-52; Helen Wallis, "The Cartography of Drake's Voyage," Norman J. W. Thrower (ed.), *Sir Francis Drake and the Famous Voyage, 1577-1580: essays commemorating the quadricentennial of drake's circumnavigation of the earth*, Los Angeles: University of California Press, 1984, p. 143.

② Clements Robert Markham, *The Voyages of Sir James Lancaster, Kt., to the East Indies: with abstracts of journals of voyages to the East Indies, during the seventeenth century, preserved in the India Office*, London: Printed for the Hakluyt Society, 1877, pp. 1-24.

③ Ramkrishna Mukherjee, *The Rise and Fall of the East India Company*, Berlin: VEB Deutscher Verlag der Wissenschaften, 1958, pp. 59-61.

④ R. Mukherjee, *The Rise and Fall of the East India Company*, p. 65.

⑤ H. B. Morse, *The Chronicles of the East India Company Trading to China*, vol. Ⅰ, p. 3.

⑥ Courtenay P. Ilbert, *Government of India: a brief historical survey of parlia-mentary legislation relating to India*, Oxford: The Clarendon Press, 1922, p. 5.

许状予以巩固。1661 年，查理二世又授予该公司对东方所有英国人的司法
裁判权以及维护其防御区并扩充其防卫军队的权力。①

1601 年，老东印度公司首次派遣詹姆斯·兰克斯特率领船队开启远航
东方贸易，并在万丹派驻贸易代理。② 1603~1613 年，老东印度公司先后 7
次远航东方贸易，获利丰厚。③ 其间，自 1608 年始，该公司基本形成了每
年一次航运的正规化运营机制。截至 1615 年，老东印度公司已在自印度海
岸至远东日本的众多沿海地区设立一系列商馆，以此持续拓展回报率极为
丰厚的东方贸易。④ 然而，该公司虽然从未放弃开通对华直航贸易，但其
对华贸易仍然只能以间接方式开展。与中国建立直航贸易不顺的原因主要
在于明末及清初中国政府所采取的海禁政策，同时还有葡、荷等先来者对
英国这一后来者的阻挠。

1613 年，日本政府授权向英国人开放港口，英国人随即在若干个重要
港口设立商馆开展对日贸易。与此同时，英国人将日本视为其通往中国的
“起点”，并为此制订了一些计划。⑤ 但好景不长，所有欧洲人的对日贸易
很快被局限于平户。1623 年 12 月，英国老东印度公司驻平户商馆遵照公
司驻巴城总代理（Presidency of Batavia）的命令关闭。于是，随着这一获
取中国商品的间接贸易途径的中断，该公司开始将目光直接转向中国。
1627 年，公司驻巴城总代理致信公司董事，建议开辟对华贸易，并特别提
到中国可以为公司提供繁荣的贸易，但却不准外国人进入。⑥

1635 年，老东印度公司所派商船“伦敦”（London）号抵达澳门。但
是，这次通商尝试受到澳葡当局的百般阻挠，未能取得实质性成果。与此
同时，非老东印度公司的其他英国商人也在积极尝试打开对华直航贸易的
大门，并且在老东印度公司之前取得了一定进展。1637 年，柯亭协会
（Courteen Association）派遣 4 艘商船在船长约翰·威得尔（John Weddell）

① R. Mukherjee, *The Rise and Fall of the East India Company*, p. 75; H. B. Morse, *The Chronicles of the East India Company Trading to China*, vol. I, p. 6.
② H. B. Morse, *The Chronicles of the East India Company Trading to China*, vol. I, p. 7.
③ R. Mukherjee, *The Rise and Fall of the East India Company*, p. 68.
④ H. B. Morse, *The Chronicles of the East India Company Trading to China*, vol. I, pp. 7-8.
⑤ William Edward Soothill, *China and the West: a sketch of their intercourse*, Oxford: Oxford University Press, 1925, p. 67.
⑥ H. B. Morse, *The Chronicles of the East India Company Trading to China*, vol. I, p. 30.

率领下抵达珠江水域。① 商船虽然在进入广东内河时与中国兵船发生武装冲突，但最终仍然抵达广州贸易，购得了大量货物并成功返航。此次英国商船在广州和澳门所购货物虽然达 10 种，但其中并无茶叶。②

从 17 世纪 40 年代开始，老东印度公司将对华直航贸易提上议事日程，并展开实质性行动。1644 年 8 月 9 日，公司所派商船"海因德"（Hinde）号抵达澳门，此为该公司对华贸易尝试的首次成功。但是，回程商船装运的舱货主要是瓷器，其余则是黄金，并没有茶叶和其他商品。③ 此次直航贸易尝试后的 20 年间，老东印度公司都再未派船前往中国。其间，1658 年两艘英国私商货船驶抵广州，但皆未获得任何货物。④

1664 年 7 月 12 日，老东印度公司所派商船"苏拉特"（Surat）号泊碇澳门，贸易交涉一直艰难持续到该年 12 月 12 日商船返航，但最终结果显示此次航行是失败的。随后，老东印度公司再次开启间接中国茶叶贸易。1668 年，老东印度公司在英国政府注册，获得向英国国内运茶的特准后，⑤ 相继于 1669 年、1670 年向英国市场输入 143 磅 8 盎司、79 磅 6 盎司茶叶，此为该公司首次数量较大的茶叶贸易。随后，老东印度公司每年（除 1673～1677 年外）通过驻万丹及印度各地的贸易代理处转口购入茶叶，茶叶在其东方贸易中的地位也日渐提升，尽管发展缓慢。⑥

1676 年，老东印度公司驻万丹代理处派船驶抵厦门，并设立了一间商馆，这是该公司第一次在中国设置立足点。但是，受制于万丹代理处的自身困境以及厦门的动荡局势，该商馆一直处于瘫痪状态而未能发挥作用。

---

① 1635 年，该贸易公司由威廉·柯亭（William Courteen）伙同其他伦敦商人集资组建，其性质与老东印度公司类似，主要从事印度、中国、日本沿海贸易。1649 年，该公司更名为阿萨达公司（Assada Company）。1657 年，在护国公奥利弗·克伦威尔的命令下，与老东印度公司合并。参见 Jaswant Lal Mehta, *Advanced Study in the History of Modern India 1707-1813*, New Delhi: New Dawn Press, 2005, p. 341; John F. Riddick, *The History of British India: a chronology*, London: Praeger Publishers, 2006, p. 4.

② H. B. Morse, *The Chronicles of the East India Company Trading to China*, vol. I, pp. 15-31.

③ H. B. Morse, *The Chronicles of the East India Company Trading to China*, vol. I, p. 32.

④ 1658 年 11 月 22 日老东印度公司驻巴城总办事处向公司董事会报告所显示的信息。参见 H. B. Morse, *The Chronicles of the East India Company Trading to China*, vol. I, p. 34。

⑤ 麦克伊文：《中国茶与英国贸易沿革史》，冯国福译，《东方杂志》第 10 卷第 3 期，1913 年 9 月，第 33 页。

⑥ W. Milburn, *Oriental Commerce*, vol. II, p. 532.

1679 年，公司驻万丹代理处曾派遣一艘船再驶往厦门，购得 9000 匹丝织品和 10 箱生丝直返英国。1681 年，老东印度公司从本土派出 4 艘商船前往厦门贸易，同时还指示万丹代理处每年回程货物需要包括价值 1000 元（dollars①）的优质茶叶。结果，这些商船皆未能成功贸易，而公司驻厦门商馆也于该年被迫关闭。② 1683 年 6 月，发自伦敦的老东印度公司商船"卡罗莱纳"（Carolina）号到达珠江口，寻求贸易被拒。1684 年 5 月，发自伦敦的"快乐"（Delight）号到达厦门，最终贸易毫无实质性进展，其于 12 月 19 日带着一些"不适合于欧洲"的中国货物以及早先随船欧洲货物开往苏拉特，而未返回伦敦。1685 年 7 月、8 月，公司商船"中国商人"（China Merchant）号及"忠诚冒险"（Loyal Adventure）号分别自苏拉特和伦敦驶抵厦门，寻求贸易。返航时，前船载满货物但其类不详，后船则交易甚少。③

虽然此阶段老东印度公司的茶叶贸易数额不大，但其明显已成为公司对华贸易中可带来利润的一项投资。在公司经营茶叶贸易的同时，其公司商船船长及其他公司成员也在充分利用条件从事私人茶叶贸易。为此，公司董事会于 1686 年开始采取措施，禁止公司职员的这一行为。其指出，随着对华贸易越来越有希望，茶叶和香料将来肯定会成为公司进口商品的一部分，而非私人贸易商品。④ 尽管公司职员的私人茶叶贸易并未因此而停止，但这是老东印度公司首次明确表示计划将茶叶列为贸易垄断货物之一。这也成为此后一个半世纪英印公司对华茶叶贸易的一项基本方针。

1687 年，老东印度公司董事会宣布，计划由英国本土开通对华直航贸易，不再由马德拉斯管理会指挥。于是，该年商船"忠诚商人"（Loyal Merchant）号自伦敦出发驶抵厦门，并于 1689 年 7 月载满大量丝绸返回伦敦。发自孟买的"伦敦"号及"伍斯特"（Worcester）号也于 1687 年驶抵厦门，这两艘船所订回程商品除大量丝织品、药材、樟脑及其他粗重货物外，还包括特优茶叶 150 担（即约 20000 磅），这是有资料可查的英国首

---

① 即西班牙银元（Spanish dollar 或 real of eight）。

② H. B. Morse, *The Chronicles of the East India Company Trading to China*, vol. I, pp. 46-50.

③ H. B. Morse, *The Chronicles of the East India Company Trading to China*, vol. I, pp. 52-60.

④ H. B. Morse, *The Chronicles of the East India Company Trading to China*, vol. I, p. 72.

次直接从中国订购茶叶，[1] 几乎是该公司 1669 年首次批量进口茶叶数额的约 140 倍。当然，1689 年出现在英国市场上的茶叶除了一部分来自厦门，还有一部分购自马德拉斯，两批相加共计 25300 磅。[2]

　　虽然自 1689 年起，厦门开始成为老东印度公司相对固定的对华贸易地点，但茶叶并未成为该贸易的重要部分，[3] 这一现象持续至 17 世纪末。1697 年 7 月，老东印度公司 400 吨商船"拿骚"（Nassau）号从伦敦驶往厦门，其回程货单中的主要项目为 30 吨生丝、108000 匹丝织品和 600 匹优质丝绒，此外还有 600 桶茶叶。1698 年底，自厦门返航伦敦的 280 吨"舰队"（Fleet）号所购货物主要包括 20 吨生丝、65000 匹丝织品、1300 匹丝绒、3000 盎司麝香以及 300 桶茶叶。1699 年 3 月 2 日，一家刚成立没多久的"英国东印度贸易公司"（The English Company Trading to the East Indies，1697-1709）派出自己的第一艘商船"麦克莱斯菲尔德"（Macclesfield）号。该船约 6 个月后抵达广州，其回程货物中价值最高的为丝织品及生丝，除此之外还包括 248 担白铅、1000 担胡椒、120 担黄铜币、64 担水银及 160 担顶级茶叶。[4] 尽管茶叶在英国对华贸易中所占比例不大，但其在运回英国市场后销售所获的商业利润却非常高。1686 年，输入英国的茶叶售价高达每磅 6~10 镑，但时人仍视其如宝珠而出高价求购。[5] 1697 年，伦敦市场上的茶叶售价为每磅 18 先令 2 便士；1699 年，稍降至每磅 14 先令 8 便士，但其进口价却只有每磅 2 先令 4 便士，所获利润仍令人惊叹。[6]

　　17 世纪末 18 世纪初，老东印度公司对华贸易内容发生显著变化，茶叶在公司对华贸易中所占比例不大的状况得以扭转。1699 年，老东印度公司经过不断努力最终获准直航广州自由通商，公司在华贸易中心遂自厦门

---

①　H. B. Morse, *The Chronicles of the East India Company Trading to China*, vol. I, pp. 62-63.

②　W. Milburn, *Oriental Commerce*, vol. II, p. 532.

③　该年运回伦敦的中国商品即出现滞销，公司董事会抱怨"茶叶除了上等品而用罐、桶或箱包装的，也同样滞销"。H. B. Morse, *The Chronicles of the East India Company Trading to China*, vol. I, p. 65.

④　H. B. Morse, *The Chronicles of the East India Company Trading to China*, vol. I, pp. 90-97.

⑤　麦克伊文：《中国茶与英国贸易沿革史》，冯国福译，《东方杂志》第 10 卷第 3 期，1913 年 9 月，第 3 页。

⑥　K. N. Chaudhuri, *The Trading World of Asia and the English East India Company: 1660-1760*, Cambridge: Cambridge University Press, p. 388.

转向广州。随着东方贸易的快速发展，老东印度公司于 1702 年与成立于 1697 年的那家东印度贸易公司协议合并，再于 1709 年 3 月组合成功并更名为"英格兰商人东印度贸易联合公司"（The United Company of Merchants of England Trading to East India，通称为"英国东印度公司"，简称"英印公司"）。① 自此，英印公司不再仅是受英国王室特许的贸易公司，而且改由英国议会核准，受国家法律承认和保护。壮大后的英印公司继续重视对华贸易。1715 年，该公司终于如愿以偿地在广州设立商馆，从此其对华贸易进入稳步发展时期。

18 世纪初，老东印度公司开始对能够带来高额贸易利润的茶叶给予足够的重视，并逐步扩大对华茶叶贸易，一方面长期禁止公司职员的私人茶叶贸易行为，另一方面尽其所能地排斥他国竞争，力争把茶叶贸易变成公司的垄断专营。1701 年，公司董事会在给前往广州的商船训令中提到，各种品质的茶叶在英国民众中已获声誉，茶叶采购量应跟上个贸易季各船运回的数量相等；1702 年，特别要求运送一船茶叶回英国，其 2/3 为松萝，1/6 为贡绿，1/6 为武夷；② 1703 年，甚至命令载重仅为 350 吨的"肯特"（Kent）号须采购 117 吨茶叶，其中松萝 75000 磅、贡绿 10000 磅、武夷 20000 磅，而该船最终运回了 470 担价值 14000 两白银的茶叶。③ 据统计，18 世纪头十年各年的英国茶叶进口数量分别为：1701 年 66738 磅，1702 年 37052 磅，1703 年 77974 磅，1704 年 63141 磅，1705 年 6739 磅，1706 年 137748 磅，1707 年 32209 磅，1708 年 138712 磅，1709 年 98715 磅，1710 年 127298 磅。④

---

① John Shaw, *Charters Relating to the East India Company from 1600 to 1761: reprinted from a former collection with some additions and a preface for the government of Madras*, Madras: R. Hill at the Government Press, 1887, p. 217; H. B. Morse, *The Chronicles of the East India Company Trading to China*, vol. Ⅰ, p. 6. 约翰·肖（John Shaw）之书记录为 1708 年，依据的是英国旧历。

② W. Milburn, *Oriental Commerce*, vol. Ⅱ, p. 533.

③ H. B. Morse, *The Chronicles of the East India Company Trading to China*, vol. Ⅰ, pp. 136, 144.

④ David Macpherson, *The History of the European Commerce with India: to which is subjoined a review of the arguments for and against the trade with India, and the management of it by a chartered company; with an appendix of authentic accounts*, London: Printed for Longman, Hurst, Rees, Orme, and Brown, Paternoster-Row, 1812, p. 131; W. Milburn, *Oriental Commerce*, vol. Ⅱ, pp. 531 – 534; H. B. Morse, *The Chronicles of the East India Company Trading to China*, vol. Ⅰ, pp. 63-65.

18 世纪第二个十年伊始，茶叶自中国进口数量的增长更加明显，截至该时期末茶叶已取代丝绸成为英国对华贸易的主要返程舱货。[1] 1717~1726年，英国年均进口茶叶约 70 万磅，其间，1723 年英国市场上的茶叶销售量首次突破 100 万磅。1728 年，整个欧洲的茶叶进口量达到 500 万磅，英国则是其最大消费者。1732~1742 年，英印公司向伦敦市场输入茶叶年均约 120 万磅，1756 年更是攀升至 300 余万磅。[2] 需指出的是，自 17 世纪末至 19 世纪上半期，英印公司进口的茶叶全部来自中国。

18 世纪 60 年代开始，茶叶在英国对华进口货物总值中的占比开始全面超越丝绸、瓷器等商品。1785~1833 年，英印公司对华贸易处于垄断时期，这也是英国对华茶叶贸易的鼎盛时期。1785~1795 年，丝绸进口额在英印公司对华进口总值中的占比从原先的约 31% 降至 10% 以下，茶叶已完全霸占公司对华贸易的"头把交椅"。18 世纪最后十年，茶叶在英印公司对华进口总值中的占比基本维持在 90%。[3] 英印公司索性将丝绸、瓷器等贸易留给它的船员们利用其私人"优待吨位"（privilege tonnage）去经营，公司集中精力经营茶叶。[4] 对此，威廉·米尔本（William Milburn）在其于 1813 年出版的《东方商业》一书中感叹道："大约 150 年前茶叶作为一种贸易商品还鲜为人知，而现在它却在亚洲进口商品清单上处于最重要地位。它不仅是与东印度公司关切最广泛的，也是波动最小的，由此产生的好处也不仅限于公司本身，还牵涉公众。通过提供持续的就业机会，它使至少 5 万吨船舶和 6000 名海员的往返航行受益；它是为我国最重要制成品之一（毛织品，价值每年高达 100 万镑）的出口打开更大市场的手段；一直以来，它都在很大程度上支持公共收入。"[5]

进入 19 世纪后，茶叶进口一头独大的情况仍然保持不变，甚至有时还稍有提升。1817~1819 年，英印公司对华进口货物年均总值中，茶叶占比86.9%，丝绸则为 3.6%；1820~1824 年，茶叶占比 89.6%，生丝则为

① H. B. Morse, *The Chronicles of the East India Company Trading to China*, vol. I, pp. 136, 158.
② J. Hanway, *A Journal of Eight Days Journey from Portsmouth to Kingston upon Thames*, p. 216; W. Milburn, *Oriental Commerce*, vol. II, p. 534.
③ 严中平等编《中国近代经济史统计资料选辑》，科学出版社，1955，第 14 页。
④ M. Greenberg, *British Trade and the Opening of China 1800-42*, p. 3.
⑤ W. Milburn, *Oriental Commerce*, vol. II, p. 527.

3.1%；1825~1829 年，茶叶占比更高达 94.1%；1830~1833 年，茶叶占比也高至 93.9%。① 在 1833 年英印公司对华贸易垄断权被废除前的最后数年中，由于茶叶俨然成为公司从中国输出的即便不是唯一的也是占绝对优势的商货，英国议会颁布法令限定公司必须保持一年供应量的存货。在这垄断的最后几年里，茶叶平均每年为英国财政收入贡献 330 万镑，自中国进口的茶叶所产生的价值占据了英国国库总收入的约 1/10 和英印公司的全部利润。②

第二节　荷兰对华茶叶贸易

1595~1596 年，荷兰首开亚洲贸易。1601 年，荷兰商船第一次驶抵珠江口尝试对华通商，但终告失败。次年，荷印公司宣告成立，并被荷兰政府授予自好望角以东的亚洲贸易垄断权。该公司总部设在阿姆斯特丹，其核心决策及执行委员会，即公司最高管理领导层由 "十七绅士" 组成。这一成员来自公司下属 6 个城市商会的组织全权负责公司的管理，并决策规划每年公司的海外投资，而 6 个城市商会则独自承担派遣商船、装配出口货物、接收返航货物并在各自城市拍售之责。但是，"十七绅士" 负责发布所有拍卖数据及其他相关规则，并定期发行一份注明拍卖会时间和地点及所售货物详细种类、数量和价值的卷册。③ 荷印公司的成立，宣告荷兰最终创立了统一的亚洲贸易组织，构建了一套有效能、较完整的运营系统。从此，荷兰在亚洲贸易发展规模及速度上很快胜过了葡萄牙、西班牙，成为亚洲海域最强欧洲贸易势力。

自成立以后，荷印公司便将对华贸易视为其亚洲贸易的重要组成部分，更是为开通对华贸易，通过武力与和平两种手段进行了长期的准备：

---

① 姚贤镐编《中国近代对外贸易史资料（1840~1895）》第 1 册，中华书局，1962，第 275 页。

② 严中平等编《中国近代经济史统计资料选辑》，第 14 页；M. Greenberg, *British Trade and the Opening of China 1800-42*, p. 3。

③ W. P. Groeneveldt, *De Nederlanders in China：eerste stuk：de eerste bemoeiingen om den handel in China en de vestiging in de Pescadores（1610 - 1624）*, 's-Gravenhage：Nijhoff, 1898, pp. 14-34；F. S. Gaastra, *The Dutch East India Company：expansion and decline*, Zutphen：Walburg Pers, 2003, pp. 20-29；Liu Yong, *The Dutch East India Company's Tea Trade with China*, p. 120。

一方面，荷印公司依仗强大的炮舰封锁马尼拉（1619～1621），攻击澳门（1622），掠夺澎湖（1622～1624），直至侵殖台湾（1624～1662）；另一方面，巴城政府先后 3 次（1655～1656、1666～1667、1685～1687）派员前往北京向清廷请求自由通商权。然而，当时的中国正处于从明末清初中国政府推行海禁政策，到明清两代政权更迭，再到清初南方省份叛乱不止的局面，荷印公司对华通商的目的难以实现，只能在巴城与前来的中国帆船进行交易。随着中国政局的稳定以及台湾的收复，禁止海外贸易的政策随即发生改变，西方商船被允许来华通商，但只被准许在广州这唯一港口操办，而其中并不包括荷兰商船。

自 17 世纪初将茶叶引入欧洲后的 100 余年里，虽然荷兰人所购中国商品主要是丝织品、瓷器等，但相比较而言其仍是西方最大的茶叶贩运者。荷印公司进口的茶叶除满足其国内消费外，还将多余部分贩运至欧洲其他国家以及北美殖民地。18 世纪初，因欧洲人已习惯饮茶，茶叶逐渐成为已习惯饮茶的欧洲人日常重要消费品，其作为重要商品在贸易中的价值开始被荷印公司领导层重视。与此同时，荷印公司几乎进口不到日本茶叶，中国茶叶成为其进口的唯一货源。茶叶从最初的富人奢侈消费品，慢慢开始转变为一种大众家常饮料而被更低阶层人群接受。"十七绅士"意识到欧洲人对茶叶的喜爱，以及向欧洲市场销售茶叶所能获取的巨额利润，于是决定加强对华贸易，茶叶因此迅速成为荷印公司进口的大宗货物。

截至 18 世纪 20 年代，荷印公司仍只在巴城购获来自广州、厦门及宁波等港口的中国帆船输入的商货，[①] 而自 18 世纪初即已成功开通伦敦至广州的定期直航贸易的英印公司更是让荷印公司感到巨大的贸易竞争压力。由于茶叶进口需求量的迅速攀升以及消费者对茶叶品质要求的持续升高，"十七绅士"对绕经巴城的对华茶叶贸易运营方式所存在的种种缺陷日渐不满，譬如自巴城运回茶叶时间过长，茶叶供应不连续、不可靠，茶叶购价过高、波动过大，茶叶品质难得保证且不再新鲜，等等。所有这些因素使得"十七绅士"重新思量公司的茶叶贸易策略，最终正式决定于 1729

---

① J. L. Blussé, *Strange Company*: *Chinese settlers, mestizo women and the Dutch in VOC Batavia*, Leiden: KITLV, 1986, p. 97；包乐史：《巴达维亚华人与中荷贸易》，庄国土等译，广西人民出版社，1997，第 144～151 页。

年开通对华直航贸易。[①]

自 1729 年荷印公司开始荷兰—广州直航，截至 1822 年荷兰驻广州商馆被迫关闭，荷兰对华茶叶贸易运营方式经历了 4 个截然不同的发展阶段，即 1729～1734 年"十七绅士"直接管理荷兰—广州直航贸易，1735～1756 年巴城政府受权管理巴城—广州—荷兰转口贸易，1757～1794 年"十七绅士"设立专门机构中国委员会全权管理荷兰—广州直航贸易，1795～1822 年荷兰政府接替管理荷兰—广州直航贸易。

"十七绅士"最初计划，由巴城政府派船前往广州采购优质价廉的茶叶运回欧洲，但巴城政府拒绝了这一安排。后者认为，直接向前来巴城的中国帆船购买中国商品以维护自身利益，要胜于为了公司总部利益而冒着海上航运风险派船前往广州。由于巴城政府的违命，再加上其他欧洲公司日益增强的贸易竞争意愿，1728 年"十七绅士"决意从欧洲本土直接向广州派遣对华贸易商船。首先"十七绅士"计划好前往广州商船的数量及其所带资本数额，然后各城市商会自行配备船队和随船来华贸易代表（俗称"大班"）前往广州，待贸易结束后商船自广州不经巴城直返荷兰。

阿姆斯特丹商会领命筹备对华直航贸易事宜，并为此新建两艘商船。1728 年末，派往广州的商船"考克斯霍恩"（Coxhorn）号自特塞尔（Texel）岛启航，但随后的另一艘船"布伦"（Buuren）号却因海面结冰而未能出港。1729 年 8 月初，"考克斯霍恩"号带着价值 299949 荷兰盾白银抵达广州。同月 9 日，荷兰大班与行商签署首份茶叶采购合同：按每担 24.6 银两购买武夷红茶，100 天后交货。"考克斯霍恩"号于次年初载着 268479 磅茶叶、570 匹丝织品及大批瓷器返航，7 月 13 日回到荷兰。该船进口的商品价值 273960～277874 盾，拍卖销售完再扣掉各类费用后为公司赚取了高达 324472 盾的纯利润。[②]

荷印公司受到此次成功首航的极大鼓舞，泽兰商会（kamer Zeeland,

---

① Johannes de Hullu, "Over den Chinaschen handel der Oost-Indische Compagnie in de eerste dertig jaar van de 18e eeuw," *Bijdragen tot de taal-, land- en volkenkunde van Nederlandsch-Indië*, dl. 73, 1917, pp. 60~69.

② J. de Hullu, "Over den Chinaschen handel der Oost-Indische Compagnie in de eerste dertig jaar van de 18e eeuw," *Bijdragen tot de taal-, land- en volkenkunde van Nederlandsch-Indië*, pp. 74, 79, 98~99; Christiaan J. A. Jörg, *Porcelain and the Dutch China Trade*, The Hague: Martinus Nijhoff, 1982, p. 202.

商会城市为米德尔堡）也积极申请派船加入公司对华直航贸易。1731～1734 年，阿姆斯特丹商会和泽兰商会先后向广州共派遣 11 艘商船，其中 8 艘来自阿姆斯特丹商会，3 艘属于泽兰商会。每次航行，随船大班掌控着贸易管理权，贸易结束后他们再随船回国。大班的薪酬与其等级直接挂钩，例如来自阿姆斯特丹商会的第一大班（后俗称"总班"，hoofd 或 opperhoofd）月薪为 150 盾，第二大班（俗称"二班"）月薪为 120 盾，第三大班（俗称"三班"）月薪为 50 盾，其助理月薪为 24 盾，属于泽兰商会的总班月薪为 100 盾，二班月薪为 75 盾，三班或助理月薪为 20 盾。这一规定，为日后荷印公司针对派驻广州商馆的职员所实行的薪酬制度确立了基本标准。当然，随船大班以及船务官员们还可按照各自不同等级，获准拥有所谓"许可箱"的私人仓位特权，即以私人名义购买和销售少量货物，这可以被看作一种激起参与对华直航贸易的公司职员热情的手段。①

　　1729～1734 年，利润极其丰厚的茶叶贸易在荷印公司对华直航贸易中，一直充当着绝对重要的角色。比如，1729 年荷印公司在广州购茶支付 242420 盾，但在荷兰卖茶获利 355681 盾，利润率达 147%；1733 年为购茶花费 336881 盾，而售茶获利 651629 盾，利润率则为 193%。即使这样，荷印公司对华直航贸易依旧存在着众多问题。其一，荷印公司的贸易支付手段非常单一。对华贸易船队在往返途中皆被"十七绅士"禁止在巴城停留，这不能不说是公司总部对巴城政府先前违抗其指示的一种惩罚，但事实上却给公司对华直航贸易带来了真真切切的消极影响。这些船只因不准停靠巴城而不能捎带那些在广州市场上极为畅销的南洋热带货物，只能载着来自欧洲本土的铅块、纺织品，主要是铸银到广州换购所需中国商品。但随着贸易规模不断扩大，荷兰的白银外流现象十分严重，这就造成了荷印公司的支付信用危机。其二，大班贪污现象很难被禁止。凭借操办贸易之便，大班们经常虚报采购价格，有时竟比原价高出 20%，以此达到中饱私囊的目的。其三，公司各级职员参与走私现象严重。除了大班，各级船

---

① "Resolutie van de Heren Zeventien（13 oktober 1732），" VOC 165；"Kopie-resolutie van de kamer Zeeland（15 oktober & 8 november 1730），" VOC 7258；J. de Hullu，"Over den Chinaschen handel der Oost‐Indische Compagnie in de eerste dertig jaar van de 18e eeuw，" *Bijdragen tot de taal-*，*land- en volkenkunde van Nederlandsch-Indië*，dl. 73，1917，pp. 70‑71；C. J. A. Jörg，*Porcelain and the Dutch China Trade*，p. 22.

员也会或多或少地参与走私，其中茶叶走私规模甚至累计高达 250 万磅，常常是在商船返抵特塞尔港之前便被偷偷卸下。另外，公司商船航运成本高昂以及公司支付给参与贸易的各级职员薪金不菲等现象也都不同程度地推高了公司的贸易运营成本。贸易实践表明，公司通过这一运营方式所获利润并未实现"十七绅士"的最初愿望。而不应被忽视的其他方面就是，荷印公司对华茶叶贸易所获利润的低下，与其他公司的竞争以及巴城—中国帆船贸易的兴旺等因素，也存在着极大的关联。

对于这般糟糕的运营状况，除了荷印公司领导层十分沮丧，其他拥有公司股份但却被排除在直航广州贸易之外的城市商会们同样也表达了强烈不满。1731 年秋，鹿特丹商会猛烈抨击阿姆斯特丹商会和泽兰商会在对华贸易上的一手遮天，甚至强烈呼吁公司公开此贸易的收支细目。1732 年 3 月，"十七绅士"为扭转对华贸易的不利局面决定增配本土商品，减少白银出口，缩减大班数量，节省航运开支等，甚至还计划在广州开设长久性商馆，但这些措施最后都被实践证明无用。于是，1734 年"十七绅士"为对华贸易安排了两条互补性强的不同经营方式：方式一，每年由巴城政府向广州派遣两艘商船开辟对华转口贸易，以便购买到品优鲜茶及其他商品；方式二，鼓励中国帆船前来巴城贸易以保证巴城政府从中得利，并准许在巴城继续向中国帆船采购低品质茶叶运回荷兰。

巴城自 1619 年开埠后很快成为荷印公司在亚洲的贸易枢纽、货物集散地以及殖民扩张的指挥中心。几十年后，名义上仍基本接受"十七绅士"领导的巴城政府已拥有十分大的自主决策权，有时还可以完全自行安排亚洲贸易的经管方式，而无须向公司总部申请批准和支持。这也许就是"十七绅士"在前期对华贸易经营失败后，转而要求不愿听命于公司总部的巴城政府接管 1735～1756 年的对华贸易的重要缘由。

自 1735 年起，巴城政府就地选任大班，命其全权负责管理在当地采购发往广州的商品以及在广州的交易。贸易结束后，一艘船不经巴城直返欧洲，另一艘则返停巴城再次调度其输往荷兰的货品。① 大班们随船返回巴

---

① "Resoluties van de Heren Zeventien（28 februari & 3 maart 1739），" VOC 166. 1737 年泽兰商会参与该贸易后，"十七绅士"批准巴城向广州派遣 3 艘船，贸易结束后其中 2 艘自广州直接返航荷兰，另外 1 艘航返巴城。之后，较小商会亦轮替参与其中，返回荷兰的商船数目在 2～6 艘波动。

城，待至下一贸易季节的开始。在巴城政府的经营下，输往广州的货物组合配比较先前显然更加得当：白银、布匹来自本土；在华销路高的大量锡、铜、香料、苏木、檀香木、珍珠粉、燕窝、糖及其他热带商品出自巴城；在广州，茶叶则是荷兰大班的首要求购目标。

实际上，这一贸易运营方式是荷印公司早先对华转口贸易与前期直航贸易的组合物，存在着减少荷兰的白银出口，减轻荷印公司对荷印殖民地的财政补贴，保证公司从对华贸易中获取更大利润等优点。考虑到荷印公司商船可在巴城配载丰富的热带货物作为在华交易资本，但其他欧洲公司较难获得南洋地区商品而仍主要用白银来交易的事实，荷印公司在对华贸易中可谓占据了较为有利的地位。这也许就是以后当欧洲各国为进口中国茶叶、丝绸等商货而出现银根吃紧时，荷印公司并未仿效英印公司这一最大劲敌非法对华走私出口鸦片的根本缘由。

可是，该时期荷印公司雇员的茶叶走私现象依旧非常严重。依照公司规章，随船大班和船务官员们获准从巴城为国内亲朋好友携带一些中国物件，该类收益算作其薪水。所许物件包含茶叶、瓷器等。这些物品，特别是茶叶被带回荷兰后常常被私下出售，公司雇员获利不菲，这就促使他们更加猖獗地走私进口茶叶。1742年，"十七绅士"决定将此类屡禁不止的走私活动合法化，要求公司雇员只需交纳一定运费便可从巴城将茶带回国。但此后的实践显示，被准许的私人贸易和走私贸易极度打击了荷印公司的茶叶贸易，从而损害到公司自身利益。随着来自巴城的劣质私茶大批输入，荷兰的茶叶价格被不断拉低。此种私茶仅1747年就多至1837500磅，而荷兰的茶叶售价以武夷为例从1746年的每磅1.52盾降到1750年的0.97盾，因而公司所获利润明显缩减。荷印公司从巴城输入的茶叶在荷兰的售价比从广州进口的茶叶要低40%～50%，如此一来对荷印公司在欧洲茶叶市场中的竞争非常不利。

这般窘境使得"十七绅士"和巴城政府在加大限制私人携茶回国规模的同时，也更多地向广州派船采购茶叶。为了保证所购茶叶的质量，"十七绅士"从1753年开始甚至特意从荷兰向广州派遣熟晓欧洲消费者嗜好的专业品茶师辅助大班鉴茶、买茶。即便如此，荷印公司对华茶叶贸易仍没有大的好转，贸易利润至1754年已降到7%，危机凸显。往返途经巴城的茶叶运输方式极大地迁延了茶叶运达欧洲市场的时间，因此所售茶叶不再新鲜，其价格也一降再降，这就是公司所面临的更为严重也最为根本的问题，也导致了"十七绅士"对巴城政府管理下的对华茶叶贸易成果十分不满。

经过再三斟酌，1755 年 4 月 11 日，"十七绅士"通过会议决议，收回对华贸易经管权。从前期对华贸易实践中吸取了足够多教训的荷印公司领导层意识到，应该设置一个直属下辖的独立委员会，用更为灵便有效的方式来专管对华贸易，以此扭转之前的对华贸易运营不顺的局面。① 同年 8 月 14 日，中国委员会受命成立。按公司决定，该委员会在对华贸易的管理运营中被授予绝对权限。在每年的秋季会议上，中国委员会按照上一贸易季经营情状规划下季经营内容，并指使船务官员、大班们在来华商船上和驻广州商馆内组建相应的议事机构，让其各司其职、灵便有效地主理海上航运和在华贸易的相关具体业务。

1756 年底，中国委员会开始从荷兰直接向广州派发商船。依照规定，商船除了配有一定数量的欧洲本土产品，主要运带高价值的贵金属硬币充作贸易资本。来华途中，这些商船在巴城短暂停留两周左右，其间巴城政府按照中国委员会的指示为船队补充船员、物资给养和所需船具，更为重要的是，向商船供应尽可能多的南洋热带货品。中国委员会命令来华商船在回国途中不再停靠巴城，以尽量缩短茶叶运输时间，还特意派遣一名公司董事随船协助管理具体的贸易业务，以便加强监督。公司取消先前赐给他们的"许可箱"权利，以防止随船大班及船务官员们走私茶叶，改为按一定比例配发利润分红，以调动其业务积极性。交易完成商船离港后，大班们也不再随船离开中国，而是经广东地方官府批准迁寓澳门，直待下一贸易季开启时再返回广州。

对华贸易商船通常每年 9~12 月（偶尔第二年初）离开荷兰，第二年夏季或最迟 10 月驶抵广州，同年 10~12 月或最迟第三年 1~2 月驶离广州，第三年 6~10 月回到荷兰，最后截至第四年 5 月通过 1~2 次的公司拍卖会销售茶叶，②

---

① "Missive van de Heren Zeventien aan den Gouverneur Generaal en de Raad te Batavia（12 April 1755），" VOC 333.

② 每个贸易季最末一年的 5 月 15 日或 31 日，"十七绅士"将包括茶叶在内所拍卖的全部货物登记在册。参见 "Generale staten voor de VOC in haar geheel（1730-1790），" VOC 4592-4597。

前后需花费总计约 4 年时间。① 这样季复一季，直到 1794 年底荷印公司终止对华贸易。在中国委员会的掌管下，1757～1794 年成为荷印公司对华贸易最成功的阶段。

在此期间，两次战争也对荷印公司对华茶叶贸易造成了重大的正、负两面影响。其一是英法七年战争（1756～1763）。荷兰在此次战争中宣布中立，这一政策使得荷兰在对华茶叶贸易中占得良机，趁着英法两国因深陷战争无暇顾及该贸易之际，增派商船来华大量购买茶叶运往欧洲低价抛售。战争结束后，随着欧洲诸国特别是英国对华贸易的重新恢复，面对贸易竞争再度激烈的状况，荷印公司在派船方式上适时做出调整：1766 年规定，每个贸易季阿姆斯特丹商会派船 2 艘，泽兰商会派船 1 艘，南方或北方商会派船 1 艘；1774 年，为弥补公司力量的不足再允许小商会参与贸易，但只能每 4 年轮 1 次。其二是第四次荷英战争（1780～1784）。作为此次战争的失败方，荷兰的海上航运业务遭受重创，1781～1782 年因被英国战舰劫掠更是无船派往广州，此后被迫在中立国旗帜下异常小心地进行对华贸易，而留守商馆的大班们不能及时获得来自本土的财政补助，不得不想方设法借债过活，商馆业务陷入财务绝境。待战争结束，由于自身财务问题缠身和商业信誉受损，以及其他贸易竞争对手数量的增多和实力的增强，尽管荷印公司极力试图恢复对华贸易，但它在整个欧洲对华茶叶贸易中的地位和影响力已荣光不再。就中欧茶叶贸易规模来讲，从 18 世纪 60 年代就已夺得首席的英印公司自 1784 年后快速发展，1786 年更是占得广州茶叶外销总数的一半以上，超越竞争对手的总和。美国商人于 1784 年开通对华贸易，随后很快便击败 18 世纪后半期长期占据第二位的荷印公司，19 世纪前期更是英印公司在广州茶叶采购市场上的唯一竞争者。

荷印公司输入的茶叶除了在本土出售和再外销到其他市场，大多数都借由走私渠道流向英国市场。其主要原因是，在对茶叶征收高额关税的英国茶叶价格远高于欧美其他国家和地区，向英国走私出口茶叶能够

---

① F. J. A. Broeze, "Het einde van de Nederlandse theehandel op China," *Economisch- en Sociaal-Historish Jaarboek*, dl. 34, 1971, pp. 124 – 177; J. R. Bruijn, F. S. Gaastra and I. Schöffer (eds.), *Dutch-Asiatic Shipping in the 17th and 18th Century*, vol. Ⅲ, The Hague: Martinus Nijhoff, 1987, pp. 542, 564.

获得丰厚利润。一直以来，在广州惯常用低价购买劣质茶的荷印公司对进入英国茶叶市场抱着乐观态度。然而，1784年英国颁布的减税法案（Commutation Act）（具体内容详见第四章第三节）促使英国茶叶进口关税猛降，并且英印公司本身大幅度增加茶叶输入量。接着，在对华贸易规模上取代了荷兰的美国于1789年对欧洲转口输入的茶叶开征进口税，以此保护美国的对华贸易，但这也将荷兰向北美出口茶叶之路封死。结果，本国又无茶叶税的荷兰却变为其他国家倾销茶叶的目标。与此同时，面临不断递增的资金亏缺压力的荷印公司在广州只能采购品质较次的茶叶，荷兰国内市场不可避免地都被外国品质较好的茶叶所占领。18世纪90年代初，荷兰国内除了有荷印公司茶叶拍卖销售，许多国内投机商以及他国犯禁输入的大批茶叶被暗地交易。在上述这些因素的共同作用下，荷印公司的茶叶贸易最终走向衰落。为了确保荷印公司的利益，荷兰议会于1791年7月公布法令，严禁所有外国茶叶进口，给予荷印公司在荷兰境内的茶叶专卖权，以此作为保护该公司利益的最后办法。[①] 但是，这样的补救措施为时已晚，深陷财务危机的荷印公司财政亏损当年已攀至9600万盾。1794年，不堪负荷的荷印公司宣布破产。同年底，荷印公司的对华贸易随着最后一艘悬挂着荷兰国旗的荷印公司商船驶离广州而宣告终结。

1795年，荷兰政权发生更替。次年，荷兰政府将破产的荷印公司国有化，以"东印度商业与领地事务委员会"（Comitee tot de zaken van den Oost-Indische Handel en Bezittingen）取代"十七绅士"的职能，以及继承前者的茶叶进口垄断权。[②] 荷兰政府之所以这么做，主要是因为担心引入自由贸易会使得竞争力极强的英国人、美国人一起严重威逼荷兰的茶叶贸易。但法国人的到来以及随后爆发的英法战争，使得荷兰对华贸易严重受阻。1796~1810年，荷兰人再未在广州购茶。其间，荷兰进口的茶叶主要由美国商人输入，而1802年曾有一艘荷兰商船驶往广州，但次年此船因战争而未能回到荷兰。1810年，美国也开始严禁向荷兰输售茶叶。

---

① F. J. A. Broeze, "Het einde van de Nederlanse theehandel op China," *Economisch- en Sociaal-Historish Jaarboek*, dl. 34, 1971, pp. 124-177.

② Liu Yong, *The Dutch East India Company's Tea Trade with China*, pp. 124, 172.

1810~1813 年为法国占据荷兰时期，其间荷兰进口中国茶叶彻底停止。1815 年，荷兰重新独立，荷兰人再次恢复、整顿对华茶叶贸易，并于3 月 23 日成立"荷兰对华茶叶贸易专营公司"（Nederlandsche Geoctroijeerde Maatschappij voor den Chineschen Theehandel），以接替荷印公司。同年，两艘荷兰商船驶抵广州，购得 628548 磅茶叶后直返荷兰，随后半数茶叶依荷兰政府当时的规定经由官方组织拍卖售出。此后不久，荷兰商人声称政府的干预违背了自由贸易原则，便于 1817 年向政府成功争取到自由进口茶叶的权利。① 同年，经营不顺的"荷兰对华茶叶贸易专营公司"被迫遣散。而截至 1822 年荷兰驻广州商馆撤闭，荷兰再未派船前往中国贸易。

第三节　法国对华茶叶贸易

自东西方新航路开辟后，在手工业、商业等方面发展缓慢的法国未能大力经营海外贸易。15~16 世纪的大部分时期内，法国市场上的东方商货基本由葡萄牙人、西班牙人供应。进入 17 世纪，先是荷兰随着荷印公司的成立迅速扩张其海外贸易，接着欧洲三十年战争（1618~1648）使得法国海军几乎丧失殆尽，同时荷兰海上力量却日渐强大。如此，荷兰开始进入海外经贸活动的辉煌时期，在大力发展海外贸易的同时逐步抢夺蚕食早先被葡萄牙、西班牙侵吞的地盘。成为海上强国的荷兰将贸易商船派送到世界上的 1/4 区域，其中一半的商船充当着供货商而分配着世界市场的主要商货，尤其是在欧洲市场受到热捧的亚洲商品。荷兰的这一发展大势对自称为"太阳王"、1661 年亲政的法国国王路易十四触动极深，最终促使他鼓励本国人成立一个有如荷印公司那般强大并能够与之抗衡的东方贸易公司。

实际上，这一想法的萌芽可能要追溯到更早。早在 1629 年 1 月 15 日，法国国王路易十三签署颁布皇家法令，即著名的《米绍法典》（code Michau），

---

① F. J. A. Broeze, "Het einde van de Nederlandse theehandel op China," *Economisch- en Sociaal-Historish Jaarboek*, dl. 34, 1971, pp. 135, 147; Els van Eyck van Heslinga, *Van compagnie naar koopvaardij. De scheepvaartverbinding van de Bataafse Republiek met de koloniën in Azië 1795-1806*, Amsterdam: De Bataafsche Leeuw, 1988, pp. 147-162.

鼓励法国人效仿荷兰人、英国人创立法国的贸易公司。① 在此法规的召唤下，一些相关的贸易公司先后成立，如根据 1642 年所颁特许状成立的对马达加斯加及其周围岛屿拥有 15 年贸易垄断权的东方公司（Compagnie d'Orient），以及在曾居住澳门 10 年之久的罗德神父积极推动下，对茶叶钟爱有加的马萨林等权重之人于 1660 年号召筹建的中国公司（Compagnie de Chine）等。

路易十四亲政后将扩大海外贸易视为国家发展当务之急，并重用重商主义者让-巴蒂斯特·科尔贝尔（Jean-Baptiste Colbert）。科尔贝尔出任财政大臣后大力推行重商主义政策，明确将发展商业作为振兴财政及立国根本之源。根据他的规划蓝图，法国应当成为一个殖民贸易帝国，而这就需要建立在一个强大的东印度贸易公司基础之上，其既要拥有得到皇家海军支持的庞大贸易船队，也要在印度控制大批殖民基地，还要在海上贸易沿线建有必要的商货储存据点。

这基本上就是参照前期荷印公司的亚洲贸易实践。荷印公司通过强大的海上军事力量支持，每年在亚洲赢取巨额利润，既为公司股东赚得高额股息，最主要的是充实了荷兰国库，从而为荷兰国家力量的发展提供重要支持。科尔贝尔对邻国通过荷印公司实现商人致富、国家致强的这一现实事例既羡慕又妒忌，通过专业角度仔细研究了荷印公司的贸易数据和财务报告以探知其成功的奥秘，因此认为法国可以走相似之路。科尔贝尔以通过秘密手段从荷兰获取的荷印公司章程为指导，积极展开一个效仿荷印公司组织和运作机制成立法国东印度公司的计划。在科尔贝尔的策划下，一个重要商人会议首先于 1664 年 3 月 21 日召开，随后商人们又多次被召集会晤，商讨成立公司事宜并草拟公司章程；同年 3 月 29 日，国王路易十四在枫丹白露（Fontainebleau）接见了这些参会成员，并授予他们特许状。再经过多次会议协商，最后经路易十四亲自修改和确认后，一个崭新的公司章程形成了，同时选出 12 个公司经理，并在巴黎设立办事处，公司定名为"法国东印度贸易公司"（Compagnie française pour le commerce des Indes orientales 或 Compagnie des Indes orientales，1664-1794，下称"法印公司"）。1664 年

---

① Michel de Marillac（réd.），*Ordonnance du roy Louis XIII sur les plaintes et doléances faittes par les députés des estats de son royaume convoqués et assemblés en la ville de Paris en 1614*，*publiée au parlement le 15 janvier 1629*，Paris：A. Estienne，1629.

6月8日，路易十四发表声明，赋予公司条款以法律效力；同年8月27日，路易十四签署《国王关于成立东印度贸易公司之宣言》（Déclaration du Roi portant établissement d'une Compagnie pour le commerce des Indes orientales）以及巴黎议会登记特许状后，法国东印度公司于勒阿弗尔（Le Havre）正式宣告成立；1666年，公司总部迁至新建港口洛里昂（Lorient）。

依据公司章程，国王授予法印公司从事印度洋和太平洋，即自好望角至麦哲伦海峡贸易50年的经营垄断权，授权法印公司拥领所有从被占领国和敌对国手中夺取的土地，享有建立军队、建造城堡的权利，以及行使对所有在东方的法国人司法裁判权，并且有权代表国王与印度统治者就战争与媾和等问题进行缔约谈判。任何想加入公司之人，其身份不受影响；公司成员需认购公司股份，但由国王掌控分配股息分红；公司的拟投资本为1500万里弗（livre），化作每股1000里弗的股份；路易十四为首笔300万里弗的投资提供资金，头10年的亏损将从这些资金中扣除。[①] 公司在巴黎设立"总商会"（Chambre générale），负责公司的经营管理，共设21位贸易主管，其中12位来自巴黎，其余9位由各省股东选派，所选人数与各省城市认购股份数额成正比，且3/4主管选自商人，以便于商务活动交由专业人士操办。[②] 公司首任贸易主管分别是曾供职于荷印公司30年，其中包括在日本任职20多年的法国人弗朗索瓦·卡隆，以及来自波斯的亚美尼亚商人马卡拉·阿凡钦兹（Marcara Avanchintz）。[③]

归纳起来，创建法印公司的根本目标在于三方面：贸易上，与荷兰、英国展开竞争，赢取商业利润；政治上，促进国家海军的发展，确保法国势力在广大海域的存在；文化宗教上，传播法国文明，向异教徒传播福音。所以说，法印公司自其成立起就与荷印公司、英印公司有所不同，根本而言就是一个由国王作为大股东，由专制政府直接支持领导，由国家组

---

① Howard Shakespeare, "The Compagnie des Indes," *International Bond & Share Society Journal*, yr. 20, no. 1, 1997, pp. 34-35.

② C. Cole, *Colbert and a Century of French Mercantilism*, vol. I, New York: Columbia University Press, 1939, pp. 480-481.

③ Jozef Rogala (comp. and anno.), *A Collector's Guide to Books on Japan in English: a select list of over 2500 titles*, London and New York: Routledge, 2004, p. 31; Ina Baghdiantz McCabe, *Orientalism in Early Modern France: Eurasian trade, exoticism, and the ancient régime*, Oxford and New York: Berg Publishers, 2008, p. 104.

织并出资筹资的具有政权性质的商业机构，可谓是一家帝国商业公司，而非商人们最初仅为营利目的所自发筹建的合资股份制商业公司。

尽管受到政府的支持，甚至包括路易十四强制推行的分摊，法印公司成立后的前几年一直面临着资金短缺的问题，所筹募到的资金也仅为800多万里弗。此外，路易十四频繁对外战争，也使得公司财政经常处于极度困难之中。由于受到政治因素的影响，它只是被当作法国在欧洲争霸战争中的一个延展，其经济职能已远低于政治使命。至1671年，公司经营惨淡，而1672~1678年的法荷战争又给法印公司带来了灭顶之灾。法印公司于1682年失去垄断地位，随后一直苟延残喘地挣扎到1719年正式解散。①

1719年3月，法国财政大臣、苏格兰银行家约翰·劳（John Law）将其两年前成立的垄断经营北美海狸皮贸易的西方公司（Compagnie d'Occident，1717-1719）与东印度公司及其他贸易公司合而为一，新成立了一个"印度永久公司"（Compagnie perpétuelle des Indes，1719-1769），相当于一个控股公司，总部设在巴黎。新公司垄断了法国所有海外贸易，并通过1720年与法国皇家银行合并而拥有发行纸币的权利。大约与1720年英国"南海泡沫"同时，印度永久公司的股价被投机者推高，涨至面值的4000%后崩盘，对大多数股票持有者造成了灾难性影响。其于1721年陷入法律结构的破产但幸存了下来，再于次年进行重组并通过发行新股和债券筹集新资本。② 1723年，法国国王路易十五授予该公司新特权，其中包括烟草和咖啡的销售垄断权。1730年3月24日，路易十五颁布法令，设置"印度委员会"（Conseil des Indes）作为公司领导层，其22位成员为非股东；任命12位主管肩负具体业务管理之责，增添8位理事以在行政管理上协助主管并每年向股东大会汇报，以此更有效地开展贸易经营；国王有权经总审计长从"印度委员会"中任命4位官员为检查专员监督公司的商务活动顺利运转，维护经营秩序以及各项公司规章的执行。1731年2月，根据国王再颁新令，该公司被重新划分为6个部门，其中第一部门主要负

① Glenn Joseph Ames, "Colbert's Indian Ocean Strategy of 1664-1674: a reappraisal," *French Historical Studies*, vol. 16, iss. 3, 1990, p. 540; H. Shakespeare, "The Compagnie des Indes," *International Bond & Share Society Journal*, yr. 20, no. 1, 1997, p. 35.

② H. Shakespeare, "The Compagnie des Indes," *International Bond & Share Society Journal*, yr. 20, no. 1, 1997, p. 35.

责印度、中国、摩卡（Moka）等地区的商贸活动。[1] 1726～1746 年是印度永久公司东方贸易蓬勃发展的时期，其间它在印度、也门、波斯、伊拉克巴士拉、中国广州等众多地区设立了贸易办事处或商馆。公司所获贸易利润主要来源于进口中国的茶叶、瓷器、丝绸，印度的棉花、胡椒，也门的咖啡，非洲的黄金、象牙和奴隶，利润额从 1725 年的 4221156 里弗增至 1736 年的 6944240 里弗，再至 1743 年的 10367559 里弗。[2]

　　1746 年之后，法国政府的挥霍无度政策开始损害印度永久公司利益，而英法七年战争对该公司所造成的严重影响则是其亚洲贸易网点和部分船队的损失，导致其亚洲贸易基本陷入停顿。1769 年 8 月 13 日，在经济学家和船东们的压力下，印度永久公司的垄断地位被中止，此后的亚洲贸易向私营商人全面开放。1770 年 2 月，该公司被要求将其所有财产、资产和权利（总价值为 3000 万里弗）转让给国家，国王同意支付公司的所有债务和年金（租金）义务，这实际上宣示了该公司的正式解散，尽管其清算工作一直拖至 18 世纪 90 年代。[3]

　　受自由贸易思潮的影响，18 世纪 70 年代后法国众多舆论对享有垄断特权的贸易公司持坚决反对态度。尽管随后的亚洲贸易所获盈利依旧非常可观，但法国私营商人经营此贸易的力量终归偏弱。18 世纪 80 年代，法国市场上开始出现东方商品供应极其不足的势态。与此同时，赢得第四次荷英战争的英国取代了荷兰成为海上贸易强国，其在欧亚海上贸易航运中独占鳌头。不仅荷兰的亚洲贸易遭到灾难性打击，法国也因 1778～1783 年与英国在印度的敌对行动失去了大部分的印度市场而仅剩下少量市场份额。针对这一不利局面，法国政府再次决定直接出面参与亚洲贸易，以缓解法国市场上东方商品紧缺的窘境。1783 年 2 月 21 日，法国政府颁布法令，直接派送 4 艘商船前往广州贸易。1784 年 2 月 4 日，返抵

①　Alfred Martineau, *Dupleix et l'Inde Française 1722-1741*, Paris: Librairie Ancienne Honoré Champion, 1920, pp. 24-27.

②　H. Shakespeare, "The Compagnie des Indes," *International Bond & Share Society Journal*, yr. 20, no. 1, 1997, p. 35; A. Martineau, *Dupleix et l'Inde Française 1722-1741*, p. 31.

③　Philippe Haudrère, *Les Français dans l'océan Indien XVIIe-XIXe siècle*, Rennes: Press universitaires de Rennes, 2014, pp. 87-96; H. Shakespeare, "The Compagnie des Indes," *International Bond & Share Society Journal*, yr. 20, no. 1, 1997, pp. 35-36.

法国的首批商货在洛里昂被拍卖销售。[1]

与此同时,法国政府再次将成立新的东印度贸易公司计划提上日程。该政府认为,重新成立东方贸易公司,除了能够继续推动法国与亚洲的贸易,还可以阻遏英国在该地区的经济扩张。它还对中国和印度这两个重要的贸易对象地区进行了比较:中国是一个生产茶叶、丝绸等能够为法国带来高额利润产品的地方,但不是一个法国可以拓展其政治力量的地方;而在印度,法国或许可以借助凡尔赛条约重新拥有其昔日的势力范围,而这则需要借助贸易联结中国与印度。经过充分筹备,成立东印度公司被列为法国政府实施财政改革计划的内容之一。法国政府此次打算不再直接参与新公司的管理,而是交由若干贸易商会联合那些愿意从事东方贸易的港口城市商人经营。新公司成立前,法国政府首先召集组织一次对华贸易。为筹集这次行动资金,法国国王路易十六于 1783 年 6 月 21 日发布法令,为参与此次对华贸易的港口城市分派参股认购份额。1784 年 2 月 12 日,3 艘由国王提供的商船启航赴华。成功贸易后,商船返航所带货物售出后为投资者赚取了丰厚的收益,仅茶叶一项就获得了 82% 的高利润率,这极大地激发了贸易商们的参与热情。同年,法国政府派人前往伦敦,就成立新的法国东印度公司与英国政府举行谈判。1785 年 4 月 14 日,路易十六颁布法令宣布成立新的东印度公司。同年 6 月 3 日,"东印度及中国贸易公司"(la Compagnie des Indes orientales et de la Chine, 1785 – 1794)正式成立。该公司采取股份制形式,拟投资本为 4000 万里弗,化作每股 1000 里弗的股份,被授予 7 年与好望角以东地区贸易垄断权。其拥有商船 11 艘,展开洛里昂与中国广州和印度港口的定期航行。该公司于 1790 年 4 月被取消垄断权之前一直繁荣发展,此后虽然贸易继续进行但规模大为缩小。该公司于 1794 年被迫解散,而其清算工作则迟至 1826 年才完成。[2]

---

[1] Frederick L. Nussbaum, "The Formation of the New East India Company of Calonne," *The American Historical Review*, vol. 38, iss. 3, 1933, p. 477.

[2] F. L. Nussbaum, "The Formation of the New East India Company of Calonne," *The American Historical Review*, vol. 38, iss. 3, 1933, pp. 479, 487; H. Shakespeare, "The Compagnie des Indes," *International Bond & Share Society Journal*, yr. 20, no. 1, 1997, p. 36; Albert Soboul, *The French Revolution 1787-1799: from the storming of the Bastille to Napoleon*, New York: Vintage, 1975, p. 192.

　　一直以来，对华贸易都是各时期法国公司的东方贸易中效益最好的组成部分之一。输自中国的茶叶、瓷器、丝绸等商品皆可为公司在欧洲市场赢得高收益。1725～1756 年，当贸易不受欧洲或东方战争的干扰时，来自对华贸易的收益率先后达到 141.5%（1725～1736）、141.3%（1736～1743）、116.7%（1743～1756），而同时期对印贸易的利润率分别为 96.1%、93.7%、93.1%；1764～1768 年，即英法七年战争结束后，对华贸易虽受影响但利润率依旧较高，分别为 85%（1764）、82.5%（1765）、71.5%（1766）、68%（1767）、67.7%（1768），而对印贸易则是 88.5%（1766）、59.3%（1767）、58.1%（1768）。[①]

　　正是因为对华贸易可以为投资者带来如此理想的回报率，法国商人很早就对从事该贸易兴致甚浓。早在 1697 年，巴黎富商及船东让·儒尔丹（Jean Jourdan）就向法国政府递交赴华航贸计划，并获得支持。东印度公司被要求准许儒尔丹派船赴华贸易，并向公司缴纳返程货物销售所得利润的 5%。东印度公司最初拒绝了该请求，声称中国商品的进口会影响到印度货物的进口，公司将自行派船赴华通商。法国政府坚称，在东印度公司缺乏资金的形势下，儒尔丹的贸易计划或许是其让私营商人参与贸易的一种尝试，这将得到政府的支持和授权。1698 年 1 月 4 日，东印度公司被迫与儒尔丹及其他 6 位商人达成协议，授权他们派遣商船赴华贸易，但须向公司支付其回程货物销售所得利润的 5%份额。此协议通过 1698 年 1 月 22 日皇家法令被正式批准，由此成立了儒尔丹的中国公司（Compagnie de la Chine，1698～1713）。[②] 1698 年 3 月，儒尔丹及其合作伙伴以法兰西帝国特使再返中国为借口，派遣 500 吨商船"安菲特律特"（Amphitrite）号自拉洛谢尔（La Rochelle）港启航赴华，所携带价值 50 多万里弗的商货主要有毛纺织品、火器、书籍及印刷品、吊灯、钟表、挂毯、蜡、望远镜、银质及珐琅鼻烟壶、象牙盒、计算器、圆规、天文表盘、航海罗盘、水准仪、

①　M. l'Abbé Morellet, *Mémoire sur la situation actuelle de la Compagnie des Indes*, Paris: Chez Desaint, Libraire, 1769, pp. 85-88; Hervé Du Halgouet, "Pages coloniales: relations maritimes de la Bretagne et de la Chine au XIIIe siècle. Lettres de Canton," *Mémoires*, Rennes: Société d'histoire et d'archéologie de Bretagne, 1934, p. 348.

②　M. l'Abbé Morellet, *Mémoire sur la situation actuelle de la Compagnie des Indes*, p. 17; H. Du Halgouet, "Pages coloniales," *Mémoires*, p. 333.

绘图仪、望远镜、水晶雕刻品、酒、红珊瑚、银锭及银币等等。同年 11 月，该船抵达广州，在耶稣会士的帮助下成功设馆开展贸易。1700 年 8 月，该船携带价值 80 万里弗的商品返航，包括大量的茶叶、丝绸、白铜、铜箔、糖、樟脑、胡椒、肉桂、良姜、鹿角、头发、黄金、绣花床、晨袍等，少量的屏风、金纸、扇子、漆器、瓷器、鼻烟盒等，以及各类小饰品（象牙、水晶、玉瓶及玉佛）。① "安菲特律特"号对华通商开启了法国对华直航贸易，其进出口商品拓宽了中法双方的眼界。

1705 年 10 月，路易十四为了加强对华贸易联系而授权成立"皇家中国公司"（Compagnie Royale de la Chine），其被授予对华贸易垄断权并获得东印度公司所有特权。1712 年 11 月 28 日，它被一个新成立的独立于东印度公司之外享有对华贸易 50 年垄断权的"新皇家中国公司"（Nouvelle Compagnie Royale de la Chine）替代。在西班牙王位继承战争（1701 ~ 1714）结束之前，4 艘法国商船被派往中国。此后 20 年里，法国商人分别组织了两批对华贸易船队，所派出的商船不超过 12 艘。② 1719 年，新皇家中国公司再被约翰·劳公司吸纳，后者第一艘商船于 1722 年前后驶抵中国。③

随着在印度的失利，法国一直都将对华贸易视作其与远东阶段性贸易关系的主要内容。18 世纪前半叶，法国对华贸易迅速发展起来，甚至有时也充当起中间商从事转口贸易。自法国第一艘商船驶抵广州的 1698 年至 1769 年，即前两个东印度公司垄断对华贸易期间，法国共派遣了 110 艘商

---

① E. H. Pritchard, "The Struggle for Control of the China Trade during the Eighteenth Century," *Pacific Historical Review*, vol. 3, iss. 3, 1934, p. 280; H. Du Halgouet, "Pages coloniales," *Mémoires*, pp. 338–339.

② Henri Cordier, *La France en Chine aux dix-huitième siècle*, tome premier, Paris: Ernest Leroux, 1883, p. lxiii; C. Madrolle, *Les premieres voyages français à la Chine: La Compagnie de la Chine, 1698–1719*, Paris: Augustin Challamel, 1901, pp. 54 ff; David Macpherson, *The History of the European Commerce with India: to which is subjoined a review of the arguments for and against the trade with India, and the management of it by a chartered company; with an appendix of authentic accounts*, London: Printed for Longman, Hurst, Rees, Orme, and Brown, Paternoster-Row, 1812, pp. 264–274; H. B. Morse, *The Chronicles of the East India Company*, vol. I, p. 157.

③ H. Du Halgouet, "Pages coloniales," *Mémoires*, p. 340; E. H. Pritchard, "The Struggle for Control of the China Trade during the Eighteenth Century," *Pacific Historical Review*, vol. 3, iss. 3, 1934, p. 281.

船到中国进行贸易，其吨位多在 550~600 吨；私人贸易期间大致派遣了 40 多艘商船到中国；1785 年成立的新东印度公司共派出了 7 艘船。法国在对华贸易中基本处于入超地位，其所输出欧洲商品远不足以抵偿其所输入中国商品的价值，因此只能常常以白银弥补其不足之份。中国输往法国货物多数都被运至南特进行拍卖。作为一个大贸易集市，南特聚集了各类商品，主要是来自英国和荷兰的众多外国商人前来采购，交易量达年均 1000 万里弗。①

第四节　北欧对华茶叶贸易

同样有着悠久航海贸易历史的北欧国家丹麦、瑞典虽在 17 世纪早期就已被中国贸易的丰厚利润前景所吸引，追随欧洲其他强国尝试成立东印度贸易公司，但实质性地开始对华贸易则迟至 18 世纪初：1730 年，丹麦组建丹亚公司；1731 年，瑞典成立瑞印公司。

丹亚公司由早先成立的东印度公司（Ostindisk Kompagni，1670-1729）改组而成，前者的贸易一直集中于印度。随着丹亚公司的成立，有利可图的对华贸易成为其亚洲贸易十分重要的补充。公司在印度重点采购棉纺织品，在中国则主要采购茶叶，所付款项基本为白银。1732 年 4 月 12 日，丹亚公司被授予丹麦皇家特许状，获得好望角以东地区贸易为期 40 年的垄断权。其初始股本仅为 400 股，每股 250 里克斯（rix-dollar），共计 10 万里克斯。1732~1745 年，在 15 艘丹亚公司商船前往印度的同时更有 17 艘驶往广州；1746~1765 年，这一比例下降为 27 比 38。接下来的时间里，该公司业务陷于停顿。当 1772 年该公司垄断权到期之时，私营商船从事东印度贸易获准免征 20 年税，这一政策于 1775 年开始实施。1777 年始，丹亚公司的印度业务被政府接管，其只专注于垄断对华贸易，经营范围主要限于利润丰厚的茶叶进口。即使在 1784 年英国降低茶叶进口关税后，该公司仍能在很长的一段时期内（1785~1806）顺畅地经营对华茶叶贸易，这主要得益于丹麦在 18 世纪后期的大国战争中的中立地位，特别是在美国独立战争（1775~1783）期间。然而，这一美好时光随着 1807 年丹麦对英国

---

① H. Du Halgouet, "Pages coloniales," *Mémoires*, pp. 340-342.

开战而宣告结束。此后，公司被全面清盘，并最终于 1843~1845 年遭清算。①

可以说，瑞典是最晚一个参与亚洲贸易的欧洲著名航海国家。瑞印公司晚于丹亚公司一年成立，其核心创立者还包括了非瑞典国民，这与其他欧洲国家的亚洲贸易公司似乎不太一样。随着 1727 年 5 月查理六世暂停了奥斯坦德公司（Oostendse Compagnie，1722-1731）的特许状，该公司的投资者不得不寻找其他方式来参与有利可图的亚洲贸易，他们于是将投资目光转向瑞典。② 苏格兰商人科林·坎贝尔（Colin Campbell）曾在奥斯坦德公司工作过，18 世纪 20 年代末在阿姆斯特丹与瑞典商人尼古拉斯·萨尔哥伦（Niclas Sahlgren）会面，商讨共同创建一家瑞典贸易公司。虽然坎贝尔是这项事业的驱动者，但由于外国投资者在瑞典受到质疑，他们需要一位有身份地位的瑞典人来领导公司，于是德裔瑞典人亨里克·科尼格（Henrik Konig）被选中。③ 1729 年，科尼格向瑞典政府递交特许状申请，但遭到拒绝。1731 年，奥斯坦德公司在英国的施压下解散。科尼格借此机会再次递交申请，并最终于该年 6 月 14 日获得公司成立的皇家特许状，为

---

① Sune Dalsgård, "Aa. Rasch og P. P. Sveistrup: Asiatisk Kompagni i den florissante periode 1772 – 1792," *Historisk Tidsskrift*, 11. Række, II Bind, 1947-1949, s. 506-514; J. H. Deuntzer, "Af det Asiatiske Kompagnis historie," *Nationaløkonomisk Tidsskrift*, Bind 16 Række 3, 1908, s. 369-411; Ole Feldbæk, "Den Danske Asien-handel 1616 – 1807: værdi og volumen," *Historisk Tidsskrift*, Bind 90 Hæfte 2, 1990, s. 330-333; Kristof Glamann, "Studie i Asiatisk Kompagnis økonomiske historie 1732-1772," *Historisk Tidsskrift*, 11. Række, II Bind, 1947-1949, s. 565 – 567; Erik Gøbel, "Asiatisk Kompagnies Kinafarter 1732 – 1772, sejlruter og sejltider," *Handels- og Søfartsmuseets Årbog*, Kronborg: Handels- og søfartsmuseet, 1978, s. 7-46; Erik Gøbel, "Sygdom og død under hundrede års Kinafart," *Handels- og Søfartsmuseets Årbog*, 1979, s. 75-130; Knud Klem, "Den danske Ostindie- og Kinahandel," *Handels- og Søfartsmuseets Årbog*, 1943, s. 72-102; Jan Parmentier, "Søfolk og supercargoer fra Oostende i Dansk Asiatisk Kompagnis tjeneste 1730 – 1747," *Handels- og Søfartsmuseets Årbog*, 1989, s. 142 – 173; Inger Dübeck, "Aktieselskaber i krise: om konkurs i aktieselskabernes tidlige historie," *Historisk Tidsskrift*, Bind 90 Hæfte 2, 1990, s. 353-382.

② V. Leche, J. F. Nyström, K. Warbrug, Th. Westrin (red.), "Ostindiska Kompanier," *Nordisk familjebok/Uggleupplagan*, 20, Stockholm: Nordisk familjeboks förl aktiebolag, 1914, s. 1060-1062.

③ Tore Frängsmyr, *Ostindiska Kompaniet: människorna, äventyret och den ekonomiska drömmen*, Hoganas: Wiken, 1990, s. 20; Herman Lindqvist, *Historien om ostindiefararna*, Gothenburg: Hansson & Lundvall, 2002, s. 30.

期 15 年，直至 1746 年。①

虽然名为东印度公司，但实际上由于受到英、荷、法等国东印度公司的武力排挤，瑞印公司商船基本未能如愿参与印度市场而只得驶往广州，所谓的瑞典东印度贸易实际上为对华贸易。瑞印公司虽然规模较小，但它却能够果敢而灵活地跻身于欧洲大国东印度公司之间展开对华贸易，且一度在广州市场占据重要地位，获取丰厚利润。截至 1813 年，瑞印公司在 82 年间共派出 37 艘商船进行了 132 次亚洲之行，除 8 艘遭完全或部分损坏外，其中绝大多数都被派往了广州。②

瑞印公司派出的第一艘商船"弗雷德里克斯·雷克斯·苏西埃"（Friedericus Rex Sueciae）号于 1732 年 3 月 7 日（按瑞典旧历为 2 月 25 日）驶离哥德堡，同年 9 月 19 日安全抵达广州。在接下来的 4 个月里，坎贝尔等随船大班主要以西班牙银元顺利交易获得所需茶叶、丝绸、瓷器及其他各项奢侈品和药材。③ 需要指出的是，瑞印公司携带的银元并非直接来自瑞典国内，而是公司商船在途经西班牙港口城市加的斯（Cádiz）时，用随船运载的铁条及铁制品（如斧头、船锚）、铜、木材等就地交换所得，因为根据特许状规定瑞印公司运往中国的白银不论是否已铸成硬币都不能输自瑞典。④ 1733 年 9 月 7 日，"弗雷德里克斯"号返回哥德堡。10 月 26 日开始的公司拍卖最终收入 90 万里克斯，支付股息为投资资本的 75%，所获纯利润达 25%。⑤ 如此高的利润率极大地鼓舞了瑞印公司及其股东们，激发了瑞典人对东印度（中国）贸易的投资热忱。

---

① Sven Kjellberg, *Svenska Ostindiska Compagnierna 1731 - 1813*: *kryddor*, *te*, *porslin*, *siden*, Malmö: Allhem, 1975, s. 38-43.
② V. Leche et al. (red.), "Ostindiska kompanier," *Nordisk familjebok/Uggleupplagan*, 20, s. 1061; T. Frängsmyr, *Ostindiska kompaniet*, s. 21; S. Kjellberg, *Svenska Ostindiska Compagnierna 1731-1813*, s. 134-135, 151, 177-184, 314.
③ S. Kjellberg, *Svenska Ostindiska Compagnierna 1731-1813*, s. 44-46.
④ Christian Koninckx, *The First and Second Charters of the Swedish East India Company (1731-1766): a contribution to the maritime, economic and social history of North-Western Europe in its relationships with Far East*, Kortrijk: Van Ghemmert, 1980, p. 70; W. Milburn, *Oriental Commerce*, vol. II, pp. 575-577.
⑤ S. Kjellberg, *Svenska Ostindiska Compagnierna 1731 - 1813*, s. 45; T. Frän-gsmyr, *Ostindiska kompaniet*, s. 24 - 26; Eskil Olán, *Ostindiska Compagniets saga: historien om sveriges märkligaste handelsföretag*, Göteborg: Elanders boktryckeri aktiebolag, 1920, s. 32.

加上 1731~1746 年第一次特许经营期，瑞印公司先后总共经历了 5 次特许经营期，后续 4 次分别为 1746~1766 年、1766~1786 年、1786~1806 年、1806~1821 年，而实际上瑞印公司并没有等到最后一次特许时期结束就于 1813 年宣布倒闭。第一次特许经营期内，共有 25 艘船 15 批次远航亚洲，除了 4 艘在海上失踪，只有 3 批次驶至孟加拉，其余的则全部直航广州并顺利返航；第二次特许经营期间，共有 36 艘船，除了 1 艘丢失，只有 3 艘前往苏拉特，其余则全部驶往广州且安全回国；第三次特许经营期，所有 39 艘船都被派往广州后满载而归；第四、第五次特许经营期，航行次数有所下降。① 除了特许状，瑞印公司历史上的另一个重要转折性事件则是于 1753 年设立的一个永久基金，其意味着该公司自此转变为一家股份可转让的股份制公司，而此前公司商船的每一次航行都是一项独立的贸易尝试。②

总体而言，虽然瑞印公司、丹亚公司在欧洲各国对华贸易中所占份额相对较小，但却是欧洲整体对华贸易中不可忽视的两分子。瑞印公司、丹亚公司对华贸易皆以茶叶为最大宗，其对华茶叶贸易均得益于本国政府在 18 世纪后期的欧洲大国战争中的中立地位。尤其是在美国独立战争及第四次荷英战争期间，法、荷、西等贸易大国介入或身陷战争与英国发生武装冲突而被阻止对华贸易，广州茶叶价格由于需求不足而下跌，但与此同时欧洲市场的茶叶价格却上涨，瑞印公司、丹亚公司成为欧洲重要的茶叶供应商。

瑞印公司、丹亚公司亚洲贸易的重要特征之一，就是其所输入的绝大多数货物主要是用于再出口。特别是北欧并没有足够消费市场销售茶叶，其绝大部分都被通过两国公司再走私出口至英国。导致这种转口贸易成功的关键原因在于，英国在 1784 年减税法案推出之前对茶叶的进口征收高税金，从而给外商以走私谋取利润的机会，而瑞印公司、丹亚公司也成功地

① V. Leche et al. (red.), " Ostindiska kompanier," *Nordisk familjebok/Uggleupplagan*, 20, Stockholm: Nordisk familjeboks förl aktiebolag, 1914, s. 1061; S. Kjellberg, *Svenska Ostindiska Compagnierna 1731–1813*, s. 177–178, 314.

② C. Koninckx, *The First and Second Charters of the Swedish East India Company (1731–1766)*, pp. 63–64.

从转口贸易的价差中获取丰厚利润。[①] 而随着诸次战争的结束，以及英国强推减税法案和英印公司加大对华茶叶进口，法、荷、瑞、丹等大陆贸易国以往派船驶抵广州进口茶叶的数量联合优势被极度挤压，瑞印公司、丹亚公司在对华茶叶贸易中的有利环境受到破坏，它们的主要贸易手段——转口贸易因此遭受严重挫折，所进口茶叶在欧洲市场的销售份额骤然萎缩，甚至最终导致公司对华贸易的结束以及随后的公司破产和倒闭。

第五节　德国对华茶叶贸易

德国属于欧洲列强中的后起之秀。由于德国是三十年战争的主要战场，其经济贸易遭受极大破坏。战争结束后，德国内部处于分裂状态，各邦国纷争不已，商业法规极为混乱。同时，地主阶级长期占据统治地位，掌握着德国整个国家的政治和经济领导权，商业资本主义的发展受到极大阻碍，致使德国截至 19 世纪前半期仍然主要以农业立国。

15 世纪末开始的地理大发现不但没有促进德国经济的发展，反而对其产生了极为不利的影响，使其丧失了与地中海传统经济的联系。随着荷、英、法等国相继成为世界商贸重心，德国南部各城市早前与意大利北部之间的陆上贸易丢失了往日优势，德国事实上已被新的国际贸易中心所排斥。

在此背景下，近代德国对华贸易的发展状况可想而知。其进程不连续，时存时断，且海上贸易比重远低于陆上贸易。16、17 世纪之交，德国南部奥格斯堡（Augsburg）的福格尔（Fugger）和威尔瑟（Welser）家族商行即由其驻印度代理操办与澳门的贸易。1714 年，奥斯坦德商人在德皇查理六世的支持下开始东方贸易，但其所派商船同时遭受海上霸主葡萄牙

---

① 1784 年以前，英国的茶叶税居高不下，很少低于 80%，经常超过 100%。丹麦对自拍卖日起 9 个月内出口的茶叶只征收 1% 的关税，而留在该国或 9 个月前未出口的茶叶则征收 2.5% 的关税。H. Mui and L. H. Mui, "Smuggling and the British Tea Trade before 1784," *The American Historical Review*, vol. 74, iss. 1, 1968, p. 45; Kristof Glamann, "The Danish Asiatic Company, 1732-1772," *Scandinavian Economic History Review*, vol. 8, iss. 2, 1960, p. 141.

和荷兰的极力排挤。18 世纪 30 年代初，奥斯坦德商行对华贸易基本停摆。①

18 世纪中期伊始，德意志各邦国纷纷参与对华贸易，其中历经数位国王的奋力改革后逐渐崛起的普鲁士王国（1701～1918）实力最强劲。1751 年 5 月 24 日，普鲁士国王腓特烈二世授令设立"埃姆登公司"，垄断经营普鲁士对华贸易，主要进口货物目标为茶叶、瓷器、丝绸、香料及其他商品。埃姆登市市长雅各布·德·波特（Jakob de Pottere）及商务顾问约翰·戈特弗里德·特格尔（Johann Gottfried Teegel）等人作为公司股东代表，担任公司常务董事。为进一步推进该项事业，1751 年 11 月 15 日腓特烈二世更是宣布埃姆登港为自由港，所有货物均免于关税。②

埃姆登公司先后共开展了 6 次广州贸易。其派往中国的第一艘船"普鲁士国王"（König von Preußen）号取得圆满成功。1752 年 2 月，载有 120 名船员的"普鲁士国王"号驶离埃姆登港。其经过半年时间，经停爪哇后抵达广州。1753 年 7 月，该船返回埃姆登，其运回的货物主要是中国传统出口商品：茶叶、生丝、丝织品及瓷器。其中以瓷器为大宗。同年 8 月，在科隆选帝侯及采邑总主教克莱门斯·奥古斯特（Clemens August）的见证下，这批进口货物在埃姆登被拍卖。③ 1752 年 9 月 9 日，埃姆登公司第二艘船"埃姆登城堡"（Burg von Emden）号载着 118 名船员远赴中国。该船于 1753 年 5 月 30 日抵达广州，同年 12 月初返航，1754 年 5 月 28 日抵达埃姆登，随船运回了 575214 磅茶叶及大量丝绸和瓷器。这批货物在埃姆

---

① 蒋恭晟：《中德外交史》，中华书局，1929，第 3 页；Jan Parmentier, "The Ostend Trade to Moka and India（1714 - 1735）: the merchants and supercargoes," *The Mariner's Mirror*, vol. 73, iss. 2, 1987, pp. 123-138；杜继东：《中德关系史话》，社会科学文献出版社，2011，第 4 页。

② Viktor Ring, *Asiatische Handlungscompagnien Friedrichs des Grossen. Ein beitrag zur geschichte des Preussischen seehandels und aktienwesens*, Berlin: Heymann, 1890, pp. 73 - 90; Bernd Eberstein, *Preußen und China: eine geschichte schwieriger beziehungen*, Berlin: Duncker & Humbolt GmbH, 2007, pp. 42-47.

③ Helmuth Stoecker, *Deutschland und China im 19. jahrhundert. Das eindringen des Deutschen kapitalismus*, Berlin: Rütten & Loening, 1958；施丢克尔：《十九世纪的德国与中国》，乔松译，三联书店，1963，第 38 页。

登被拍卖，并获得了高额利润。① 1753 年后的几年中，该公司又有 2 艘船从埃姆登前往中国。其中只有 1 艘在博尔库姆（Borkum）附近搁浅时受到轻微损坏。考虑到当时海外贸易的诸多危险，这是一项了不起的成就。

1756 年，英法七年战争爆发，这直接导致了埃姆登公司的衰落。当法国军队进入奥斯特弗里斯兰时，该公司董事带着"普鲁士之王"号及公司流动资本逃往荷兰东北部的海港城市代尔夫宰尔（Delfzijl），另有 2 艘船在埃姆登卸货。公司最后所派赴华贸易商船"斐迪南王子"（Prinz Ferdinant）号于 1757 年返航，但被迫停泊于英国朴次茅斯（Portsmouth）港，该船及其所携带货物都在那里被出售。埃姆登则于英法七年战争期间被法国人夺取，而埃姆登公司在战争结束后的 1765 年被腓特烈二世解散。在这过去的 15 年中，该公司将数量可观的茶叶、瓷器、丝绸等众多中国货物陆续运回普鲁士。②

18 世纪下半期，随着德国商船较少驶往广州，该国通过俄国，经由恰克图（Kyakhta）的陆上对华贸易逐渐较具规模地发展起来，并变得相当重要。普鲁士布匹开始通过俄国流入中国北部。至 18 世纪 70 年代中期，经由陆上商路输往中国的德国布匹每年约达 3 万匹。至 1820 年前后，其规模达到每年 400 万~500 万卢布。但是，为了保护俄国织布商的利益，俄国政府对该贸易依旧百般刁难。1822 年，普鲁士商人不得不完全放弃途经俄国的陆上对华贸易。③

由于德国长期处于分裂状态而缺乏强大的海军力量给予支持，普鲁士对华海上贸易主要在英国的保护下进行，并经由英国转口。甚至于，普鲁士国王委任的驻华领事并非德国人而是英国商人。首任领事丹尼尔·比尔（Daniel Beale）于 1787 年抵达广州。④ 不得不托庇于欧洲他国强权的普鲁士对华贸易发展迟缓，这在近代欧洲国家中实属少见。

---

① Henri Cordier, "La Compagnie Prussienne d'Embden au XVIIIe siècle," *T'oung Pao*, vol. XIX, 1920, pp. 235-243; Dennis de Graaf, "De Koninklijke Compagnie: de Pruisische Aziatische Compagnie 'von Emden nach China' (1751-1765)," *Tijdschrift voor zeegeschiedenis*, dl. 20, nr. 2, 2001, pp. 143-160.

② D. de Graaf, "De Koninklijke Compagnie," *Tijdschrift voor zeegeschiedenis*, dl. 20, nr. 2, 2001, pp. 143-160; B. Eberstein, *Preußen und China*, pp. 54-55.

③ 施丢克尔：《十九世纪的德国与中国》，第 39~40 页。

④ M. Greenberg, *British Trade and the Opening of China 1800-42*, p. 25.

19 世纪初，汉萨同盟其他城市也开始慢慢与中国建立贸易关系。1819年已有茶叶从广州输入汉堡，1830 年广州与汉堡建立起贸易关系，但汉堡对华正式航行始于 1845 年。1845～1848 年，其对华贸易商船先后 7 次驶往中国。在往返途中，主要依赖于英国的保护或按照英国指定的航线航行，且货物交易也经由英国转口，茶叶、丝绸等货物即经由伦敦转入德国。至1860 年，汉堡从英国输入的丝绸价值达 540 万马克。汉堡进口商在伦敦购入中国商货，而英国商人则经由伦敦向中国出口德国毛料。德国毛料在英国改换包装，因此所有进口货物都是由英国轮船输往中国，这一时期的德国对华贸易规模与英国相比可谓微乎其微。①

---

① 谷雪梅：《俾斯麦与近代德国对华贸易》，《白城师范高等专科学校学报》2001 年第 1 期，第 25～26 页。

第四章　欧洲的茶叶征税与走私

在近代欧洲，税收是一个国家财政收入的重要来源之一，进口商品通常都要被政府征税。从 17 世纪后半期开始，随着越来越多东方商品的输入，对这些价格昂贵的舶来品征税，成为一些国家因种种原因而消耗巨大的国库的补充。不同国家对于进口茶叶执行不同税制，而在不同时期，所实行的税率也会适时改变。一国政府对茶叶所征税额会直接影响到茶叶贸易、销售商所获利润。一旦政府所征税额超过相关商人能够承受的限度，使其所获利润极低或毫无利润可言，那他们除非停止茶叶贸易，否则将会采取其自认为合适的应对之策，而最简单直接的办法就是走私。

18 世纪，当时欧洲最大的茶叶消费国英国的茶叶消费市场存在巨大缺口，而欧洲大陆国家的茶叶进口量却又严重过剩，各国茶叶贸易商们在高利润的诱惑下冒着高风险，向英国走私贩运茶叶。这一现象长期以来屡禁不止，严重损害了英国政府的利益，从而导致该国政府不断调整相关税法，以实现对这一非法行为的有力打击，并最终于 18 世纪晚期取得成功。

第一节　茶叶征税

对茶叶、咖啡、可可、巧克力等舶来稀罕商品征税，对于欧洲输入国政府而言是必不可少的一项事务。征税不仅涉及这些商品的进口，同样还涉及其在该国的销售和消费。作为近代欧洲最为重要的两个茶叶进口国，荷兰与英国在茶叶的进口税、销售及消费税的征收上是两个截然不同的代表。

虽然，荷兰据信是首个引入茶叶的欧洲国家，但该国对茶叶征税并不是欧洲国家中最早的。荷兰自开启亚洲贸易起，亚洲商品的进口即由荷印公司承担。17 世纪，荷印公司每年运回的亚洲进口商品除了极少部分因滞销而以固定价格出售给个别商人或商团，绝大部分是通过公开拍卖销售；18 世纪，荷印公司基本通过公开拍卖的方式销售茶叶及其他亚洲进口商品。荷兰政府自始对亚洲进口商品实行的税制就简单明了，其目的则是不干扰荷印公司商品的进口及再出口。经过长期摸索，1700 年前后荷印公司最终与荷兰政府达成一揽子协议。根据该协议，荷印公司每年为所有亚洲商品的进口向荷兰政府一次性缴付 30 万荷盾的现金税款，作为回报，荷印公司有权从亚洲进口尽可能多的商品，且公司所售商品如要再出口则无须重新缴税。随着时间的推移，协商的税款金额要么在贸易规模扩大时上调，要么在（1780 年后）公司经营衰落时下调，但税额与商品价值之间的比例始终保持在较低水平，约为 1%~2%。政府所收税款交由共和国的几个海军部门分配，作为军费以资助其战争舰队，而这些舰队又反过来为荷印公司舰船提供保护。这笔钱一半划给了阿姆斯特丹海军部，1/4 给了泽兰海军部，1/8 给了鹿特丹海军部。这些部门的舰队为进出港口的荷印公司商船提供保护，但仅限于欧洲海域。荷印公司在前往亚洲的航程中以及停留亚洲期间自行武装商船，确保免受可能遭遇的危险，这完全不同于活跃在大西洋海域更依赖于荷兰海军保护的荷兰商船。荷印公司以此与荷兰政府谈判，要求支付更低的税额。

由于荷印公司总部自己并不负责进口货物的销售，而是交由不同城市商会在其辖区内自主负责举行归属该商会的公司货物的拍卖，对荷印公司的销售征税变得更加复杂。由于共和国的联邦分权性质意味着这些不同的城市商会隶属于不同的地方行政当局，公司商品的销售及其征税的集中化成为不可能。荷兰政府也无化解这一复杂局面的意图，而是选择了专门针对荷印公司的将进口货物税制简单化，任何有关进口货物的消费税留待荷印公司拍卖会之后再行处理。

荷兰政府对茶叶征收消费税最早可追溯至 17 世纪 90 年代。1691 年 9 月，荷兰政府发布法令称，为抵抗法国入侵，荷兰政府已花费巨资武装军队和扩充战舰，从而导致荷兰国库消耗巨大。为此，荷兰政府不得不向其国民增收附加税。[1] 1692 年 3 月 15 日，新的税收办法正式开始实施，按其

---

[1] Jacobus Scheltus, *Groot placaet-boek, vervattende de placaten, ordonnantien ende edicten van de … Staten Generael der Vereenigde Nederlanden, ende van de … Staten van Hollandt en West-Vrieslandt, mitsgaders van de … Staten van Zeeland*, dl. 4, 's-Gravenhage: P. Scheltus, 1705, p. 713.

规定，"所有在自家屋子、花园或其他地方饮用咖啡、茶、巧克力、果汁、矿泉水、柠檬水或其他需要以水、乳浆或牛奶并配以鼠尾草或其他香料的类似饮料"的国民必须如实缴纳相应税款，那些涉足茶叶、咖啡及巧克力销售之人和以营利为目的在自家场所提供这些外来饮料之人则遵守相同的缴税规定。在 1733~1734 年针对各类外来消费饮品的征税公告中，该项规定被再次提及（参见图 4-1）。①

图 4-1　1733~1734 年荷兰对咖啡、茶、巧克力及其他外来饮料征税的公告

资料来源：Collectie Atlas van Stolk（CAS）3873。

---

① *Quotizatie biljet, op de coffy, thee, chocolate, &c.*, Collectie Atlas van Stolk 3873, Museum Rotterdam；Gerrit van Rijn en C. van Ommeren（eds.），*Atlas van Stolk te Rotterdam: katalogus der historie, spot- en zinneprenten betrekkelijk de geschiedenis van Nederland, verzameld door Abraham van Stolk*, dl. 5, Amsterdam：Frederik Muller & Co.，1901，p. 135.

根据荷兰人按贫富差距划分的税种，此附加税每年 6~15 盾不等。其后，在 1724 年又根据每户家庭的年收入按比例改为 4~15 盾不等。① 如果某人发誓，其在家独自或与其他人一起在过去的一年里从未饮用过上述任何饮料，那么他就可以免缴此税。据说，许多荷兰人递交了请愿，其理由是自己被划入太高的征税行列或他们由于捉襟见肘的境况而根本就不可能消费得起咖啡和茶叶。例外的是，根据 1693 年 3 月 31 日荷兰议会的一项决议，莱顿大学教授在茶叶、咖啡和巧克力消费上免缴此税。决议对此给出解释，即议会对莱顿大学教授所提诉求的回应。② 而至于教授诉求的具体理由，则不甚清楚。在乌特勒支，所有进入该省的咖啡、鹰嘴豆和茶皆被征收直接消费税。其中，1702 年的茶叶税为每磅 1 盾，1744 年则降为每磅 0.4 盾。毫无疑问，此项税收的减免与茶叶价格的急剧下降有着直接关联。

经销商比店主少缴茶叶销售税，但店主获准同时销售茶叶和咖啡时只需缴纳单份税额。根据 1776 年的一份政府法令，当时店主须依照其生意的业务量来缴纳茶叶销售税：年销售 2000 磅或以上缴 25 盾，年销售 1200~2000（不含）磅缴 15 盾，年销售 480~1200（不含）磅缴 6 盾，年销售 200~480（不含）磅缴 4 盾，年销售 200 磅以下缴 2 盾。③ 而到 1791 年，针对店主的征税标准更加细化：年销售 200 磅以下缴 2 盾，年销售 200~500（不含）磅缴 4 盾，年销售 500~1200（不含）磅缴 6 盾，年销售 1200~2000（不含）磅缴 15 盾，年销售 2000~3000（不含）磅缴 25 盾，年销售 3000~4000（不含）磅缴 31.1 盾，年销售 4000~5000（不含）磅缴 40 盾，年销售 5000~6000（不含）磅缴 50 盾，年销售 6000~10000（不含）磅缴 60 盾，年销售 10000~20000（不含）磅缴 80 盾，年销售 20000

① *Plakkaten 2237*（*1 oktober 1724*），Brabants Historisch Informatie Centrum（BHIC），'s-Hertogenbosch. 此税项根据每户家庭年收入按比例征收：年收入低于 4000 盾的缴 4 盾，年收入 4000~10000（不含）盾的缴 6 盾，年收入 10000~20000（不含）盾的缴 12 盾，年收入 20000 盾及以上的缴 15 盾。

② "Acta senatus anno 1693 rectore magnifico D. Philippo Reinhardo Vitriario," Philipp Christiaan Molhuysen（ed.），*Bronnen tot de geschiedenis der Leidsche Universiteit*，dl. 4，'s-Gravenhage：Nijhoff，1920，p. 109.

③ Plakkaten 1607（17 mei 1776），BHIC.

磅或以上缴 100 盾。[1] 荷兰政府关于茶叶销售税征收标准的变化，反映了上述时期内茶叶在荷兰的销售量随着时间的推移越来越大，从而说明荷兰人的茶叶年消费量不断增加以及饮茶现象逐渐普及。

然而需要指出的是，荷兰共和国对商品征收消费税，主要还是在城镇及地区层面实施。实际上，该国对亚洲进口商品征收消费税，是通过一个由地方当局自主决定的极其分散的税制进行。之所以如此复杂，一部分原因在于荷兰共和国所实行的联邦分权制，还有一部分原因则在于前文所述的荷印公司对商品销售所采取的商会负责拍卖制。

英国政府对自身金融利益的关注高于对外贸易利益，对亚洲进口商品的税制更为僵化。英国政府向茶叶征税也是早于正规的茶叶进口贸易，最早开始于 1660 年斯图亚特王朝复辟后的财政收入增加计划。[2] 茶叶是在咖啡馆被制成饮品销售时才被征税，而非在其作为国际贸易商品进入英国之际，也就是说茶叶的进口税被包含在了其销售价格中。根据 1660 年实施的英国议会法案，制作、销售咖啡被征内地税（inland duty，亦即消费税）每加仑 4 便士，制造并销售巧克力、冰冻果子露（一种由果汁、水和糖混制而成的冷饮）、茶水分别被征每加仑 8 便士。[3] 此后，茶叶被征税成为常态，其数额也随着时间的推移而逐渐增加。根据 1670 年的税法法案，上述饮料的消费税数额进一步增加，其中茶叶消费税率增至每加仑 2 先令，而征税方法如旧：按规定，茶叶作为一种液体被征税，而征税官因此每日需前往咖啡馆一次至两次，对馆内新泡制的茶水进行测量，再根据所测定的茶饮加仑量征税。待售茶水在征税官到来之前须被存入木桶中，等到测量完后出售时再次加热，这会对茶水的味道造成极大的破坏性影响。所以，这种税务员每次必须亲临现场测定茶水量的具体计税操作流程对零售商们而言，既麻烦又不公平。[4] 即使如此，此原始

---

[1] Plakkaten 2157（2 september 1791），BHIC.

[2] Robert Wissett，"Extracts from the Life of Mr. Anthony à Wood，" *A View of the Rise*，*Progress and Present State of the Tea Trade in Europe*，London：Jos. Banks，1801，pp. B4-C1.

[3] 该法案为 Act of 12 Charles Ⅱ，chap. 23 and 24。参见 W. Milburn，*Oriental Commerce*，vol. Ⅱ，p. 529。

[4] 该法案为 Acts of 22 and 23 Charles Ⅱ，chap. 5。参见 W. Milburn，*Oriental Commerce*，vol. Ⅱ，p. 530；C. H. Denyer，"The Consumption of Tea and Other Staple Drinks，" *The Economic Journal*，vol. 3，iss. 9，March 1893，p. 34。

征税实践还是沿用了将近 20 年才于 1689 年停止，并改为对茶叶征收每磅 5 先令的额外关税（additional customs duty）。

1690 年，经议会授权，英国政府对各类特殊进口商品追征附加税（additional duty），其中来自印度和中国的制成品，除了蓝靛和生丝，基本都被征税 20%，而这一适用于许多亚洲产品的规定此后延续了相当长时期。值得注意的是，茶叶此次得以豁免，因为其被认为并非严格意义上的制成品。该年，茶叶除了自亚洲直接进口，还被许可从荷兰凭证进口。1692 年，英国政府再推新税法规定，各类特殊进口商品或先前未被 1690 年税法涵括的商品再被从价追征 5% 的附加税，茶叶则在其列。税额应在 12 个月内按 4 个季度平均支付，并在相当于 10% 的税率后给予折扣，即按每年 6% 的税率即期缴纳。当上述货物再出口时，税额则全部退返。先前很少被公开登记的每磅 5 先令的额外关税被认为过重，因此降为每磅 1 先令。1696 年，英国政府经议会授权，根据茶叶的不同输入渠道修订茶叶税：获得海关专员许可后，若从荷兰进口则被征收每磅 2 先令 6 便士的新增税，若直接从其生长地进口则维持为每磅 1 先令，而若再出口时则退返 2/3 的税金。1698 年，再次根据议会新法案，对所有进口商品增收 5% 的税额，若再出口时则返还所有的税金。而 1703 年的税法法案有关茶叶的规定与 1696 年法案基本相似，除了茶叶再出口时所享受的折扣——所有税金全部返还。①

此后，随着各种战事的吃紧，英国政府又不得不逐步提升茶叶进口税的税率。1711 年，茶叶进口税再次回归高税率，即从茶叶生长地进口征收每磅 2 先令，自荷兰进口则征税 4 先令 10 便士。这一高税率状况一直延续至 1784 年减税法案出台，随后才急剧下降。根据资料，我们可以清楚地了

---

① 1690 年税法法案为 Act of 2 William and Mary，sess. 2，chap. 4（俗称 "Impost, 1690"）；1692 年税法法案为 Act of 4 William and Mary，chap. 5（俗称 "The Additional Impost, 1692"）；1696 年税法法案为 Act of 6 and 7 William Mary，chap. 7 sect. 2；1698 年税法法案为 Act of 9 and 10 William Ⅲ，chap. 23（俗称 "New Subsidy"）；1703 年税法法案为 Act of 3 and 4 Anne，chap. 4。参见 W. Milburn, *Oriental Commerce*, vol. Ⅱ, pp. 530-533; John Macgregor, *Commercial Tariffs and Regulations, Resources, and Trade of the Several States of Europe and America Together with the Commercial Treaties between England and Foreign Countries*, part 23, London: Printed by Charles Whiting, Beaufort House, 1849, pp. 298-299。

解 18 世纪初至 19 世纪初英国茶叶关税的税率，而且其与茶叶进口数量有着密切的关联。

1708~1712 年，英国市场上销售的茶叶数量为年均 136088 磅，其销售均价为每磅 16 先令 2 便士，总税额占比净价为 36%（免付关税）。1713~1721 年，茶叶销售数量为年均 290276 磅，销售均价为每磅 12 先令 11 便士，税额占比净价为 82%。1722~1723 年，茶叶销售量升至年均 919628 磅，销售均价降至每磅 7 先令 6 便士。但是，税额并未相应地做出下调，积极逃税的行为大大增加，税额占比净价攀升至 200%。① 1723 年，罗伯特·沃波尔（Robert Walpole）出任英国首相的第三年经议会授权颁布法令，② 规定再次针对用于英国国内消费的茶叶、咖啡、巧克力等进口商品征收每磅 4 先令的消费税，其征税点与国内经销批发商购买此类商品的相同。③

1724~1733 年，茶叶销售量为年均 724246 磅，销售均价降为每磅 6 先令 9 便士，税额占比净价下移到 84%。1734~1744 年，英印公司的国内茶叶销售量年均达 1519291 磅，销售均价再下滑为每磅 4 先令 2 便士，税额占比净价上探至 128%。其中，1731~1734 年各类茶叶在英国的售价如下（见表 4-1）。④

---

① 受到向英国走私茶叶所获高额利润的诱惑，18 世纪初奥斯坦德商人在德皇支持下加强了对英国的茶叶走私。为了应对欧洲大陆向英国大量走私茶叶这一局面，1721 年英国政府取消了允许从荷兰进口茶叶的许可证，同时英印公司加大茶叶进口量，并大幅度降低销售价。这一实践的直接后果就是，1722~1723 年英国合法进口的茶叶数量猛增，而其销售价格也陡降。但是，由于没有相应减少税收数额，因此税率攀升至 200%。参见 J. Macgregor, *Commercial Tariffs and Regulations*, p. 299。
② 该税法法案为 "The Excise Act"（10 Geo. I, chap. 10）。参见 Paul Langford, *The Excise Crisis: society and politics in the age of Walpole*, Oxford: Oxford University Press, 1975, p. 32。
③ Dorothy Marshall, *Eighteenth Century England*, London: Longmans, Green & Co., 1962, p. 164; P. Langford, *The Excise Crisis*, pp. 31-33; J. V. Beckett, "Land Tax or Excise: the levying of taxation in seventeenth- and eighteenth-century England," *English Historical Review*, vol. 100, iss. 395, 1985, p. 303; Willam J. Ashworth, *Customs and Excise: trade, production, and consumption in England, 1640-1845*, Oxford: Oxford University Press, 2003, pp. 63-65, 69, 76; Peter Linebaugh, *The London Hanged: crime and civil society in the eighteenth century*, London: Verso, 2003, p. 178。
④ W. Milburn, *Oriental Commerce*, vol. II, p. 537.

表 4-1 1731~1734 年各类茶叶在英国的售价

单位：先令

	1731 年	1732 年	1733 年	1734 年
武夷（尚好）	12~14	10~12	9~11	10~12
武夷（普通）	9~10	9~10	7~8	9~10
工夫	12~16	10~14	10~14	10~14
白毫	16~18	13~14	9~14	14~16
绿茶（尚好）	12~15	10~13	8~12	9~12
贡绿	13~14	11~12	10~16	9~12
熙春	30~35	30~35	24~28	25~30

资料来源：W. Milburn, *Oriental Commerce*, vol. II, p. 537。

在此期间，欧洲大陆对英国的茶叶出口走私严重影响了英国的国库收入。为了打击茶叶进口走私，英国议会下院于 1745 年成立了一个专门委员会进行调查，并通过了一项立法，即将茶叶消费税从原先的每磅 4 先令降为 1 先令及 25% 从价销售毛额，并决定废止所有的茶叶退税。通过这一法案的实施，1745~1747 年英国茶叶销售量扩大为年均 1756593 磅，而销售均价略升至每磅 4 先令 10 便士，但税额占比净价却降为 69%。1747 年，为了为战争提供物资，所有进口货物被课以 5% 的额外补税。1748~1759年，茶叶销售量再攀至年均 2558081 磅，销售均价上触及 5 先令 5 便士，税额占比净价抬高到 75%。1759 年，所有进口货物被再征 5% 的额外补税。

1760~1767 年，茶叶销售量续涨到 4333276 磅，销售均价跌至 4 先令 8 便士，税额占比净价随着上涨达 90%。1767 年，由于英印公司预计国内正规市场拥有足够的消化量而大批进口茶叶，手中的存货达到 1500 万磅。最终，英印公司与英国政府达成一致，同意在随后 5 年里所有的红茶和松萝免征 1 先令的消费税，返还所有出口至爱尔兰及北美殖民地的茶叶所征关税；而若此时期英国政府的税收少于前 5 年的金额，英印公司将予以补偿，此即所谓的赔偿法案（Indemnity Act）。而实际后果是，1768~1772 年英国茶叶销售量为年均 8075794 磅，但销售均价跌至 3 先令 5 便士，政府税收则减少了 483049 镑。英印公司需要向英国政府补偿这笔款项，此外还包括茶叶买家已经支付的 203350 镑。在此期间，出口的茶叶数量从退税的备抵来看总计 6552285 磅或年均 1310457 磅，而此前 5 年的出口量仅为

2802476 磅或年均 560495 磅。这一时期内，在消费税下降的同时进口税额占比净价也下跌了，为 64%。英国政府决定对所有出口到北美殖民地的茶叶开征 3 便士的关税。1772 年，赔偿法案到期，英国政府随即恢复了每磅 1 先令的消费税，同时出口爱尔兰和北美殖民地的茶叶退税标准改为关税金额的 60%。由于英印公司手中聚集了大量的茶叶库存，英国政府颁布法令允许该公司将茶叶运往北美殖民地，仍在海上的部分免关税，而所有出口北美的已付茶叶关税都可获得退税。在此法令的推动下，英印公司向波士顿、纽约、费城和南卡罗来纳分别运输了一批茶叶。这在一定程度上引起了不可避免的贸易竞争，最终导致北美殖民地与宗主国的分离。①

　　1773~1777 年，英国茶叶销售量降为年均 5559007 磅，但销售均价与前 5 年接近，为每磅 3 先令 4 便士，税额占比净价为 106%。1777 年，出口爱尔兰的茶叶获返全额关税。1778~1779 年，茶叶销售量略升为年均 5751861 磅，销售均价微涨至 3 先令 7 便士，税额占比净价为 100%，其中，1779 年的茶叶关税及消费税净额被加征 5%。

　　1780~1781 年，茶叶销售量再升至年均 6291348 磅，销售均价略同于前 5 年，为 3 先令 8 便士，税额占比净价为 106%。1781 年，关税折扣与退税被取消，消费税被额外征 5%。1782 年，茶叶销售量为 6283614 磅，销售价位是 3 先令 11 便士，税额占比净价为 105%。该年，茶叶关税及消费税净额再被加征 5%。1783 年，英国市场上售出 5857883 磅茶叶，均价达 3 先令 10 便士，税额占比净价为 114%。1784 年，税额占比净价再探至 119%。这也成为税率峰顶，自此急剧下滑。

　　1785 年，茶叶销售量飙升至 15081737 磅，税额占比净价为 12.5%。随后各年份的销售量逐渐增加。1786~1794 年，销售量为年均 16964957 磅，税额占比净价低至 12.5%。1795 年税额占比净价升为 20%，而 1795~1796 年的销售量达年均 19929258 磅。1797 年，所有售价为每磅 2 先令 6 便士及以上的茶叶税额占比净价为 30%，而售价为每磅 2 先令 6 便士及以上的茶叶销售量为 14937404 磅，售价为每磅低于 2 先令 6 便士的销售量为 3138702 磅，总计 18076106 磅。1798 年，茶叶税额占比净价保持在 30%，而 1798~1799 年茶叶销售均价为 2 先令 6 便士及以上的年销售量达

---

① 　W. Milburn, *Oriental Commerce*, vol. II, p. 538.

19541537 磅，销售均价低于 2 先令 6 便士的年销售量为 3921899 磅，共计 23463436 磅。①

1800 年，售价低于每磅 2 先令 6 便士的茶叶税额占比净价为 20%，而售价为每磅 2 先令 6 便士及以上的则为 40%。该年，售价为每磅 2 先令 6 便士及以上的茶叶销售量为 20970860 磅，售价为每磅低于 2 先令 6 便士的销售量为 2422785 磅，合计 23393645 磅。1801 年，茶叶税额占比净价变为 50%，而售价为每磅 2 先令 6 便士及以上的茶叶销售量为 20672215 磅，售价为每磅低于 2 先令 6 便士的销售量为 3865398 磅，总共 24537613 磅。1803 年，售价低于每磅 2 先令 6 便士的茶叶税额占比净价为 65%，而售价为每磅 2 先令 6 便士及以上的则为 95%。1806 年 5 月，鉴于此前茶叶税的征收模式不利于茶叶销售，英国政府决定对茶叶征税方式实行均化。新的替代方案，是征收 6% 的关税、45% 的永久性消费税以及 45% 的临时税或战争税，合为茶叶税 96%。

总而言之，1711～1793 年茶叶销售总共为英国政府税收贡献了 45110653 镑，1794～1810 年对茶叶所征消费税为 29309643 镑，关税为 2597184 镑（占对华贸易所得关税的 80%）。在上述 100 年里，茶叶合计为英国国库带来了 77017480 镑的收入。②

关于茶叶消费税的征收方式，英国有着一套较为成熟的实践模式。根据政府授权，英印公司在关栈存储茶叶时，无须为茶叶的国内消费缴税。该仓库完全受国内消费税务局官员监视，经销商运送茶叶及定期清仓皆在其监督下进行。③ 经销商在英印公司拍卖会上买下茶叶后，在真正意义上拥有所购茶叶之前，还得根据所记录的茶叶净重向消费税务局官员缴税。④ 与此同时，茶叶经销商与零售商之间的交易也必须在消费税务局官员的监督下进行，这主要是为了在内地最大限度地减小茶叶走私的规模，如同海关官员在边境所行之责。但相比较而言，在打击茶叶走私方面，因为可以

① W. Milburn, *Oriental Commerce*, vol. Ⅱ, pp. 539-541.

② W. Milburn, *Oriental Commerce*, vol. Ⅱ, pp. 541-542; J. Macgregor, *Commercial Tariffs and Regulations*, pp. 299-305.

③ H. Mui and L. H. Mui, *The Management of Monopoly*, p. 32.

④ H. Mui and L. H. Mui, "'Trends in Eighteenth-century Smuggling' Reconsidered," *Economic History Review*, new series, iss. 28, 1975, p. 33.

跟踪国内茶叶经销网络,消费税务局官员能够比仅控制着入境口岸的海关官员更适合开展工作。① 根据沃波尔消费法相关条款的规定,所有药商、杂货商、咖啡馆及巧克力馆老板,以及每个咖啡、可可豆、茶叶经销商皆被要求向所在地的消费税务部门申报在其住地可能用来存放商货的所有仓库、堆栈、房间、店铺、地下室及其他地点。税务官员有权在白天进入上述已登记在案的任何地点,并检查、核对本部门有关茶叶流动的记录与茶叶供应商和消费者所提供的记录是否一致。

在伦敦、英格兰中部及南部地区,经手茶叶者既包括英印公司职员、大茶叶经销商,也包括各城乡的小茶叶零售商或杂货商,都受到英国消费税务局的严密监视。在伦敦,茶叶经销批发商业务活动的规律性内容之一,就是接待定期到访估量现存被课税货物数量的税务官,而他们在执行公务时须按规定随身携带工作指导手册,其中详细列述了收税官对库存簿正确记录的方式和书写时所应使用的正确缩写形式,以及在与商户交流时所必备的恰当言行举止。当然,这些指导手册的内容会随着有关税收立法的不断变化而更新修订。② 收税官按要求精确记录其造访的商户,并校正存放在当地税务办公室的库存簿。监督员会对这些记录与其他收税官换回来的记录进行核对,以便发现是否有个别收税官存在欺诈行为,从而起到监督收税官的作用。③

第二节 茶叶走私

18 世纪见证了茶叶在荷兰、英国等地从被少数上层社会享用的奢侈饮品普及为几乎各社会阶层享用的日常饮品这一过程。18 世纪上半叶,荷印公司和英印公司商船返航货物的重点即已转移至茶叶,且茶叶品种比重也从昂贵、上等的向廉价、次等的倾斜。饮茶在欧洲普及的过程有一显著特点:一

---

① P. Langford, *The Excise Crisis*, pp. 26-28.
② 1724 年,伦敦收税官的工作指导手册名为 " Instructions to be Observed by the Officers Employ'd in the Duty on Coffee, Tea, and Chocolate, in London"。参见 Miles Ogborn, *Spaces of Modernity: London's geographies, 1680-1780*, New York: Guilford Press, 1998, p. 194; Markman Ellis, Richard Coulton, Matthew Mauger and Ben Dew (eds.), *Tea and Tea-table in Eighteenth-century England*, vol. Ⅲ, London: Pickering & Chatto, 2010, pp. 7-15。
③ M. Ellis et al., *Empire of Tea*, pp. 164-165.

方面，随着饮茶在英国的日趋普及，茶叶在英国的消费量不断攀增；另一方面，欧洲大陆各主要国家积极从事茶叶贸易，进口的茶叶数量持续增加，但饮茶习俗并未在所有国家广泛流行，只是在作为一个特例的荷兰较为普及。

整体而言，近代欧洲茶叶进口数量稳步增长。1719~1725 年，英国进口茶叶年均 6891 担，超过了欧洲大陆各国进口的总年均 5854 担。这一状态在随后数十年里发生逆转。1741~1748 年，英国进口茶叶年均 14863 担，远远低于同时期欧洲其他各国的年均进口总量 46844 担，多于丹麦的 13248 担，不及荷兰的 15133 担。18 世纪中叶开始，虽然英国茶叶进口量仍然逊于欧洲大陆诸国进口量的总和，但其已超过欧洲大陆任何国家的单一进口量。1770~1777 年，英国茶叶进口量年均 52262 担，而欧洲大陆诸国进口总量年均 101187 担，其中茶叶贸易规模最大的荷兰进口量年均 34818 担。[①]

欧洲的茶叶贸易是全球货物和资本流动的一部分，而中国茶叶在欧洲的消费则集中在非常特定的区域。欧洲大陆除饮茶习俗较为普及的荷兰外，在其他主要虽为茶叶贸易国但饮茶习俗并未真正广泛流行的几个国家中，茶叶消费市场根本满足不了其庞大的茶叶进口量。可想而知，其进口的茶叶除了少部分被国内消化，大部分都通过种种途径进行再出口而流向其他消费市场。我们知道，荷兰是欧洲茶叶消费的一个重要支柱，但其国土面积小，消费人口相对少。作为欧洲大陆最大的茶叶输入国，荷兰进口的茶叶事实上不可能全部实现内部消化，很大一部分也被再出口。作为欧洲最大的茶叶消费国，英国有着庞大的茶叶消费市场，但英印公司的茶叶进口量长期满足不了其国内消费市场。因此，该国便成为欧洲大陆各国茶叶再出口的最终归宿，而这些茶叶则绝大部分是通过走私进入英国的。参与向英国走私茶叶的欧洲大陆国家主要包括荷、法、瑞、丹等国。如第三章所述，这些国家都或早或晚地成立了规模较大的亚洲贸易公司，也非常重视并积极开展对华贸易。据估算，1721 年英、荷、法等国对华贸易公司及奥斯坦德公司总共进口了 410 万磅茶叶，其中由英印公司在伦敦拍卖销售的为 282861 磅，留在欧洲大陆的为 3817139 磅，但其中绝大部分又通过各种途径流入英国。[②] 当然，茶叶走

---

① Anonymous, *Advice to the Unwary*, p. 5；刘章才：《英国茶文化研究（1650~1900）》，第 178 页。

② W. Milburn, *Oriental Commerce*, vol. Ⅱ, p. 536.

私的具体数量难以被准确追踪。而 1745 年的一份报告显示，在英国消费的
走私茶叶数量是合法销售茶叶数量的 3 倍，即 100 万磅合法茶叶被销售的
同时就有 300 万磅走私茶叶被售出。[①] 仅在萨福克（Suffolk）海岸一地，
自 1744 年 5 月至 1745 年 1 月就有不少于 382144 磅茶叶被非法进口。[②]
1773 ~ 1782 年，从中国出口到欧洲的茶叶有将近 3/4 是在英国消费的，尽
管低地国家（荷文为 Lage Landen，译作"尼德兰"）[③] 也是欧洲茶叶消费
不可忽视的区域之一。[④] 该时期，有 750 万磅茶叶被从欧洲大陆走私到英
国，而当时正常贸易的进口量也才 500 万磅。[⑤]

　　走私到英国的茶叶有多重来源。欧洲大陆各国商人遵循着各自的特殊
渠道从四面八方将茶叶走私到英国的不同区域，尽管没有任何一方对自己
所专属的走私路径提出过正式声明。1744 年，一份仅含 20 余页的出版物
指出，"大量的茶叶从瑞典和丹麦进入北部，被大批存放于马恩（Man）
岛，再从那儿运至西部港口和威尔士，此外还有巨量的茶叶从荷兰以及不
少的茶叶从法国运往威尔士"。[⑥] 具体而言，只要航海条件许可，一部分茶
叶直接从瑞典和丹麦走私到苏格兰西部和东部海岸以及爱尔兰；法国的茶

①　William Alan Cole, "Trends in Eighteenth Century Smuggling," *The Economic History Review*, vol. 10, iss. 3, 1985, p. 397.

②　Henry Phillips, *History of Cultivated Vegetables*: comprising their botanical, medicinal, edible, and chemical qualities; natural history; and relation to art, science, and commerce, vol. Ⅱ, London: Henry Colburn and Co., 1822, pp. 294–295.

③　低地国家是指西北欧构成下莱茵河（beneden-Rijn）、下马斯河（beneden-Maas）和谢尔德河（Schelde）集水区的沿海低地平原区域，其范围主要包括现在的荷兰、比利时、卢森堡 3 国疆域，俗称"尼德兰"，自 16 世纪始成为通用名称。参见 J. A. Kossmann-Putto and E. H. Kossmann, *The Low Countries*: history of the Northern and Southern Netherlands, Rekkem: Flemish-Netherlands Foundation, 1987; Johathan Israel, *The Dutch Republic*: its rise, greatness, and fall 1477–1806, Oxford: Oxford University Press, 1995。

④　W. A. Cole, "Trends in Eighteenth Century Smuggling," *The Economic History Review*, vol. 10, iss. 3, 1985, p. 396; Anne E. C. McCants, "Exotic Goods, Popular Consumption, and the Standard of Living: thinking about globalization in the early modern world," *Journal of World History*, vol. 18, iss. 4, 2007, pp. 433–462.

⑤　H. Mui and L. H. Mui, "'Trends in Eighteenth-century Smuggling' Reconsidered," *Economic History Review*, new series, iss. 28, 1975, p. 29; Victor H. Mair & Erling Hoh, *The True History of Tea*, London: Thames & Hudson, 2009, p. 183.

⑥　John Mackmath, *Considerations on the Duties upon Tea, and the Hardships Suffer'd by the Dealers in That Commodity, Together with a Proposal for Their Relief*: collected from the champion, and publish'd at therequest of the tea-dealers, London: Printed for M. Cooper, 1744, p. 5.

叶主要销售中心是洛里昂和南特，走私茶往往再被送至根西（Guernsey）岛和泽西（Jersey）岛后偷运进英国，而罗斯科夫（Roscoff）于 18 世纪 60 年代末成为向英格兰东部、南部及西部海岸输送茶的主要港口之一；荷兰的秘密走私路径可能存在多条，但主要是从泽兰输运至英格兰东部海岸萨福克郡和诺福克（Norfolk）郡，而荷兰又是向英国走私茶叶极为重要的主市场。显然，大陆的茶叶走私商们在选择这些走私路线时，充分利用了英吉利海峡岛屿和马恩岛。作为向英国走私违禁茶叶的战略转口港，这些区域不受英国海关的管辖。① 英印公司商船的船员们本身也通过自家商船走私了相当一部分茶叶到英国，基本是在英印公司商船抵达伦敦前被转卖给走私者的。此外，走私进入英国的茶叶还可以来源于为了获取退税而由英国再出口至其他国家的茶叶，它们在出口以后再被走私商重新输入英国。

以"荷兰茶叶"为例。部分荷印公司进口的茶叶经拍卖后又被荷兰茶叶经销批发商重新出口至欧洲其他国家和地区，尤其是饮茶习俗在更多欧洲国家传播开来的 18 世纪后半期，② 此时期也是饮茶习俗在英国真正广泛普及的时期。在欧洲大陆，其输出对象区域主要为南部的布拉班特（Brabant）、佛兰德斯（Flanders）和埃诺（Hainaut），马斯河、莱茵河沿岸，北部的奥斯特弗里斯兰、普鲁士及其他有消费但未直接从中国进口茶叶的国家，③ 以及同时通过陆路经中国北方输入茶叶的俄国。④ 尽管如此，荷兰进口茶对欧洲大陆的再出口仍然数量有限。反之，存在着大量茶叶走私进口的英国却是荷兰茶叶再出口的最大客户。茶叶走私的最重要原因，

---

① Louis Dermigny, *La Chine et l'Occident : le commerce à Canton au XⅧe siècle, 1719-1833*, vol. Ⅱ, Paris : S. E. V. P. E. N., 1964, pp. 660, 673-674, 677-678; Johannes de Hullu, "Over den Chinaschen handel der Oost-Indische Compagnie in de eerste dertig jaar van de 18e eeuw," *Bijdragen tot de taal-, land- en volkenkunde van Nederlandsch-Indië*, dl. 73, 1917, p. 105; H. Mui and L. H. Mui, "Smuggling and the British Tea Trade before 1784," *The American Historical Review*, vol. 74, iss. 1, 1968, p. 50.

② F. J. A. Broeze, "Het einde van de Nederlandse theehandel op China," *Economisch- en Sociaal-Historish Jaarboek*, dl. 34, 1971, p. 131.

③ P. H. van der Kemp, *Oost-Indië's geldmiddelen : Japansche en Chineesche handel van 1817 op 1818 : in- en uitvoerrechten, opium, zout, tolpoorten, kleinzegel, boschwezen, Decima, Canton*. 's-Gravenhage: Nijhoff, 1919, pp. 299-302.

④ 俄国政府及私人商队都参与了对华茶叶贸易，但 1762 年随着前者的退出，私人商队开始控制该贸易。Zhuang Guotu, *Tea, Silver, Opium and War : the international tea trade and western commercial expansion into China in 1740-1840*, pp. 142-146.

是茶叶合法输入英国被征高税：至少为其价值的 80%，但通常超过 100%。在 18 世纪 80 年代后半期能够满足国内茶叶市场的需求之前，英印公司在相当长一段时期内无法输入足够的茶叶，来自欧洲大陆的茶叶因此可以在英国赢得丰厚利润。其中，在伍特集团（Jan Jacob Voute & Zoons）的领导下，荷兰茶叶经销商团熟练地利用英印公司的这一不足，通过向英国市场提供茶叶积累了大量资本。1784 年，他们控制了欧洲大陆的一半货源，英印公司被迫以高价向其采购。次年，该商团的供货量甚至更多，几乎控制了整个欧洲茶叶市场。1786 年 2 月，阿姆斯特丹茶商向英印公司出口 800 万磅茶叶，占英国茶叶进口量的近 40%。① 虽然荷兰商人向英国出口了大量茶叶，但他们由于向欧洲输入了不被其他国家所认可的"品质最差的茶叶"而声誉不佳。在一份有关"荷兰茶"的商业谚语中曾提到，"荷兰茶"已成为品质差、不适合英国人口味的所有茶叶的代名词。②

英法七年战争是英国茶叶走私的一个重要分水岭。战争前，走私帮派横行且活动十分猖獗，但相对来说走私方式简单粗暴，组织纪律性也差。法国人自 1720 年始走私茶叶到英国，此非法贩运随后便愈发猖獗，上百匹驮着茶袋的马已司空见惯，苏塞克斯（Sussex）郡的农民甚至不敢阻止他们通过自己的田地。那些茶叶走私团伙极其凶悍，以致被怀疑是告密者或以任何方式触犯他们在苏塞克斯都是一件十分危险的事情，就如同在西班牙招致宗教裁判所官员的猜疑那样。③ 一份 1733 年的报告曾描述了英国著名走私犯加布里埃尔·汤姆金斯（Gabriel Tomkins）从荷兰走私茶叶至英国的过程：其通常租船到荷兰南部的泽兰省购买茶叶，然后再驾着载满茶叶的船驶抵英国肯特（Kent）、苏塞克斯等郡的沿海地区卸货。上岸后，茶叶由 10~12 人组成的武装团队护送至伦敦附近，并将其存藏在早先租好的房屋内。接着，再用马匹将茶叶运进城里，每匹马可驮 100~200 磅。最后，走私团伙直接或通过中间人将茶叶分送至包销商、店主或沿街小贩。④ 一般而言，大部分的茶叶走私

① F. J. A. Broeze, "Het einde van de Nederlandse theehandel op China," *Economisch- en Sociaal-Historish Jaarboek*, dl. 34, 1971, p. 134.
② "Memorial on Smuggling," 12 March 1784, Public Records Office (PRO) 30/8/354, National Archives, Kew, foli. 247.
③ H. Phillips, *History of Cultivated Vegetables*, vol. Ⅱ, p. 294.
④ K. Glamann, *Dutch Asiatic Trade*, p. 228.

团伙资金少，业务量较少，信誉度不高，所拥有的走私船多为小帆船或快划艇，每次走私的茶叶数量仅 2~3 吨；走私分子通常没有武装，即便有的话也只是棍棒、刀剑及少数火器等轻型武具。①

但即便如此，走私分子仍然对沿海海关和税务办公人员造成非常大的威胁，使其成为暴力袭击的目标，甚至丢失性命。1723 年 12 月，驻守在萨福克郡河港镇伍布瑞奇（Woodbridge）的官员在执法没收走私货物时，遭到 30 多名骑着马挥着棍棒的走私分子的袭击。而 8 年后同样在伍布瑞奇，缉私执法人员面对的袭击武器则已变成了大鞭子和手枪。1726 年 4 月，诺福克郡北部海岸的小港镇威尔斯（Wells）的 2 名缉私官员也是在准备缉收茶叶及白兰地等货物时，遭到一群走私分子的棍棒袭击，并被其击倒在地，遭到残暴践踏，茶叶也被掠走。同年底，海关稽查人员在泰晤士河入口登上一艘走私船准备强卸 1700 磅茶叶时，遭到走私分子的粗暴推搡阻挠。② 一份 1733 年的政府调查报告显示，在过去 10 年里，250 名官员曾遭到殴打、虐待并受伤，还有 6 人在执法办公时被杀害。③

18 世纪 40 年代也是茶叶走私活动的猖獗峰值期。1744 年，苏塞克斯郡西部临海城市肖汉姆（Shoreham）的一名海关官员被茶叶走私分子劫持，并与其他两名告发者一起被绑在树上遭鞭挞，最后还被遗弃在与英国处于交战状态的法国海岸上。1745 年，3 名海关人员在埃塞克斯（Essex）郡的格林斯特德格林（Greenstead Green）村遭茶叶走私分子袭击抢劫。④而这一时期，名声最响的茶叶走私团伙则属霍克赫斯特帮（Hawkhurst Gang）。霍克赫斯特帮以肯特郡霍克赫斯特村的名字命名，1735~1749 年参与了整个英格兰东南部的走私活动，其间为方便走私甚至修建了完善的地道网络。但随着影响力的日增及走私规模的扩大，后来一度被迫弃用地

---

① R. Moxham, *Tea*, p. 25.

② "An Account of the Particular Instances of Frauds Which have Come to the Knowledge of the Commissioners of the Customs Relating to Tea and Brandy in London and the Out Ports with the Proceedings Which have been Had Thereupon," *Treasury Papers T 64/149*, National Archives, Kew, p. 20.

③ "The Report of the Committee Appointed to Inquire into the Frauds and Abuses in the Customs," *House of Commons Parliamentary Papers*, Parlia-mentary Archives, House of Parliament, London, 1733, p. 610.

④ R. Moxham, *Tea*, p. 9.

道而在白天公开活动。作为 18 世纪上半期最臭名昭著的帮派，其影响力甚至从位于肯特郡的基地霍克赫斯特村扩展至多赛特（Dorset）郡，是当时极少有的组织严密的走私团伙。①

1746 年，霍克赫斯特帮与另一个同样声名狼藉的帮派温纳姆帮（Wingham Gang）合伙走私了 21 吨茶叶，结果中途被后者出卖而生意受阻。后来，在一次将茶叶从船上搬运到马背上的过程中，双方发生冲突，温纳姆帮受损败走，霍克赫斯特帮势力大增。1747 年 9 月 22 日，海关人员在多赛特附近海岸通向霍克赫斯特帮所在地的走私船上，捕获了装在帆布袋中用油布裹着的 82 包共计 2 吨属于霍克赫斯特帮与另一个小帮派的走私茶叶。该年 10 月 8 日凌晨，气急败坏的走私团伙成员突袭了多赛特郡的普尔（Poole）征税所，抢走茶叶但留下了其他走私物品。这是首次出现走私分子袭击英国海关的嚣张行为，影响十分大。对英国政府而言，如不及时制止，后果将极其严重。于是，英国海关当局悬赏重金 500 英镑，经过多方努力抓捕了该帮首领并将其绳之以法。② 英国民众听到茶叶走私团伙夜袭普尔征税所仓库时，并未感到恐慌和惊骇，反倒是眉飞色舞地谈论这一事件，由此可见民众对走私团伙及其活动的态度。而事实上，多数情况下走私者得到了民众一定程度的同情甚至支持，因为他们想要获得茶叶及其他走私货物，但却不想支付被认为过高的税额。所以说，民众的默认和宽容一定程度上鼓励了茶叶等进口货物的走私。

英法七年战争导致欧洲大陆茶叶进口减少，暂时抑制了茶叶走私。但战争结束后，随着欧洲对华茶叶贸易规模的扩大，茶叶走私数量也相应地出现大幅度的增加。18 世纪后半期是饮茶在英国真正普及的时期，尝试饮茶的民众越来越多，其中相当一部分人还养成了经常饮茶的嗜好。消费者对茶叶的需求大增，但英印公司的茶叶进口规模并未跟上这一形势，且英国大众购买力难以承受的税后合法进口茶叶基本满足不了该需求，这一时代背景成为茶叶走私贩运繁荣发展的有利条件。特别是从 18 世纪 70 年代开始，茶叶走私活动取得了更进一步的发展。虽然仍有些许单打独斗的本

---

① Viv Croot, *Salacious Sussex*, Alfriston：Snake River Press, 2009, pp. 16-17.
② Mary Waugh, *Smuggling in Kent and Sussex 1700-1840*, Berks：Countryside Books, 1985, pp. 141-142；V. H. Mair & E. Hoh, *The True History of Tea*, pp. 177-178；R. Moxham, *Tea*, pp. 10-12.

地走私者存在，但更多的走私活动已按新模式进行，即在很大程度上由拥有强大势力的富有商人以有组织的违法活动取代。① 他们拥有组织性极强的武装力量，以及装配重武器、载重量较大的快速帆船，在购买货物的时候直接以现金或者采用以物易物（甚至是被禁止出口的羊毛）的办法进行支付。② 这些武装走私团伙主要活动于英格兰、威尔士及苏格兰等沿岸海域，以南英格兰海岸区域最为猖獗，因为这里拥有更多曲折蜿蜒的海岸线，沿线分布着众多的狭小港湾。这些特殊的地理条件非常方便走私船舶活动和躲藏，而不利于政府缉私行动的开展。

茶叶走私的规模也相当大，有些走私船舶重达 300 吨，配有 80 名船员和 24 门大炮，能够装载 4000~5000 加仑的朗姆酒或白兰地，另加 4 万或 5 万磅的茶叶。如此大的交易量使得走私商被欧洲大陆供货方允许一个季度甚至半年的赊欠款，并且还能够向某些银行投保。③ 走私商除了具有很强的组织性，还经过多年精心经营在社会上建立起一套成熟的经销网络，社会各阶层不同程度地涉入其中。如在英格兰东部的诺福克（Norfolk）郡，走私商的销售手段已被人熟知。譬如夜深之时，若有人轻叩门窗，常常表明当地走私分子前来交货。1777 年 3 月 29 日，居住此地的詹姆士·伍德福德（James Woodforde）神父曾在日记中提及，一位走私分子"今晚约 11时给我捎来了一袋 6 磅重的熙春茶。我们正准备上床休息时，他在客厅窗户下吹了声口哨，吓了我们一跳。我送了他一些杜松子酒，并按每磅 10 先令 6 便士付了他茶款，……，总计 3 磅 3 先令"。④

用船将茶叶走私贩运进英国的方法多种多样，归纳起来主要有以下几种。办法一，就是将作为干货的茶叶装入特制的木箱以适合船骨间的空间，然后再被船带入；办法二，就是将茶叶装入船员所穿戴的斗篷内，或在如渔民和领航员所使用的那种大衣或衬裙裤内从肩膀上悬挂下来；办法

---

① H. Mui and L. H. Mui, "Smuggling and the British Tea Trade before 1784," *The American Historical Review*, vol. 74, iss. 1, 1968, p. 45.

② Anonymous, *Advice to the Unwary: or, an abstract of certain penal laws now in force against smuggling in general, and the adulteration of tea; with some remarks*, London: Printed by E. Cox, and sold by G. Robinson, 1780, p. 3.

③ R. Moxham, *Tea*, p. 26.

④ John Beresford (ed.), *The Diary of a Country Parson: the reverend James woodforde, 1758-1781*, London: Humphrey Milford, Oxford University Press, 1924, p. 201.

三，就是藏在走私船员所穿的防水油布外套和裤子里。直到 19 世纪 30 年代，上述办法都仍在使用。① 办法一更适用于茶叶走私船的大批量运送，而办法二和办法三似乎更便于单独行动的走私分子使用。由于茶叶质地轻且容易被压缩，走私者随身携带不会觉得过于沉重。配上一整套这样的行头，茶叶走私客一次就可以夹带 30 磅的茶叶（参见图 4-2）。②

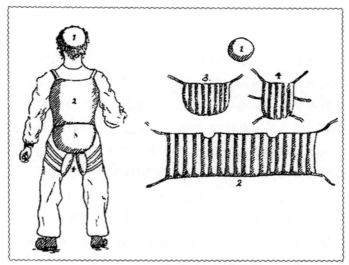

图 4-2　19 世纪 30 年代英国茶叶走私者使用的穿戴式走私行头

资料来源：H. N. Shore, *Smuggling Days and Smuggling Ways*, p. 244。

至于茶叶岸上走私运输的方式，18 世纪中叶之后出现了与以前不一样的变化。对于走私团伙而言，将茶叶从船中卸上岸后，老式的走私帮派可能依旧沿用武装押运的方式，而新型团伙面对需要运送的大批茶叶，则采用一种复杂而隐蔽的全新方式。根据英国法律的规定，销售者之间每移动 6 磅以上的茶叶须得到官方的许可，否则将会遭到严惩。③ 走私分子们为了

①　Henry N. Shore, *Smuggling Days and Smuggling Ways*; *or the Story of a Lost Art*, London: Cassell & Co., Ltd., 1892, pp. 242-243.

②　H. N. Shore, *Smuggling Days and Smuggling Ways*, p. 244.

③　Henry Mackay, *An Abridgement of the Excise-laws*, *and of the Customs-laws Therewith Connected*, *Now in Force in Great Britain*, Edinburgh: Printed for the author, and sold by him, C. Elliot, and T. Cadell, 1779, p. 318.

回避这一法律硬性规定而使出种种手段，常常将大批茶叶拆分成每份不到6磅的包装运输，但更多的是通过不同商家之间的虚假转移运送，或是将走私茶叶混入合法茶叶而使之合法化，从而使检查官员很难辨别被走私的茶叶。①

第三节　重要税法

在近代欧洲茶叶贸易发展过程中，一些国家曾针对茶叶税收出台过重要的相关法案法令。在欧洲大陆，法、丹、瑞等国由于国内茶叶消费比重不大，对其国库收入的影响较为有限，针对茶叶税收的法案少且并没有产生多大的影响。荷兰虽然是欧洲大陆的茶叶进口大国及购买力相对较强的消费地区，但涉及茶叶税收的法案自17世纪末始也不多，绝大多数是被包括在针对咖啡、可可、巧克力等外来商品整体税收法案之内，且相关法案内容的发展变化也比较稳定，并无专门针对茶叶而通过的法案。但如前所述，在英国这个茶叶贸易及消费大国，涉及甚至专门针对茶叶税收的法案在整个近代都相对较多，其中一些法案极大地影响了英国的经贸发展历程，有的甚至还改变了英国的国运走势。

英国于1715年开通对华直接贸易，于1784年大幅降低茶叶进口税，这段时期被认为是近代欧洲茶叶贸易竞争历程中的关键时期。其间，由于茶叶在欧洲大陆多数国家并不是一种普遍很受欢迎的饮料，对于欧洲大陆各国贸易公司而言，走私茶叶到英国是一个更加诱人的商业利润获取途径。所有东印度公司都可以在广州购买茶叶，而且在欧洲大陆也有一定的销售数量。然而，大多数欧洲大陆国家的茶叶市场很小，咖啡比茶叶更受民众欢迎，尤其在法国及北欧国家。因此，除了茶叶消费已从少数富人阶层享用发展成几乎整个社会都接受的英国和荷兰，茶叶在其他国家的市场占有率相对有限。由于本国市场缺乏足够的需求，欧洲大陆其他东印度公司以较低的价格进口和再出口茶叶，与荷印公司的价格相差不大。他们的茶叶往往销往荷兰并从那里走私到英国，或者干脆直

① R. Moxham, *Tea*, p. 26.

接走私到英国，特别是在更直接的走私路线被设计出来的 18 世纪后半期。当然，我们也不应忘记，还有大批的茶叶被荷、法等国商人走私到北美英属殖民地。

18 世纪初，只要向英国财政部缴税，茶叶仍可被合法地从欧洲大陆出口至英国。但自英印公司开通对华直接贸易后，英国政府的立场随即发生改变，禁止从茶叶种植国以外的任何国家进口茶叶到英国。英印公司垄断了英国对华贸易，这同时也是英国政府通过茶叶征税以保证国库收入的一种途径。但事实上，由于英印公司自身茶叶供应量的不足，英国茶叶消费市场的扩大，被征税后茶叶销售价格的抬升，再加上茶叶销售可获得的巨大利润，对英国茶叶税多有抱怨的欧洲大陆商人发现走私贩运远比合法进口更有利可图。于是，向英国走私茶叶成为解决欧洲大陆茶叶进口数量过剩的一种切实可行的办法。

17 世纪 60 年代，英国即对茶叶在该国的消费开始征税。那时，茶水正逐渐取代啤酒等饮品。由于这些更传统饮品的消费量越来越低，英国政府很自然地通过加强对茶叶的征税来弥补国库收入的损失。18 世纪初，非经英印公司的茶叶进口不断增多。随着越来越清楚地意识到国内茶叶消费量的增加，英国政府希望通过禁止外国进口来刺激英印公司的茶叶进口。由于走私茶叶价格更加便宜，以及随着大陆公司特别是荷印公司的对华茶叶进口规模在 18 世纪上半期相比英印公司扩张得更快，这一禁令导致大陆公司向英国走私茶叶的规模不断扩大。

一方面，茶叶走私确实扩大了英国的茶叶消费人群，普及了饮茶习俗，给民众带来实实在在的好处，使其不用为茶叶支付高昂价格。但另一方面，它却不仅严重减损了英国国库收入，对英印公司的茶叶进口造成了极大的负面影响，同时还对那些为合法经营而缴纳过高税额的英国茶叶经销批发商、零售商的利益产生了实质性的伤害。茶叶商人方面，他们中的一些人首先决定行动起来，向政府反映和请愿。早在 1733 年，伦敦茶叶经销批发商就自组委员会，在交易巷的"天鹅酒馆"（Swan Tavern）里聚众商讨向议会申请阻断茶叶走私的适宜方式。① 经过反复酝酿，该委员会于 1736 年 3 月向议会递交请愿书，呼吁政府引入从价税（ad

① *The Daily Journal*, London, 27, 29, 30, 31 January 1733.

valorem，"依从价值"），即在英印公司拍卖会上的茶叶销售价格基础上计算税率。① 然而，这一请求迟至约 10 年后才得到议会的认真对待和正式回应。

1745 年 3 月，在罗伯特·沃波尔去世后 11 天的一次议会辩论中，其胞弟霍雷肖·沃波尔（Horatio Walpole）议员遗憾地承认，非法茶叶市场在消费税制度下几乎没有受到影响，以至立法机关认为有必要进行干预来保护公共收入。② 1745 年，英国下议院任命了一个委员会，负责调查走私的原因，并提出防止走私的办法。该委员会在对这一问题给予高度重视之后，通过了各项决议，其中包括：委员会认为，对茶叶和其他商品征收的高额关税是造成臭名昭著的走私行为的一个原因，降低茶叶和其他商品的关税将是防止上述有害做法的一种手段。如果这些决议得到有效的贯彻执行，就会从根本上解决这一问题，但英国政府只能采取缓和措施。于是，便通过了一项法案，将每磅 4 先令的消费税降至 1 先令，并对销售总额征收 25% 的从价税；同时决定，为了防止欺诈，取消所有的茶叶退税。③

很明显，只有当英印公司进口更多的茶叶以取代走私进口茶叶时，英国政府的改革减少税收才有实际意义。否则，不但茶叶走私不会得到有效制止，英国政府税收也会因此而受到更糟糕的影响，但英印公司也需要时间来增加茶叶进口。在此期间，公司必须得找到以低价供应市场从而使政府措施产生效果的办法。公司所采取的方案，一是在继续增加白银出口的基础上扩大内亚洲贸易（即所谓的"港脚贸易"）的规模，即通过对广州出口亚洲本地商品所获利润换取更多的茶叶进口；二是从欧洲大陆进口茶叶供应英国市场。这些办法都是为了打击欧洲大陆对英国的茶叶走私，提升英印公司的茶叶市场份额。

效仿 1745 年税收改革刺激了贱价茶叶的销售这一成功事例，1767 年

① The Case of the Dealers in Tea（with a Docket Title of a Petition to the House of Commons），London：s. n.，1736，1 sheet/page.

② Horatio Walpole，"Some Thoughts on Running Tea," 29 March 1745，Additional Miscellaneous 74051，British Library，foli. 124.

③ W. Milburn，Oriental Commerce，vol. Ⅱ，p. 537.

英国政府再次减少红茶和松萝的税收，以进一步刺激贸易和消费。[1] 这一措施使得茶叶进口大幅增加，但同时荷印公司也跟着进口了更多的茶叶。况且，此后的英国茶叶关税其实并不低，而且上下反复波动。1768～1772年，茶叶关税达到 64%，英印公司茶叶年均销售额为 8075794 英镑；1773～1777 年，英国政府由于财政的紧急需要将关税平均提升至 106%，英印公司茶叶年均销售量降为 5559007 磅；1778～1779 年，茶叶关税因英印公司茶叶贸易额的惊人下降而降为 100%，该公司的茶叶贸易因此才显示出复苏的迹象；1778～1782 年，英印公司的茶叶平均销售额约为 60 万英镑；1783 年，因美国独立战争给英国政府的财政带来新负担，茶叶关税又提高到 114%；1784 年上半年，该税率再被增至 119%。[2] 与此同时，英印公司自 1770 年后为了解决内亚洲贸易需要偿还在印度承兑的汇票而陷入的财务困境，做出了为增加茶叶销售的利润而提高茶叶价格的决定，这使得英国政府以英印公司进口茶叶取代欧洲大陆走私茶叶的战略宣告失败。[3]自 1772 年始，价格更低的走私茶销售突飞猛进，并最终超过合法进口茶叶贸易规模，从而导致英印公司进口茶叶大量滞销而无法兑现利润，同时英国国内茶商的利益也受到极大冲击。

时任英印公司副会计师的威廉·理查森（William Richardson）受公司委派，负责收集信息和组织、制订制止茶叶走私的计划。他先是于 1778 年设法结识伦敦一位批发商和一位制酒商，这两位商人当时正试图督促英国议会通过一项防止走私的法案。理查森在 1778、1779 两年里协助他们敦促

---

[1] Francis Russell, *A Collection of Statutes concerning the Incorporation, Trade, and Commerce of the East India Company, and the Government of the British Possessions in India, with the Statutes of Piracy. To Which, for More Succinct Information, are Annexed, Lists of Duties and Drawbacks on the Company's Trade, and of the Company's Duties and Charges on Private Trade; the By-Laws, Constitutions, Rules and Orders of the Company; and an Abridgement of the Company's Charters. With a Copious Index*, London: Printed by Charles Eyre and Andrew Strahan, 1794, Index, p. 44; W. Milburn, *Oriental Commerce*, vol. II, p. 538. 拉塞尔及米尔本两人书中所提 "black and Singlo teas" 可以理解为 "红茶与绿茶" 或 "武夷与松萝"，而笔者更倾向于 "武夷与松萝"，即两种最便宜、销量最大的红、绿茶。

[2] Robert Wissett, *A Compendium of East India Affairs, Political and Commercial / Collected and Arranged for the Use of the Court of Directors*, vol. II, Section on Tea, London: E. Cox and Sons, 1802; W. Milburn, *Oriental Commerce*, vol. II, p. 542.

[3] Arthur Schlessinger, *The Colonial Merchants and the American Revolution, 1763-1776*, London: P. S. King & Son, 1918, p. 250.

政府通过了一些有利于减轻其义务的法案，同时也收集到了相关信息。1780 年，理查森以匿名作者的形式印制发行小册子《给易受骗者的忠告》（*Advice to the Unwary*）来宣传反对走私。该忠告书分析指出，法、荷、丹、瑞等欧洲大陆国家从中国输入的茶叶被大量走私到英国，如果不这样这些国家根本就不值得继续开展对华茶叶贸易；而对英国的茶叶走私在多方面带来了巨大的危害，既严重影响了英国的政府税收，还对英印公司对华茶叶贸易造成了极大的妨碍。[1] 同时，他既将伦敦的一些茶商组织成一个协会，以一周一聚的会议方式提供信息和制订防止走私的计划，又在其他城镇组织类似的协会。次年，理查森拟订敦促降低茶叶关税至 16% 的方案，但遭到公司董事会否决，理由是政府会以国库收入受损而要求公司给予赔偿，况且该降税幅度并不能制止茶叶走私和掺假制假活动。[2]

于是，理查森转而提出取消所有茶叶税并以窗户税替代的方案，[3] 这得到了时任首相威廉·佩蒂（William Petty）以及海关、税务、财政等部门大臣的支持。1783 年 9 月，理查森对该方案进行细化，说明了用窗户税替代茶叶税以制止茶叶走私的理由。据其估算，英国及其属地年均茶叶消费量为 1700 万 ~ 1800 万磅；[4] 1772 ~ 1780 年中国茶叶年均出口量为 18838140 磅，其中 5639939 磅由英印公司输入英国，550 万磅消费于欧洲大陆，其余的 7698201 磅被走私到英国，而在英国每年制作的假茶约有 40 万 ~50 万磅。让正面临着严重的财政困难的英国政府倍感惊恐的是，走私不仅助长了不法行为，更使得国家财政税收遭到年均 200 万镑的损失。[5]

---

[1] Anonymous, *Advice to the Unwary*, pp. 2-6.

[2] E. H. Pritchard, *The Crucial Years of Early Anglo-Chinese Relations*, p. 147.

[3] 根据早前理查森所提交计划的统计，英国窗户税的征收标准为：少于 7 个窗户的家庭每年应缴 10 先令 6 便士，7~10 个窗户的家庭每年应缴 16 先令，11 个窗户的家庭每年应缴 21 先令，12~13 个窗户的家庭每年应缴 31 先令 6 便士，14~19 个窗户的家庭每年应缴 42 先令，20 个及以上窗户的家庭每年应缴 70 先令。参见 George Staunton, *An Authentic Account of an Embassy from the King of Great Britain to the Emperor of China; including Cursory Observations Made, and Information Obtained, in Travelling through That Ancient Empire, and a Small Part of Chinese Tartary. ...*, vol. Ⅱ, London: Printed for G. Nicol, 1797, appendix Ⅵ, p. 618。

[4] 理查森在计划中指出，根据英印公司档案所提供的信息，该数额则为 13338140 磅。

[5] *Home Miscellaneous*, *1631－1881*, vol. ⅬⅪ, India Office Records（IOR）, British Library, pp. 103-104; G. Staunton, *An Authentic Account of an Embassy from the king of Great Britain to the Emperor of China*, vol. Ⅱ, appendix Ⅵ, pp. 617-623。

11 月 11 日，国王乔治三世要求采取补救措施；11 月 21 日，议会通过决议，任命一个调查走私问题的 15 人委员会。在此期间，英印公司董事会也在对理查森所提方案评估后予以认可并决定与政府接洽，希望后者能够实施该方案。①

1783 年 12 月 19 日，小威廉·皮特（William Pitt the Younger）被乔治三世提名出任首相。此前，他任职于财政大臣时，就对走私贸易问题极为关注和重视。小皮特自 1782 年就开始对茶叶贸易产生兴趣，并很快与英印公司董事之一弗朗西斯·巴灵（Francis Baring）及声名显赫的伦敦茶商理查德·川宁（Richard Twining）建立起密切的工作关系，前者可对英印公司的决策发挥直接影响，后者则是 18 世纪 70 年代末伦敦商界代言人。② 作为英国史上最年轻的首相，小皮特深受亚当·斯密（Adam Smith）的自由贸易理论的影响，尤其是以茶叶为例，关于向一种社会需求量较大的商品征收重税会导致人们设法规避多余税收这一问题的讨论。③

面对走私贸易这一既严重损害了英国国库收入，又极度影响到英印公司财政收入的问题，走私问题委员会在首相的大力支持下，积极而艰难地开展工作。1783 年 12 月 24 日，该委员会呈交第一份报告，详细叙述了走私活动及其严重程度，呼吁议会尽早注意这一问题。随后，该委员会又于 1784 年 3 月 1 日和 23 日先后递交了第二、第三份报告，建议修改现行法律以防止走私，同时降低茶叶税额并代之以窗户税。直到 6 月 2 日，此前一直忙于其他法案的英国政府才开始讨论走私问题委员会所提交的 3 份报告，并随后于 21 日由首相向下议院提出几项有关茶叶关税的决议，即现行茶叶税改由窗户税以及从武夷的 12.5% 至工夫的 40% 不等的茶叶税替代。

① E. H. Pritchard, *The Crucial Years of Early Anglo-Chinese Relations*, p. 148.

② "Papers Relating to Tea," PRO 30/8/293-294, National Archives, Kew; L. S. Sutherland, "The East India Company in Eighteenth Century Politics," *The Economic History Review*, vol. 17, iss. 1, 1947, pp. 15-26; Hoh-cheung Mui and Lorna H. Mui, "William Pitt and the Enforcement of the Commutation Act, 1784-1788," *The English Historical Review*, vol. 76, iss. 301, 1961, pp. 447-465.

③ H. Mui and L. H. Mui, "Smuggling and the British Tea Trade before 1784," *The American Historical Review*, vol. 74, iss. 1, 1968, p. 45.

6 月 22 日，下议院迅速通过了此项议案，其间只进行了一场有意义的辩论。[①] 当然，该议案不可避免地遭到反对派的批评。一些人认为其道德依据可疑，政府不该为了筹资消费非必需的外国商品而向本国所有家庭征税；更有一些批评者对英印公司继续掌管国家茶叶供应表示信心不足，指出该公司供应的茶叶在质量和价格上均有着不良记录。[②] 尽管如此，8 月 19 日该议案被上议院通过而成为法律。根据该减税法案的规定，取消所有现行税收，即较便宜茶叶税率共计约 119%，仅设单一关税 12.5%，[③] 并征收窗户税。作为对国家税收损失的补偿，以及为了保障公众利益，该法案就茶叶进口及销售，对向国内输入茶叶的专卖权得到增强的英印公司做出相应的法律要求：必须进口足够的茶叶供应国内市场；公司仓库必须储存满足一年消费量的茶叶；每年举行 4 次时间间隔一致的公开拍卖；茶叶拍卖的出价不应超过主要成本、进口运费和其他费用、此类茶叶自运抵英国起的法定资本利息以及共同保险费之和；此类茶叶须毫无保留地售予竞价最高者，前提是每磅茶叶应按出价预付一便士。[④]

　　正如当时的评论所言，这项法案掀起了茶叶贸易的革命，[⑤] 其对茶叶贸易的影响立竿见影。1784 年，英印公司茶叶销售总量超过上一年的一倍，即从 3087616 磅升至 8608173 磅。自 1785 年始则再未低于 13165715 磅，1785～1789 年茶叶年均销售量（13832861 磅）是 1779～1783 年（4375684 磅）的 3 倍有余，而 1790～1794 年的年均销售量则为 15514192 磅。[⑥] 伴随着这一现象的，是英印公司与其他欧洲大陆公司同时期茶叶进

①　"House of Commons Journal, 1784," *Proceedings and Journals*, vol. XL, Parliamentary Archives, 1784, pp. 444, 446, 451; E. H. Pritchard, *The Crucial Years of Early Anglo-Chinese Relations*, p. 146; H. Mui and L. H. Mui, "William Pitt and the Enforcement of the Commutation Act, 1784-1788," *The English Historical Review*, vol. 76, iss. 301, 1961, pp. 450-451.

②　M. Ellis et al. (eds.), *Tea and the Tea-table in Eighteenth-century England*, vol. IV, pp. x-xiii, 301-302.

③　根据 1785 年通过的法案，该项关税由进口税 5% 和消费税 7.5% 组成。参见 M. Ellis et al., *Empire of Tea*, p. 176。

④　出自 "The Commutation Act"（24 Geo. III, sess. 2, chap. 38, sect. 5）。

⑤　Hoh-cheung Mui and Lorna H. Mui, *Shops and Shopkeeping of Eighteenth-century England*, Montreal: McGill-Queen's University Press, 1989, p. 255; H. Mui and L. H. Mui, *The Management of Monopoly*, p. xi.

⑥　W. Milburn, *Oriental Commerce*, vol. II, p. 534.

口比例的变化。1784 年之前，在广州年均出口的茶叶数量中英印公司所占比例少有超过 40%；而至 18 世纪 90 年代，其所占比例则经常逾 90%。[①]英印公司一方面向广州派遣更多商船购买更多茶叶，并向贸易伙伴支付让荷印公司无力跟进的购茶高价；另一方面还积极鼓励其南亚殖民地和中国之间的港脚贸易。通过上述诸多举措，在法案通过两年后，英印公司难以单独满足英国国内市场茶叶需求量的状况被彻底改变。自 1786 年起，英印公司在广州市场上已经完全有能力排挤掉其最大竞争者荷印公司，在 1786~1787 年贸易季后基本能够供应国内市场所需茶叶的最大份额。1788 年，英印公司最后一次从欧洲大陆少量购入茶叶。随后，便开始彻底主导欧洲在华的茶叶采购，并能够完全满足其国内茶叶需求。而荷印公司、法印公司皆在 18 世纪 90 年代倒闭，瑞印公司、丹亚公司也经过艰难苦撑后分别于 19 世纪初停止向广州派船。可以说，该法案是对欧洲大陆茶叶走私贸易的致命一击。进口税的下降使得走私贸易已无利可图，茶叶走私问题从而得到遏制。法案通过后的一两年内，走私活动便开始渐渐消失，整个英国茶商的进货渠道逐步从乡村非法网络转往法定途径。1784~1793 年，英国合法茶商在税务局的登记数增加了 60%。[②]

　　1784 年减税法案对近代欧洲茶叶贸易，更是对英国的经贸和国库收入，发挥了重大的积极推动作用。而实际上，同样极大影响了英国历史发展的茶叶税法 10 年前就曾有过一部，那就是 1773 年英国议会专门针对北美殖民地强行颁布的茶叶法案（The Tea Act of 1773），只不过恰恰相反的是其所产生的影响非常消极。[③]

　　18 世纪 20 年代初，英属北美殖民地民众开始推崇英国制造的消费品。能够承担得起这类商品，则说明了消费者自身的社会地位，其中茶叶就是这类英国上流文化产品的突出者。[④] 1721 年，英国政府规定，为了避免外来竞争，殖民地只能从英国进口茶叶。但事实上，向殖民地出口茶叶的并

---

① Robert Wissett, "An Account of the Quantities of Tea Exported from China in English and Foreign Ships, from the Year 1768," *A View of the Rise*, appendix 22, without page number.

② H. Mui and L. H. Mui, *Shops and Shopkeeping of Eighteenth-century England*, p. 61.

③ "The Tea Act of 1773" (13 Geo Ⅲ, chap. 44).

④ 参见 T. H. Breen, "'Baubles of Britain': the American and consumer revolutions of the eighteenth century," *Past and Present*, vol. 119, iss. 1, 1988, pp. 73-104; T. H. Breen, *The Marketplace of Revolution: how consumer politics shaped American independence*, Oxford: Oxford University Press, 2004。

非英印公司，而是在伦敦英印公司拍卖会上购买茶叶的那些私人贸易公司，它们将所购茶叶出口到北美殖民地，再转售给波士顿、纽约、费城和查尔斯顿（Charleston）等地商人。①

截至 1767 年，英国政府对英印公司进口的茶叶征收 25% 的从价税，另对出售给英国消费者的茶叶征收消费税，而同时期的荷兰政府却不对进口茶叶征税，这便意味着，英国商人和北美殖民地商人可以按更便宜的价格购买荷兰走私茶叶。1750 年之前，走私茶叶占据了北美殖民地市场的90%，荷兰在该贸易中扮演了十分重要的角色，美国商人甚至将该贸易称作"荷兰贸易"（Dutch/Holland trade）。② 此外，随着其他欧洲大陆公司的茶叶流入荷兰市场，荷兰成为向北美殖民地走私茶叶的枢纽。1750~1765年，大量荷兰走私茶叶被走私至北美殖民地。相对应的是，从英国出口至美洲的茶叶数量则很少，大约年均 15 万磅。③

18 世纪五六十年代，英国政府因连年军事行动而债台高筑。英国议会试图改变北美殖民地民众免税消费英国商品的状况，而对殖民地征收直接税以增加政府税收，但遭到失败。反对者的理由是，这违反了英国宪法，因为根据其规定，未经民选代表的同意英国臣民不应被征税，而北美殖民地在英国议会中并无代表。④ 1765 年，英国议会颁布印花税法案（The Stamp Act of 1765），⑤ 对北美殖民地直接征税，并要求殖民地的许多出版物（具有法律约束力的文件、杂志、扑克牌、报纸及其他类型纸张）必须使用伦敦印制的压花纸制作，且必须用英国货币而非殖民地纸币支付。⑥

① Bernhard Knollenberg, *Growth of the American Revolution*, *1766-1775*, New York: Free Press, 1975, p. 90; Benjamin Woods Labaree, *The Boston Tea Party*, Boston: Northeastern University Press, 1979, pp. 7-9.

② A. Schlessinger, *The Colonial Merchants and the American Revolution*, p. 267; B. W. Labaree, *The Boston Tea Party*, pp. 7, 102-106.

③ B. W. Labaree, *The Boston Tea Party*, appendix 1, p. 331.

④ Jack P. Greene and J. R. Pole (eds.), *A Companion to the American Revolution*, Oxford: Blackwell Publishers Ltd., 2000, p. 115; T. H. Breen, *The Marketplace of Revolution*, p. 89.

⑤ 该法案又称作"Duties in American Colonies Act 1765"（5 Geo. III, chap. 38）。

⑥ Edmund Sears Morgan and Helen M. Morgan, *The Stamp Act Crisis: prologue to revolution*, New York: Collier Books, 1963, pp. 96-97; Hermann Ivester, "The Stamp Act of 1765-A Serendipitous Find," *The Revenue Journal*, vol. 20, iss. 3, 2009, pp. 87-89; Gordon S. Wood, *The American Revolution: a history*, New York: Modern Library, 2002, p. 24.

该法案在北美殖民地遭到强烈抗议，并引发了一系列抵制英国货物的街头暴动事件，同时还面临着那些出口殖民地业务深受抵制影响的英国本土贸易商和制造商的巨大压力。于是，次年2月，该法案被废除，但其终究激发了北美殖民地居民的团结。①

1767年，为了帮助英印公司与走私的荷兰茶叶竞争，英国议会通过了补偿法案，将对茶叶征收的消费税从90%降低至64%，同时所有再出口茶叶继续被免除消费税（或者说是退还从价税），以鼓励对北美殖民地的出口。② 此外，议会还通过了汤森税收法案（The Townshend Revenue Act of 1767），形成了一个涵括大量消费品（如玻璃、铅、印刷颜料及纸张、茶叶等）的殖民地税收体系，看似通过增加税收来支付殖民地管理费用以及政、军、法等相关殖民职员的工资，以实现海外领地的自给自足。③ 北美殖民地居民再次提起抗议和抵制进口，茶叶等走私贸易持续快速发展。1770年3月，新的英国政府撤销汤森税收法案的大部分内容，但却保留了每磅3便士的茶叶税。④ 英国政府做出这一决定的出发点是维护"向美国人征税的权利"，⑤ 但更可能的原因则是，该商品是殖民地消费者不可缺少的英国产品，殖民地居民或许可以为其放弃立场。

1771~1773年，英国茶叶再次被大量输送至北美殖民地，1767年的赔偿法案使得英印公司被退还了再出口至殖民地的茶叶税。1772年，该法案

①　Theodore Draper, *A Struggle for Power: the American Revolution*, New York: Times Books, 1996, pp. 216－223; Gary B. Nash, *The Unknown American Revolution: the unruly birth of democracy and the struggle to create America*, New York: Penguin Books, 2006, pp. 44－56; Pauline Maier, *From Resistance to Revolution: colonial radicals and the development of American opposition to Britain, 1765－1776*, New York: Alfred A. Knopf, Inc., 1972, pp. 76－106; Robert Middlekauff, *The Glorious Cause: the American Revolution, 1763－1789*, New York: Oxford University Press, 2005, pp. 111－120.

②　F. Russell, *A Collection of Statutes*, pp. 6,169; B. W. Labaree, *The Boston Tea Party*, p. 13; Peter D. G. Thomas, *The Townshend Duties Crisis: the second phase of the American Revolution, 1767－1773*, Oxford: Oxford University Press, 1987, pp. 26－27.

③　"The Townshend Revenue Act of 1767" (7 Geo. Ⅲ, chap. 46).

④　B. W. Labaree, *The Boston Tea Party*, pp. 70－73; Robert Tucker and David Hendrickson, *The Fall of the First British Empire: origins of the war of American independence*, Baltimore: Johns Hopkins University Press, 1982, pp. 278－279.

⑤　B. Knollenberg, *Growth of the American Revolution*, p. 71; B. W. Labaree, *The Boston Tea Party*, p. 46.

到期。于是，英国议会通过了一项新法案以减少此项退款，同时恢复 1767 年废除的英国茶叶消费税，并保留对殖民地征收的每磅 3 便士的汤森税。①如此一来，英国的茶叶价格上升而销售量骤降，英印公司大量积压的库存茶叶无人问津。②再加上 1769~1773 年孟加拉大饥荒使得其从南亚殖民地搜刮的殖民收入骤减，英印公司陷入了严重的财政危机，甚至一度濒临破产的境地。为了帮助英国最重要的商业机构之一，也是英国国库税收重要来源之一的英印公司摆脱困境，英国政府不得不采取行动。

权衡再三，英国政府发现，部分取消税收或者将茶叶廉价销往欧洲大陆以减少英印公司的茶叶库存等，都是可行的解决办法。③但最理想的方案，还是给予英印公司进口茶叶关税的全额退税，并授予英印公司特定执照，使其自行将茶叶出口至北美殖民地，无须在英国销售，这就是 1773 年茶叶法案的核心所在。依据该法案，英印公司可以不再在国内公司拍卖会上将茶叶销售给中间商，而是指定殖民地商人接收寄售茶叶，再行分销。如此，因省去了再出口商这个环节，茶叶销售成本每磅武夷至少可降低 3 便士，这让茶叶走私贸易难以为继。而前期由于中间商的介入，在殖民地零售的茶叶价格甚至高于英国本土。④为了刺激出口贸易，该法案还取消了之前有关茶叶只能按照在英印公司拍卖会上购买时的批次出口的规定，同时还允许小批茶叶出口，这能够极大地方便再出口贸易。

虽然遭到一些议员的反对和警告，但是 1773 年茶叶法案继续保留了对美洲殖民地征收的每磅 3 便士的汤森税。时任英国首相弗雷德里克·诺斯（Frederick North）不想放弃该税收，其主要理由是它被用来支付殖民地官员的薪资。维持对美国人征税的权利当然也是理由之一，但是位于次要位置。诺斯首相的这一决定影响深远，被评价为在不知不觉中给旧大英帝国的棺材钉了一颗钉子。⑤

---

①　"The Customs Act of 1772"（12 Geo. Ⅲ, chap. 60, sect. 1）.

②　B. Knollenberg, *Growth of the American Revolution*, p. 102; P. D. G. Thomas, *The Townshend Duties Crisis*, pp. 248-249; B. W. Labaree, *The Boston Tea Party*, p. 334.

③　B. Knollenberg, *Growth of the American Revolution*, pp. 90-91; P. D. G. Thomas, *The Townshend Duties Crisis*, pp. 250, 252-254; B. W. Labaree, *The Boston Tea Party*, pp. 69-70, 75.

④　T. H. Breen, *The Marketplace of Revolution*, p. 300.

⑤　B. W. Labaree, *The Boston Tea Party*, pp. 71-73; P. D. G. Thomas, *The Townshend Duties Crisis*, p. 252.

茶叶法案允许英印公司以较之前更便宜的价格出售茶叶，这也相应地降低了殖民地商人的茶叶购买价格，但不幸的是他们并不能得到汤森税的退款。英印公司也意识到了这一问题的敏感性，于是计划在茶叶运达殖民地后在伦敦缴纳税款，或者在殖民地出售茶叶后让收货商悄悄缴纳税款，但这种向殖民地居民隐瞒税收的企图未能成功。[①]

在殖民地征收的该税款实际上比在英国征收的内地税低得多，合法进口的茶叶在北美殖民地的价格也比以往任何时候都便宜。但是，对于殖民地居民而言，他们的关注点并不在此。他们认为，问题的实质在于该税项是在殖民地直接征收而非在英国间接征收，以及涉及英国议会在北美殖民地的权力范围。而该税款的征收完全与他们一直以来所坚持的一项主张相悖，那就是他们不应该在英国议会中无代表的情况下向英国政府缴纳任何税款，即所谓"无代表不纳税"（no taxation without representation）。[②] 殖民地居民对此的强力回应便是 1773 年 12 月 16 日发生的波士顿倾茶事件，以及紧随其后爆发的美国独立战争，这对英印公司及其茶叶贸易造成了毁灭性的后果。别无选择的英国政府在痛失殖民地茶叶市场后，只能转身继续设法加大对国内茶叶走私的打击和遏制。

[①] B. W. Labaree, *The Boston Tea Party*, pp. 51, 76–77; P. D. G. Thomas, *The Townshend Duties Crisis*, p. 255.

[②] P. D. G. Thomas, *The Townshend Duties Crisis*, pp. 245–246; David M. Gross, *99 Tactics of Successful Tax Resistance Campaigns*, North Charleston: Createspace Independent Publishing Platform, 2014, p. 129; B. W. Labaree, *The Boston Tea Party*, p. 106; James Fichter, *So Great a Proffit: how the East Indies trade transformed Anglo-American capitalism*, Cambridge, MA: Harvard University Press, 2010, pp. 31–55.

第五章　欧洲的茶叶掺假制假

　　不管是在茶叶进出口贸易过程中，还是在欧洲各国国内茶叶销售过程中，保证茶叶质量都是一件必须被特别重视的事项，因为茶叶品种的真假及其品质的好坏都会直接影响购买者购买意愿的高低。然而，商人是逐利的，一旦觉得可以通过某些方式方法实现自身利益最大化，他们往往都愿意尝试，甚至无论是合法的还是非法的。

　　在当时，合法的方式最稳妥、最安全，但如果因此而损害或降低了自身利益，那么非法途径有时也会被考虑。抬高售价、少交税或不交税，这些都在其考虑范围。但是，抬高售价会影响消费者的购买意愿或减少其购买数量，走私所引发的逃税行为也不可能得到政府容许。那么，既依法交税又不过高抬价且仍可保证利润的办法当然也有，但所付出的代价则是可能难以保证茶叶质量。降低茶叶质量且能维持利润，当时可以通过多种途径实现。对于不法商人而言，他们往往选择成本偏低、利润较高的茶叶制假掺假，但风险也大；有的正规经营商也会对所售茶叶进行掺混拼配。虽然掺假及制假与掺混拼配的目的都是获取商业利润，但其操作手法以及其所带来的后果和影响则大为不同。

第一节　茶叶的掺假制假

　　自欧洲对华茶叶贸易开通始，茶叶掺假制假现象即随之而来。这一现象既存在于茶叶输出国中国，也发生在欧洲茶叶进口消费国。

　　欧洲人关于茶叶在中国被掺假制假的记载最早可追溯到 17 世纪末。

1699 年，担任英印公司牧师的英国人约翰·欧文顿（John Ovington）①曾对某些中国商人如何制假掺假以及欧洲商人如何应对有过详细描述。在其笔下，中国商人十分精明，在贸易过程中善于利用各种手段来保证自己的收益。一些老练的商人在造假方面非常内行。在销售茶叶时，他们往往会通过巧妙的方法将其他一些价值较低的植物芽叶混入茶叶，以使茶叶包裹更重，从而达到增加利润的目的。欧洲商人当时也变得足够谨慎和小心，从而减少了这种不当行为带来的损失。然而，某些中国商人在驾驭这门技巧方面的才能使得他们在一种掺假造假手法被发现后，很快就能发明出另一种手法。这使得英国及荷兰商人在茶叶交易中不得不多次小心翼翼地查看茶罐的顶部、中部或底部，以防止被混入粗劣茶，因为这种茶时而被放于一处，时而又被移至另一处。② 17 世纪 90 年代，英印公司在华贸易中心为厦门，③ 因此欧文顿一书所指中国商人大抵为在当地经营茶叶贸易的商人。

　　1704 年 8 月随英印公司商船"斯特雷特姆号"（Stretham）抵达广州贸易的公司助理会计师查尔斯·洛克尔（Charles Lockyer）对某些中国商人的茶叶掺假制假行为也有过较详细描述，并也提供了简单的辨别方法。他在自己的见闻录中提到，与中国商人进行茶叶交易时需要特别注意他们的欺骗行为：将瓜片好的茶叶放在茶箱最上面，而把破损的残次品置于下层；贸易季之初，供茶商常常会将上年陈茶混入当季新茶。至于如何甄别供货商所提供的茶叶好坏，办法也不少。以茶色较深的武夷为例，他列举了几种办法，但最主要的还是买家亲自鉴识。好茶的标准就是气味清鲜、口感纯正、色泽匀称、干燥爽脆，泡在开水里最好的茶叶片打开得最快，茶色越浓茶质越好；不好的茶叶片小色黯，里面还混杂着尘土污垢。甄别绿茶时，最好是先嚼茶，然后再观其成色，茶色越翠茶质越好；也可以同时在不同的茶具中冲泡上不同的茶叶，浅琥珀色保持得最久的质量也就最

---

① 约翰·欧文顿是英国教会作家和旅行者，也是英国国王詹姆斯二世的牧师。他于 1689 年前往印度，随后在苏拉特度过了几年。1698 年，他将其在 1689～1693 年的经历整理为《苏拉特行纪》出版。

② John Ovington, *An Essay upon the Nature and Qualities of Tea. Wherein are Shown*, I . ... II . ... III . ... IV . ... V ...., London: Printed by and for R. Roberts, 1699, pp. 15–18.

③ H. B. Morse, *The Chronicles of the East India Company Trading to China*, vol. I, pp. 62–63, 65, 90–97.

佳，而最次的则会变为褐色。①

此后，18 世纪欧洲人关于茶叶在中国被掺假制假的记述虽然不多但陆续有之，然而并未明确提及掺假制假的场所。鉴于自该世纪初广州便成为欧洲商人在华贸易的唯一港口，以及欧洲人被禁止进入中国内地的事实，可推知相关信息大多是在广州所获。关于对茶叶掺假的抱怨，在荷兰驻广州商馆的 1764 年商馆日志中曾出现过，但也仅是一带而过：荷兰大班在评价行商叶义官（叶纯仪）时指出，他十分渴望与荷印公司做大笔生意，但荷方认为他不具备任何处理重要事务的能力，且其提供给荷印公司的茶叶常被认为是掺假劣质的，从而导致荷方所购茶叶绝大部分品质不纯。②

1785 年，在伦敦出版的一位曾供职于英印公司（特别是涉及茶叶贸易业务的部门）数年的先生根据自身工作经验所写的《茶叶购买者指南》一书中提到，在中国，一些其他灌木的叶子被拿来掺混进真正的茶叶，且常常能够通过东印度公司大班的检查，但在英国会被发现。还有一些武夷茶被染色冒充绿茶，或是绿茶被改色充作武夷茶，这些尝试仅用于损坏的茶叶。③

总之，截至 18 世纪末期，茶叶掺假制假的现象虽然存在，但并不多，掺假制假的手段也相对比较简单，大多体现为在茶叶中掺入灰尘或其他杂质，或者往大叶整叶成茶中混入茶叶碎末以增加茶箱重量。进入 19 世纪，特别是从三四十年代开始，这一现象才变得普遍和严重，掺假制假的材料慢慢变多，制作工艺逐步提高，被识别的难度也不断加大。操作现场也更多地出现于外销港口，西方人对此关注度提高。

英国科学杂志《哲学杂志》（*The Philosophical Magazine*）曾于 1824 年提到中国人的红茶掺假之例。即掺有沙子的红茶中含有微量磁性铁晶体，

---

① Charles Lockyer, *An Account of the Trade in India*：*containing rules for good government in trade*, *price courants*, *and tables*：*with descriptions of fort St. George*, *Acheen*, *Malacca*, *Condore*, *Canton*, *Anjengo*, *Muskat*, *Gombroon*, *Surat*, *Goa*, *Carwar*, *Telichery*, *Panola*, *Calicut*, *the Cape of Good-Hope*, *and St. Helena*…, London：Printed for the author, and sold by Samuel Crouch, 1711, pp. 116–117.

② "Dagregisters（21 februari, 4 & 9 maart 1763），" NFC 72.

③ Anonymous, *The Tea Purchaser's Guide*；*or the Lady and Gentleman's Tea-Table and Useful Companion*, *in the Knowledge and Choice of Teas*, London：Printed for G. Kearsley, 1785, pp. 34–35.

有时还很多，以至于能用磁铁吸起部分叶子。时常可发现沙子在茶杯和茶壶里沉积；一些紧曲的茶叶被浸渍时会分离出相当数量的沙粒，它们是在茶叶新鲜时被混入的。① 英国人乔治·加布里尔·西格蒙德（George Gabriel Sigmond）在其1839年出版的书中曾多次笼统指出，在中国茶叶掺假现象十分普遍，即将劣质茶掺入优等茶。② 1844年，英国"药师堂"（Apothecaries' Hall）③ 重要成员之一、著名化学家罗伯特·沃林顿（Robert Warrington）开始其专门针对假茶问题的系列调查。该年，声誉极高的英国医学权威期刊《柳叶刀》（The Lancet）④ 曾刊登未署名文章指出，沃林顿认为在中国有个大型茶叶掺假制假体系，他检查的大量样茶证明了这一点。绿茶大部分是假的，是用廉价的红茶改造而成。掺假手法非常灵巧，越用心仿制的绿茶价格越高。普通绿茶中的色素可以用冷水搅动茶叶，再将其烘干洗去，然后立即转变成不卷曲的红茶。在用显微镜检查时，可以看到叶底被白色物质均匀覆盖，似乎是高岭土（或称瓷土），这非常方便增加重量；在其上层，一种黄色物质与普鲁士蓝相混合，再被撒上灰尘，因此绿色可以转而变成其他颜色。化学检查发现，有石灰硫酸盐、普鲁士蓝以及一种可能是姜黄的植物性黄色染料的存在。该文章还质疑，这种欺诈行为的存在应该立即引起英国政府的注意，抑或是普鲁士蓝制造商的利益牵涉太深。⑤ 而沃林顿并未指出，在中国，这一掺假制假现象到底完成于哪个环节。它既有可能出现于茶叶外销前的最后一站广州，也有可能发生在中国内地产茶区。

---

① Anonymous, *The New Annual Register*, *or General Repository of History*, *Politics*, *Arts*, *Sciences*, *and Literature*, *for the Year 1824*, chap. II, "Literary Retrospect and Selections," London: Published by B. J. Holdworth, 1825, p. 139.

② George Gabriel Sigmond, *Tea*: *its effects*, *medicinal and moral*, London: Longman, 1839, pp. 42, 53.

③ 有关该机构的详细介绍，参见 https://apothecarieshall.com/。

④ 该期刊是世界上最悠久、最受重视的同行评审医学期刊之一，主要由爱思唯尔出版公司（Elsevier）发行，部分与里德·爱思唯尔集团（Reed Elsevier Group PLC）协同出版。1823年由汤姆·魏克莱（Thomas Wakley）创刊，他以外科用具"柳叶刀"来为这份刊物命名，而"Lancet"在英语中也为"尖顶穹窗"之意，借此寓意着立志成为"照亮医界的明窗"。

⑤ "Extensive Adulteration of Tea by the Chinese," *The Lancet*, vol. 43, iss. 1080, 1844, pp. 225-227.

在中国内地产茶区的掺假制假现象最早从何时开始，我们至今无法给出确切的时间表。但可知的是，19世纪40年代末欧洲人开始慢慢了解茶叶在那里是如何被掺假制假的，最先发现者是英国人罗伯特·福琼（Robert Fortune）。福琼接受英印公司委派，为把中国茶种、茶籽及制茶工艺引入英属殖民地印度茶园，于1848年11月潜入安徽徽州绿茶产区。在那里，他打探到了一道专门针对外销绿茶的染色工序，并做了细致的笔记，其中提到染色工序由茶厂监工亲自处理。他将买来的一些普鲁士蓝放入瓷碗碾成粉末，同时，将一定量石膏投入正在烘焙茶叶的木炭中烧烤，待其软化后取出放入研钵中碾成粉末。然后，将这两种粉末按一定的比例相混合，调制成一种浅蓝色的新色料。这种新色料在茶叶烘焙的最后一道工序中被涂在茶叶上：在茶叶起锅前约5分钟，监工用小瓷勺往炒锅里的茶叶上撒些这种色料。然后，炒茶工们用手迅速翻炒茶叶，以使色料散布均匀。之所以给茶叶染色，确切地说是因为外国人似乎更喜欢用普鲁士蓝和石膏混合茶叶，以使其看起来均匀漂亮，所用成分又足够便宜，而这种茶叶卖得往往也比较贵。

根据福琼的调查，绿茶染色过程中所用色料的确切份配量为每14.5磅茶叶掺入逾1盎司色料。染色所用的普鲁士蓝，一种为常见品，另一种则不如常见品重，却色泽明亮浅白。他向制茶人购买了一些这类色料样品，以便进一步弄清其确切成分。1851年，这些样品被寄回伦敦交给首届世界博览会（Great Exhibition）①组委，其中一部分被转给正在针对假茶问题开展调查的沃林顿。沃林顿在一篇发表在化学期刊《化学家》的文章里特别提到，福琼从中国北方为世界博览会寄来的这些材料样品，从其外观来看毫无疑问就是煅烧过的纤维石膏、姜黄和普鲁士蓝，后者色泽明亮浅白，最有可能是与矾土或瓷土混合而成的，这种混合物或许就是他之前所提到过的氧化铝和二氧化硅，而它们的存在则可能是由于使用了瓷土或滑石。②

沃林顿能够顺利完成其调研，福琼的相关记述及其所提供的原料样品帮助甚大。经过长期、系统的调查研究，再结合福琼所提供的各种协助，

---

① 首届世界博览会于1851年在伦敦召开。

② Robert Fortune, *Two Visits to the Tea Countries of China and the British Tea Plantations in the Himalaya: with a narrative of adventures, and a full description of the culture of the tea plant, the agriculture, horticulture, and botany of China*, vol. II, London: John Murray, 1853, pp. 69-72.

沃林顿最终形成了自己关于英国茶叶掺假制假问题的报告，并在 1855 年英国议会针对茶叶掺假制假问题的质询会上出席作证。①

借助于福琼的详细记述，我们可以较清楚地了解到 19 世纪中叶某些中国内地绿茶产区茶叶掺假制假的具体操作工序及其所使用的材料。然而，正如西方商人所知道的，截至该时期茶叶掺假制假在中国虽已不少，但在内地茶产区并不多，这主要是因为在当地此行为被官府严令禁止，从茶园、茶场出来的所有茶叶通常都要接受官府的例行检查，以确定其为真茶。② 反而是在茶叶出口重镇广州，很多正常出口茶叶被掺入有害人体健康的成分，当地有名的假茶加工基地是"河南"③ （西方人习惯拼读为"Honân"）。尤以绿茶为例，通过掺假来改善叶片颜色，以增加其在普通消费者心目中的价值。洛伊尔（Royle）、戴维斯（Davis）、布鲁斯（Bruce）等多位外国人曾在涉入此项业务的行商陪同下，进入当地的制作现场一探究竟，而他们平常根本就不可能有这样的机会。通过探访，洛伊尔了解到，那儿能够制备一种茶，它既可以被上色，又可以用来冒充各种品质的绿茶，因而每年都会被大量配制。戴维斯发现，大量受损红茶被拿来上色伪造成绿茶：将坏掉的红茶叶晾干后放入铁锅，置于炉子上，往锅里放入少量姜黄粉再用手快速翻炒，这使得茶叶呈现橙色或淡黄色调，但仍需变绿。为了达到这一目的，工人制作了一些蓝色块状物及粉末状物质，从它们被起的名字及其外观来看，立刻便知是普鲁士蓝和石膏。用一个小杵将它们细磨，按比例使蓝色由深变浅，然后将一茶匙分量的粉末撒在淡黄色的叶子上，再置于火上继续翻炒，直至茶叶呈现某一品种绿茶的鲜艳颜色，还带有一些香味。为了防止在所用材料方面出现差错，这些色料样品被小心放置于别处保存。这些探访者断定，那里的人们很清楚其所

① Philip Joseph Hartog, *Dictionary of National Biography*, *1885-1900*, vol. 59, London: Smith, Elder, & Co., 1899, p. 387.

② Arthur Hill Hassall, *Adulterations Detected*; *or*, *Plain Instructions for the Discovery of Frauds in Food and Medicine*, Longman, Brown, Green, Longmans, and Roberts, 1857, p. 82.

③ 即今日广州市海珠区，新中国成立前仍称河南区。河南之得名，除了一般人认为是其位于广州珠江南岸的缘故，还有另一种观点认为"河南"得名来源于东汉时期杨孚。据清初屈大均所称："广州南岸有大洲，周回五六十里，江水四环，名河南。人以为珠江之南，故曰'河南'，非也。……河南之得名自孚始。"由此可见，屈大均否定了"河南"得名是由于其位于广州珠江南岸的说法。参见屈大均《广东新语》，中华书局，1974，第 42 页。

从事活动的性质，因为当这些外人试图进入其他几个相同的制作场所时，立刻被挡在了门外。①

19世纪中后期，随着更多对外贸易港口的开放，假茶也逐渐在其他茶叶出口市场上出现。如在上海，1869年英国领事报告，4万担伪劣茶被投放市场，出口英国的茶叶被严重染色和掺杂铁屑；1870年英国领事再报告，各种茶叶废料流入市场，茶商还在该市周边大肆收购烘干的柳叶；1874年又有大批外销假茶在上海被海关查获，这些茶叶被混入灰尘、碎叶及其他杂质的严重程度对中外茶商都造成了大量损失，经常引起他们的抱怨。② 而广州依旧是假茶问题的重灾区。1873年广州出口英国的绿茶被掺杂大量劣质茶，因此遭到英商的抵制；1874年上市的珠兰、橙黄、白毫等花香茶事实上没有一丝香味，已被掺入铁屑、沙子等杂物，结果导致其在英国因价格受损而滞销。这两年该地出口的绿茶总体而言味臭、色深、掺有铁屑。③

综合中国内地产茶区与茶叶外销港口的各自实践，并依据所用材料目的的不同，在中国，茶叶掺假制假主要有三种方法：一是制造完全假冒伪劣茶叶，二是将其他树叶混入真茶，三是利用各种色料给茶叶人工上光着色。而在同一批茶叶里，往往会出现多种形式的掺假制假情况。

按照第一种方法，制成的茶叶是一种伪品，俗称"谎言茶"（lie tea），是由茶末或其他树叶碎末，和用淀粉或树胶制成的物质组成，然后再被上色。依据第二种方法，为了与真茶相掺混，需要制备大量不同树种的干燥芽叶。第三种方法，其目的是改善茶叶特别是劣质茶的外观，以及更好地掩盖用于掺假的其他树叶的本性。掺假红茶时，所使用的物质多为能使茶叶看起来特别顺滑有光泽的材料。人工上色更多地用于掺假绿茶，所使用的色料按不同比例相混合，形成深浅不同的蓝绿色。④

欧洲（主要为英国）的销售环节中茶叶掺假制假现象较为普遍和严重，最早大致可以追溯至18世纪早期，此时期饮茶习俗开始逐渐被欧洲诸

---

① A. H. Hassall, *Adulterations Detected*, pp. 82-83.

② 李必樟译编《上海近代贸易经济发展概况：1854~1898年英国驻上海领事报告汇编》，上海社会科学院出版社，1993，第268页；《论贩卖假茶》，《申报》1874年1月2日，第1版。

③ 广州地方志编纂委员会办公室、广州海关志编纂委员会编译《近代广州口岸经济社会概况：粤海关报告汇集》，暨南大学出版社，1995，第96、192、290页。

④ A. H. Hassall, *Adulterations Detected*, pp. 75-81.

国普通民众所接受。英国是欧洲茶叶消费大国，也是欧洲多国进口茶叶的最终目的地，因此茶叶掺假制假现象在欧洲国家中算得上最严重、最普遍的，相关记述同样是最多、最详细的。然而，这一现象在欧洲大陆国家的存在及其所引起的关注和讨论甚少。

在英国，随着茶叶日益成为大众生活中不可或缺的商品，茶叶销售相应成为该国经济生活十分重要的内容之一，从业者因此也获得了实实在在的利润。1786 年之前，茶叶进入英国经由两个渠道：一是由英印公司从中国合法进口，二是由欧洲大陆走私输入。1788 年后，英国的茶叶全部输自中国。截至目前，未见有关走私茶在进入英国前被掺假制假的史料记载。同时无多少资料显示，从在华购买、海上运输到伦敦拍卖等一系列环节中出现英印公司对所购茶叶进行大规模的恶意掺假制假行为，倒是有 18 世纪后期关于那些抵达伦敦时由于此前已在海上长时间接触海水而遭受损坏、发霉的微咸味茶叶如何被挽救的例子。这在前文所提的《茶叶购买者指南》中有过叙述，即为了挽救这些茶叶，相关人员对其进行熏蒸、做灰、风干处理，并成功地将其变得完美如初，甚至通过这种处理后，将劣质茶与好茶一起让人评判、辨别，能骗过识茶者。①

茶叶在被英印公司拍卖销售后到达普通消费者手中之前，还会经过经销、分销、零售等商人之手。这些环节非常容易出现茶叶被掺假制假的情况。上述各级茶叶购买者对低价的需求诱使部分从业者铤而走险，主动参与假茶的制售。

18 世纪早期，英国茶叶价格依旧十分昂贵，这也使得一些茶叶销售商开始走上加工制作假茶的歪道。最初的方法还不太成熟，很难称作真正意义上的制假，其成品只能算作伪劣茶。例如，1710 年，头等武夷在伦敦的零售价格为每磅 30 先令，售价 20~21 先令的都被确认为劣质茶，或是掺有一定数量的破损绿茶或武夷，其中最劣质的茶冲泡后叶子仍然呈黑色。该年，开在伦敦恩典堂街（Gracechurch Street）的店铺"钟声"（The Bell）店主法里（Fary②）甚至还在期刊《闲谈者》 （*The Tatler*，中译名也称

---

① Anonymous, *The Tea Purchaser's Guide*, p. 32.

② "Fary" 也被拼成 Favy。参见 John Summer, *A Popular Treatise on Tea: its qualities and effects*, Birmingham: William Hodgetts, 1863, p. 11。

《塔特勒》)① 上为自己的伪劣茶打起了广告，以每磅 16 先令的价格推销其所谓的武夷，并称其品质并不比最好的进口武夷差多少，且仅其一家有售。② 被拿来与进口的武夷相比较并以极低价格出售，可想而知该店主所售武夷应是其掺假作伪而成。

通过 1724 年英国议会的一项处罚法令，③ 我们可以了解到那时掺假制假茶叶的手法成熟起来，造假者知道如何利用棕儿茶（提取自金合欢树的单宁）或其他任何药物仿造、掺假、改造、伪造或加工茶叶，或者用任何别的树叶或其他成分与茶叶相掺混，而在乔治一世时期是允许不同的真茶相互掺混的。④ 1730 年的一份法令⑤则透露，用作加工制作假茶的材料有糖、糖蜜、黏土、洋苏木（其芯材做染料用），棕儿茶被一些居心不良之人用来大量染色、加工黑刺李叶、甘草叶以及回笼茶（即使用过后被重新回收的茶叶）；用其他树木、灌木或植物的叶子来仿制茶叶，并利用棕儿茶、糖、糖蜜、黏土、洋苏木及其他材料将这些假茶与真茶相掺混，再充作真茶售卖。⑥ 1736 年 11 月 9 日，《伦敦杂志》（The London Magazine）曾刊文报道过该市若干茶商的这一不法行为：麦诺里斯（Minories）街区有位很出名的犹太茶叶经销商，其按每磅 31.9 便士的价格多次向前街区（Fore Street）的一位茶叶经销商打包出售所谓 "英国茶"（British tea）的染色茶共计 175 磅，后者再将其掺入好茶销售。⑦

---

① 此期刊是 1709 年理查德·斯蒂尔（Richard Steele）在伦敦创办的英国文学和社会杂志，只出版了两年。它代表了一种新闻学的新方法，以当代礼仪的修养性散文为特色，并建立了一种被诸如《旁观者》《世界公民》等英国经典作品所复制的模式。

② Charles Dickens（ed.），*Household Words*, vol. 1, iss. 11, p. 254; Arthur Reade, *Tea and Tea Drinking*, London: Sampson Low, Marston, Searle, & Rivington, 1884, pp. 7-8.

③ 该法令为《茶和咖啡掺假法》（"The Adulteration of Tea and Coffee Act," 11 Geo. Ⅰ, chap. 30, sect. 5），1725 年 6 月 24 日开始生效。

④ Richard Twinings, *Observations on the Tea and Window Act, and the Tea Trade*, London: Printed for T. Cadell, 1784, p. 43.

⑤ 该法令为《茶叶掺假法》（"The Adulteration of Tea Act," 4 Geo. Ⅱ, chap. 14, sect. 11），1731 年 9 月 24 日开始生效。

⑥ Anonymous, *Advice to the Unwary*, p. 18; R. Twining, *Observations on the Tea and Window Act*, p. 43.

⑦ "The Monthly Chronologer," Tuesday, November 9, 1736, *The London Magazine: and the monthly chronologer*, vol. 5, London: C. Ackers, 1736, p. 640.

其后几十年，假茶问题变得愈发严峻。1776 年的一份法令[1]显示，大量黑刺李叶、甘草叶、灰树叶、接骨木（elder）叶和其他乔木、灌木、植物芽叶，以及回笼茶普遍被不同的人上色、加工仿制，他们把这些假伪茶卖给茶商、走私者或其他人，再由后者将它们与真茶相掺混后当作真茶售卖，或者将任何此类芽叶与紫荆、绿矾（当时新出现的原料）、糖、糖蜜、黏土、洋苏木或其他材料相混合、上色后仿制成真茶出售。[2] 这些无不表明，当时茶叶掺假制假现象已经遍及茶叶销售的各个环节，掺假制假的原材料也更加丰富多样。最终在 18 世纪的最后 25 年里，一方面，茶叶甚至在农场工人中都已成为一种常用饮品，[3] 同时沉重的关税使得茶叶价格居高不下；而另一方面，除了大量走私茶从欧洲大陆流入英国，还有众多掺假制假茶就在英国境内被制作销售。1783 年 12 月 24 日，英国下议院委员会的一份报告指出，1773 年 3 月至 1782 年 9 月英印公司年均销售茶叶为5742464 磅，但据海关统计每年通过各种非法途径流入英国的茶叶数量约700 万磅。与此同时，仅英格兰各地每年用黑刺李叶、甘草叶和灰树叶制成的假茶与真茶混合品据估算就超过 400 万磅。[4] 而依据英印公司副总会计师威廉·理查森所提供的估算数据，1773～1782 年则至少有年均 750 万磅的真茶及 200 万~300 万磅的假茶被偷运至英国及爱尔兰。[5]

19 世纪早期，英国的茶叶掺假制假现象愈发严重。1818 年，围绕假茶

[1]　该法令为《茶叶掺假法》（"The Adulteration of Tea Act," 17 Geo. Ⅲ, chap. 29, sect. 1），1777 年 6 月 24 日开始生效。

[2]　Anonymous, *Advice to the Unwary*, p. 18.

[3]　Arthur Young, *A Six Months Tour through the North of England. Containing, an Account of the Present State of Agriculture, Manufactures and Population, in Several Counties of This Kingdom*, vol. 2, London: Printed for W. Straham, etc., 1771, pp. 205, 317, 388, 453; Frederick Morton Eden, *The State of the Poor; or a History of the Labouring Classes in England, from the Conquests to the Present Period …*, vol. 2, London: Printed by J. Davis, for B. & J. White, G. G. & J. Robinson, T. Payne, R. Faulder, T. Egerton, J. Debrett, and D. Bremner, 1797, passim.

[4]　William Eden, "First Report of the Committee Appointed to Enquire into the Illicit Practices Used in Defrauding the Revenue (24 December 1783)," *Reports from Committees of the House of Commons*, vol. Ⅺ, 1803, p. 231; C. H. Denyer, "The Consumption of Tea and Other Staple Drinks," *The Economical Journal*, vol. 3, iss. 9, 1893, p. 35.

[5]　"Papers Relating to Tea," PRO 30/8/294, fols. 25 - 38; *Additional Manuscripts 38 & 407*, British Library, folis. 276b - 270; H. Mui and L. H. Mui, " 'Trends in Eighteenth-century Smuggling' Reconsidered," p. 29.

问题的一连串诉讼案反映了该问题的严重性。该年 3~7 月，伦敦《泰晤士报》（*The Times*）及《信使报》（*The Courier*）先后报道了该市 11 名杂货商因供应假冒伪劣茶而被问罪受罚，其中详细介绍了艾德蒙·罗兹（Edmond Rhodes）、爱德华·帕默（Edward Palmer）被告案。罗兹受控给大量的各类树叶上色，伪造、假冒成真茶，包括黑刺李叶、灰树叶、接骨木叶及其他树叶。怀特查普尔区红狮街（Red Lion Street）的帕默被控大量持有用黑刺李叶和山楂叶制成的假茶，同时还与黄金石街（Goldenstone Street）的一座掺假制假工厂牵扯甚深。自 1817 年 4 月起，该规律性作业的工厂以每磅 2 便士的价格收购山楂叶和黑荆棘叶。为了仿制红茶，厂里的雇工将这些树叶沸煮后放在铁板上烘烤，再用手搓，以形成真茶所具有的那种卷曲度，然后以洋苏木上色；为了伪造绿茶，雇工将树叶压榨、烘干后摊铺在铜片上，再以荷兰红（Dutch pink，黄绿色染料）和铜绿（verdigris，蓝色含水碱性醋酸铜，为收敛药）染色。而消费者在喝这样的假茶时，自以为喝的是一种营养丰富的可口饮料，但事实上很可能是从伦敦周边树篱中收集的专门用作掺假制假茶叶的树叶。[①]

　　一本当时流行的小册子详述了两种用干灰树叶以更有毒的工序制作假红茶的方法，曾被茶叶商行"伦敦真茶公司"[②]（The London Genuine Tea Company）组织编撰的《茶树的历史》一书收入。按方法一，先将收集到的灰树叶晒干后烘焙，然后摊铺在地板上用脚踩，直至叶子变小，筛选过后浸入绿矾、羊粪，接着再摊铺在地板上风干，最后即可使用。依方法二，先将收集来的叶子与绿矾、羊粪一起放入铜锅中煮沸，然后滤去液汁再烘焙，接着用脚踩至芽叶变小，最后就能用了。方圆 8~10 英里，一个

---

① The London Genuine Tea Company（comp.），*The History of Tea Plant；from the Sowing of the Seed，to Its Package for the European Market，including Every Interesting Particular of This Admired Exotic*，London：Published by Lackington，Hughes，Harding，Mavor，and Jones，1819，p. 48；Fredrick Accum，*A Treatise on Adulteration of Food，and Culinary Poisons，Exhibiting the Fraudulent Sophistications of Bread，Beer，Wine，Spirituous Liquors，Tea，Coffee，Cream，Confectionery，Vinegar，Mustard，Pepper，Cheese，Olive Oil，Pickles，and Other Articles Employed in Domestic Economy and Methods of Detecting Them*，London：Sold by Longman，Hurst，Rees，Orme，and Brown，Paternoster Row，1820，pp. 226-230.

② 伦敦真茶公司是 1818 年 11 月 5 日弗雷德里克·盖伊（Frederick Gye）与理查德·休斯（Richard Huges）在伦敦创立的。

小村子制造的假茶数量无法确定，但估计一年约有 20 吨。曾有人承认，他在半年内每周都能制造 600 担（每担约 133.3 磅），尚好的按每担 4 几尼（guinea，即每磅 9 便士）的价格售出，粗制的则每担 2 几尼（即每磅 4 便士），有些地方还用接骨木嫩芽制作品相好的假茶。在苏格兰和爱尔兰，同样存在茶叶掺假制假现象，甚至手法更精巧。1818 年 8 月的一份都柏林报纸报道，在该郡塔拉赫特教区（Parish of Tallaght）逮捕的一名小农曾为都柏林的一些杂货商提供假茶，其掺假材料包括黑龙葵（black night shade，剧毒致命）、常春藤叶（大量服用有毒）、boughlan buy（中文名不详，大量服用有毒）、牛筋草（robin-run-the-hedge，当地生植物中最厉害的泻剂之一）、山地鼠尾草（微利于健康）、桤木叶（不利于健康）、当季土豆叶（不利于健康）。这些材料被用硫酸制剂弄卷曲，再用铜绿染成绿茶，用绿矾染成红茶。①

在英国，茶叶是消费品中最容易被掺假制假的。据 1830 年出版的作者署名为"欺诈与恶行之敌"（An Enemy of Fraud and Villany）的《致命掺假与慢性中毒》一书介绍，19 世纪二三十年代茶叶的掺假制假手法又有了变化。除去之前常用到的那些树叶外，更多其他树叶也被不断加入，如桦树叶、女贞树叶，但显然黑刺李叶、山楂叶和黑荆棘叶仍最具有茶叶的样子。这些树叶是由造假者所雇之人从伦敦周边树篱中收集而来，以此获得每磅 1~2 便士的报酬。其中一位曾透露，他靠此项"职业"每周并非苦干的情况下能挣 2~3 镑。还有一位曾表示，只在早上干活的情况下其收益通常为每周 6~7 镑。此外，还有一种当时已众所周知的掺假制假新手法，那就是一群固定买家与伦敦各街区的咖啡馆和咖啡店保持联系，每周一次前往收购使用过的茶叶，然后将其运往加工厂，重新烘干上色再出售。②

随着英国国内茶叶需求量的不断攀升，最容易用于掺假制假茶叶的黑刺李叶和山楂叶被收购上色加工的数量更是在 1832 年达到惊人的数值，

① The London Genuine Tea Company, *The History of Tea Plant*, pp. 48-49.
② Anonymous （"An Enemy of Fraud and Villany"）, *Deadly Adulteration and Slow Poisoning*；*or*, *Disease and Death in the Pot and the Bottle*；*in Which the Blood-empoisoning and Life-destroying Adulterations of Wines*，*Spirits*，*Beer*，*Bread*，*Flour*，*Tea*，*Sugar*，*Spices*，*Cheesemongery Pastry*，*Confectionary*，*Medicines*，&c.，London：Published by Sherwood, Gilbert and Piper, 1830, pp. 85-88.

1833 年的一件甚至惊动了伦敦市市长的庭审大案对此给出了真切诠释。住在以茶叶及香料贸易闻名的明辛巷（Mincing Lane）的理查德·希尔（Richard Heale）在靠近英印公司总部的街区经营一家店铺。1832 年，他将自己用黑刺李叶与山楂叶掺混加工而成的所谓"配制英国叶"（prepared British leaf）成功申请了专利，并对外销售。虽然希尔明确避免将该草叶复方称为茶叶，但其加工规模的不断扩大引起了市税务局的猜疑，最终导致他的店铺 9 月中旬被查封，从店里没收的这一掺混物数量竟高达 1 万磅，①这也仅是当年伦敦市内的一家店铺所售假茶数量。凭此可以想象，在伦敦乃至整个英国，通过类似方式加工而成的假茶数量究竟会有多大。据估测，19 世纪 30 年代可被视为英国本土茶叶掺假制假的巅峰时期。随后这一不法行为逐渐消减，仅在 1843、1845、1848 等年份零星出现过几例，且大多是将回笼茶上色造假。

第二节　掺假制假的代价

茶叶掺假制假现象在欧洲大陆国家实际上相对少得多，这可能一方面是因为在欧洲大陆多数国家自身茶叶需求量并不大，另一方面是因为那里的大部分进口茶叶被转销给了英国。可以说，英国是欧洲茶叶掺假制假最严重的国家。而自 18 世纪早期开始，英国政府对制作、销售假茶的惩罚措施也逐步严厉，直至 19 世纪 70 年代后期这一问题得到严格管控。

1724 年，英国政府颁布该国历史上第一项针对茶叶掺假制假不法行为的法令，正式着手治理假茶问题。② 根据乔治一世时期的这项法令，但凡茶叶经销商、加工商、染色商仿制或掺假茶叶，或者用棕儿茶或其他药物改造茶叶，或者用其他树叶或别的成分掺混茶叶，都将被英国政府罚款

---

① *The Morning Chronicle*, Wednesday, 18 September 1833, at https：//www. newspapers. com/ search/#lnd = 1&ymd = 1833-09-18.

② 叶素琼认为，英国于 1715 年颁布禁止茶叶掺假作伪的第一条法令，编号为 "2 Geo. I, chap. 30, sect. 4"。此说法有误，因为该编号对应的实为《1715 年人身保护法令》（"Habeas Corpus Suspension Act 1715"）。参见叶素琼《19 世纪中英茶叶贸易中的掺假作伪问题研究》，硕士学位论文，湖南师范大学，2017，第 38 页。

100 磅。① 截至 1730 年，茶叶掺假制假的规模似乎还并不大。但鉴于掺假制假的手法和所用材料的增多及其造成的不良影响，1731 年英国政府颁布的一项新法令宣布，因为茶叶掺假制假损害了民众健康，减少了国库岁入，也损害了正当商人利益，任何批发商或销售商染色或加工黑刺李叶或其他树叶以仿制茶叶，或者以棕儿茶或其他成分对茶叶进行掺混或上色，或者公开出售或持有此类假茶，都将按每磅 10 磅受罚。② 1724 年法令对违法者的罚款金额有 100 磅的上限，而 1731 年法令所设浮动罚款率则更为严厉。但是，根据 1731 年法令政府依旧只是对违法者处以罚款，并未明确表示应没收其违禁品，胆大妄为的不法之商于是继续铤而走险。最终，英国政府被迫在随后的实际行动中采取了罚款加没收的策略。如 1736 年《伦敦杂志》关于查处掺假制假者的报道中提及一位伦敦犹太茶商因为持有和销售 175 磅假茶而被罚 1750 磅，前来查账的收税官同时还没收了在其仓库里发现的 1020 磅掺假茶。③ 即便如此，该法令并未取得明显成效，猖獗的掺假制假行为仍在持续。

　　1777 年，英国政府不得不实施细则更为丰富的新法令，以打击和取缔假茶。其一，任何人，不论是茶叶经销商还是零售商，若染色或加工任何黑刺李叶、甘草叶或回笼茶，或灰树、接骨木或其他树木、灌木或植物的芽叶仿制茶叶，或者以棕儿茶、绿矾、糖、糖蜜、黏土、洋苏木或其他配料对这些叶子进行掺混或上色，或者推销、公开出售或保管任何此种仿冒真茶的掺假掺杂品，只要经由一名证人向一名法官宣誓而被定罪，将被处以每磅 5 磅的罚金；若拒交罚款，则会被送教养院收押不低于 6 个月不超过 12 个月。其二，任何人如持有超过 6 磅的黑刺李叶、灰树或接骨木叶，或者任何其他树木、植物或灌木的叶子，不论是天然绿色的抑或人工制造的，同时无法向审案法官证明这些树叶是经由树木所有者同意而采集的，且采集这些树叶是为了其他目的而不是为了仿制茶叶，那么将被处以每持

① R. Twining, *Observations on the Tea and Window Act*, p. 43.
② John Phipps, *A Practical Treatise on the China and Eastern Trade: comprising the commerce of Great Britain and India, particularly Bengal and Singapore, with China and the Eastern Islands ...*, London: Wm. H. Allen, and Co., 1836, p. 94.
③ "The Monthly Chronologer," Tuesday, November 9, 1736, *The London Magazine: and the monthly chronologer*, vol. 5, London: C. Ackers, 1736, p. 640.

有 1 磅罚款 5 镑的罚金。若拒交罚金，则会被判处监禁。其三，若税务官或其他人宣誓，怀疑任何地方藏匿或存放被上色或以其他方式制备的芽叶，那么法官即可发布令状，无论白天或夜间（夜间须当警察之面），扣押此批芽叶连同可能存放芽叶的所有运货马车、桶及包裹，并可指示焚毁芽叶，出售货车，在扣除费用后分配所得收益，一半分给告发者，一半送给教区穷人。阻碍扣押者处以 50 镑的罚款，或 6 个月以上 12 个月以下监禁。其四，如果芽叶所有者能够在 24 小时内证明是在树木、植物或灌木所有者的同意下采集的这些芽叶，且不是被用来仿制茶叶的，那么它们将不会被焚烧。其五，凡发现存放芽叶之处的所有者被处以罚款，除非他能够证明这些芽叶是未经其同意而存放的。① 这项法令的惩罚细则比之前的任何一项类似法令都更为严厉，不仅假茶的制作加工者、批发销售者及持有者，存放假茶场所的实际所有者均会受到相应的制裁，运输、存放伪造品的工具也会被没收，甚至掺假制假的材料都要被焚毁。然而令人遗憾的是，18 世纪最后一次通过的禁止茶叶掺假制假的这项法令依然没能遏制住茶叶掺假制假形势在英国的恶化。18 世纪最后 25 年，此形势甚至出现愈演愈烈的迹象，树木丛林依旧遭到破坏，民众健康不断受到伤害，国家税收持续被侵蚀，正当商业屡屡受挫，偷奸取巧之风仍然大行其道。而针对究竟应当由谁来对该法令的失败承担责任，整个英国社会也未能形成统一的意见。但显然，普通民众通过有声誉的茶商购买正宗茶叶，英印公司增加合法茶叶供应，英国政府下调茶叶税，以及降低茶叶价格和断绝茶叶走私等，这些都有利于消除茶叶掺假制假现象。然而事实是，这些在当时很难被贯彻和实现。

1784 年英国茶叶关税降为 12.5%，这为英国茶叶价格下降、茶叶进口规模扩大，从而茶叶消费需求增长带来了实实在在的好处。然而，这样的好景维持得并不长久。进入 19 世纪后，茶叶关税很快再度回升，茶叶价格也随之上涨，而英国中下层民众对茶叶的消费需求虽然在不断增加，但由于收入普遍偏低，为正宗茶叶支付高昂的价格对他们而言变得相当吃力，

---

① J. Phipps, *A Practical Treatise on the China and Eastern Trade*, pp. 94 – 95; John Ramsay McCulloch, *A Dictionary, Practical, Theoretical, and Historical of Commerce and Commercial Navigation: illustrated with maps and plans*, London: Printed for Longman, Brown, Green, and Longmans, 1834, p. 1149.

同时各类茶商及厂商为了降低成本价格也在绞尽脑汁。掺假制假所得之茶不仅对制造商、销售商有着极强的吸引力，同时是购买力偏低的普通民众的优先选择。对买卖双方而言，用"皆大欢喜"一词来形容他们对假茶的态度在当时或许并不为过。当然，有钱人依然舍得花钱购买正宗的中国茶叶。

19世纪前半期，英国政府针对茶叶掺假制假问题主要贯彻执行的依旧是18世纪颁行的相关法令。这些法令比较零散，不成体系，导致英国难以成功地进行全国性茶叶质量监管，茶叶掺假制假问题显然也得不到有效控制。一些影响较恶劣的相关罪行时常发生，所付出的代价当然也是十分高昂的，1818年、1833年的两次控诉案审判较具代表性。

1818年控诉案中，两名被告被当作典型代表受到伦敦报纸的广泛关注。被告罗兹被控三项罪名：其一，1817年8月12日，上色、加工制作100担黑刺李叶、100担灰树叶、100担接骨木叶及100担其他树叶仿制茶叶，违反了1724年、1730年、1776年的反掺假制假法令相关规定，因此按每制作1磅这种假茶罚5镑计算总共罚款2000镑；其二，因持有上述数量的树叶而被处以2000镑的罚款；其三，1817年8月12日，因持有上述各种树叶的重量分别超过6磅，如黑刺李叶50磅、灰树叶50磅、接骨木叶50磅、另一种树叶50磅，且无法证明收集这些树木、灌木芽叶得到了其所有者的同意，以及是为了其他用途而非为制作假茶而收集，按每磅罚5镑计算总共罚款1000磅。若拒交罚款，每项罪行分别按送教养院收押不低于6个月不超过12个月处罚。代替被告出庭的丹顿（Denton）申辩道，有着5个孩子的罗兹是一个家境贫寒的乡下愚夫，他只是假茶真正制造者的仆人，被派到伦敦经营生意，根本不知道这些树叶的实际用处。结果，罗兹被判罚款500镑。在帕默被控案中，法庭还记录了3名证人详细描述与被告有牵连的黄金石街那座假茶制作厂如何花钱雇人收集黑刺李叶、山楂叶、黑荆棘叶，再利用洋苏木、荷兰红、铜绿等有毒材料染色加工仿制红、绿茶的详细过程。（具体内容详见本章第一节）于是，帕默被处以840镑的高额罚款。根据罪行的轻重，法庭针对11名被告杂货商的最终判决结果分别为罗兹被判500镑罚款；帕默被判840镑罚款；普伦蒂斯（Prentice）服从判决；福尔摩斯（Holmes）服从判决；奥克尼（Orkney）服从判决；格雷（Grey）被判120镑罚款；吉尔伯特（Gilbert）与鲍威尔

（Powel）被判 140 镑罚款；克拉克（Clarke）服从判决；霍纳（Horner）被判 210 镑罚款；道林（Dowling）被判 70 镑罚款；贝里斯（Bellis）被判 70 镑罚款。① 这些仅是 1818 年 3～7 月伦敦有关茶叶掺假制假的控诉案中法官所开出的罚款金额，而同年的爱尔兰对这一罪行的罚款在短短数月内竟惊人地超过了 15000 镑。②

1833 年轰动一时的希尔茶叶掺假案审判（具体内容详见本章第一节）的进一步结果，是税务官员没收了希尔的全部库存，10 月 17 日在位于布罗德街（Broad Street）的税务署大院里支起 5 个大火堆，自早上 9 点前后直至午夜，最终将多达 125 万磅的"英国叶"燃烧殆尽，结果方圆半英里都充斥着焚烧这一假茶所产生的刺鼻味道。③ 著名周刊《旁观者》（*The Spectator*）④ 杂志曾在此案审理过程中以《掺假制假：黑刺李叶还是茶叶?》为醒目标题，借此案的审判专门发表过一番关于民众如何看待商品掺假制假以及所谓替代商品的未署名时事评论，并提出了一些就当时而言颇有见地的意见和建议。

评论指出，因为替代品可能会被用作掺假物，人们看不出法令应如何将制作一种按其本来样子被公开描述和出售的物品列为罪行。若此，那么"亨氏烘玉米"（Hunt's Roasted Corn）也可能被禁售，理由是它被当作廉价的咖啡替代品，或者菊苣，其被销售用来掺混饮料。索兰德医生（Dr. Solander）的"英国茶"从未被税务机关禁止，曼陀罗干叶作为烟草替代物被以混合型烟丝公开出售。很明显，仅凭一条武断的法令就能阻止这种"配制英国茶"的销售。提起诉讼所依据的法律禁止了仿制茶，而仿制茶的销售则妨碍了向民众征税。有罪的是掺假者，而不是他所雇佣的物品制造商或销售商。掺假是英国商人最广泛、最有害的做法之一，无论人们愿意花多大价钱买一件东西，都很难买到真货。该行业惯例如此普遍，

---

① J. Phipps, *A Practical Treatise on the China and Eastern Trade*, p. 230.

② The London Genuine Tea Company, *The History of Tea Plant*, p. 49.

③ *The Morning Post*, Friday, 18 October 1833, at https：//www. newspapers. com/search/#lnd = 1&ymd = 1833 - 10 - 18.

④ 该杂志创刊于 1828 年，是以政论为主的综合性杂志，为英国全国性周刊中历史最悠久的。需要指出的是，早在 1711～1712 年英国即出现过一份名为《旁观者》的日刊，由约瑟夫·艾迪生（Joseph Addison）和理查德·斯迪尔（Richard Steele）创办主编，曾于 1714 年复刊（每周出 3 期），但仅维持了 6 个月。详情参见本书第八章第一节相关内容。

以至于人们真的相信一些愚蠢之人会仅仅出于习惯而掺假，而不是首先平衡利润的获取和信誉的丢失。高价并不总是防止掺假的保障。可以肯定的是，这种做法并不局限于销售廉价物品的商贩；当然，在以低价销售的昂贵商品中，这种情况更为普遍。为了获得更多利润，一个零售贸易商卖得很便宜：他先买来受损货物掺混完好货物，然后再用异质掺假制假。高价商品的经销商发现他的销售量减少了，而为了弥补损失，他以较小的程度掺假但不降低商品价格，如此在欺诈行为被发现之前维持着他的信誉。杂货商大声疾呼反对廉价茶叶的经销商，但他们也不少掺假。民众担心他们仍然利用黄赭石将红茶变成绿茶，或者把劣质茶与好茶混在一起。根据经验，有些生活必需品几乎不可能不掺假，比如面包和啤酒。尝过自家用麦芽和啤酒花酿造的真正啤酒之人也难从大啤酒厂和小啤酒店的掺药混合物中识别出它的味道。如果一个人要像正牌面包烘烤师或啤酒酿造师那样建立自己的事业是很难成功的，因为没有人会相信他。那个时代基本是品尝不到真正的干邑、杜松子汁或葡萄牙葡萄汁的，即使在有名望的酒商所售的白兰地、杜松子酒和波尔图酒里。而普通民众则认为，一些专家强调的商品掺假制假的有害影响实际上是被过分夸大了。

评论认为，禁止用于掺假的物品是不可能的，应该做的是力争发现欺诈行为，没收掺假物品和惩罚违法者等。至于如何发现欺诈行为，评论则建议在伦敦和主要乡村城镇指派化学检验员，任何人任何时候都可以携带物品前往检验所接受适当的化学检验并支付押金，以防止无意义或无根据的申请。检验员所发证明可作为地方法官签发搜查及检取掺假物品的手令，以及对该欺诈商贩处以罚款的依据，投诉方的赔偿费和测试费则从罚款中抽取支付。而唯一的困难是追查犯罪方，零售商可以控告批发经销商，而反之亦然。受害方可向卖方申请赔偿，卖方则有责任证明自己的清白。这似乎很难，但通常来讲其十分熟悉自己所卖商品的质量，或至少足以使其构成掺假嫌疑。诚实的零售商可以首先向检验所申请自我保护，或者至少可以使自己处于一种证明自己清白的境地。这种侦测掺假设施的存在会很快减少或完全制止掺假制假的行为，至少在食品和一般消费的物品中如此。①

---

① "Adulteration–Sloe-leaves or Tea?" *The Spectator*, 21 September 1833, p. 15.

此后，大规模的茶叶掺假制假现象在英国基本没有再现，只在个别年份有过少量假茶被查收判例。1843 年 5 月 12 日，税务机关在伦敦查收了一小批假茶，是回笼红茶被重新烘焙着色仿制成绿茶，所用的染料为碳酸钙与植物性黄色染料相混而成的一种类似荷兰红的物质，其再与碳酸盐铜混合产生绿色；5 月 15 日，查收一小批假茶，是回笼红、绿茶被烘干后混入树胶，然后被用普鲁士蓝（44%）和一种类似荷兰红的黄色染料（56%）仿制成绿茶；6 月 1 日及 20 日，分别查收一小批由回笼红、绿茶配以树胶、荷兰红和普鲁士蓝制成的伪绿茶；8 月 24 日，查收少量由回笼茶烘焙后加入木质素、树胶、单宁酸制成的伪绿茶。1845 年 6 月 19 日，税务机关在曼彻斯特查收了一些掺入比例不少于 15% 的普鲁士蓝、重铬酸钾、碳酸钙、碳酸镁、滑石粉的伪绿茶。1848 年 2 月 16 日，税务机关再在该城查收了一批混有尘土、沙粒和盐且掺入木质素、树胶、铬酸盐铅、亚砷酸盐铜、威尼斯红（Venetian red，主要成分为氧化铁）、蓝靛、碳酸钙、碳酸镁及其他色料的各类伪品红、绿茶。[1] 1851 年伦敦《泰晤士报》报道，一位名叫爱德华·索斯（Edward South）的人及其妻因大量制造假茶而被判有罪。[2]

自 1860 年始，英国政府改变了一直以来按照 18 世纪以国王名义颁布相关法令禁止食品掺假制假的做法，转而通过议会之名所立法案加以贯彻执行。在英国政府、医生及科学家团体、新闻媒体等各界更加重视、支持以及持续加大反食品掺假制假力度这一大背景下，英国政府的茶叶质量监管制度也不断得到完善，茶叶掺假制假问题得到强有力的控制。1860～1899 年，英国先后颁布了多部相关法案：1860 年《禁止食品与饮料掺假法》（"Act of Parliament for the Prevention of the Adulteration of Food or Drink by Local Authorities"）、1872 年《禁止食品、饮料与药品掺假法修正案》（"An Act to Amend the Law for the Prevention of Adulteration of Food and Drink and of Drugs"）、1875 年《食品与药品销售法》（"The Sale of Food and Drugs Act"）、1879 年《食品与药品销售法修正案》（"An Act to Amend

---

[1] The Analytical Sanitary Commission, "Records of the Results of Microscopical and Chemical Analyses of the Solids and Fluids Consumed by All Classes of the Public. Green Tea, and Its Adulterations," *The Lancet*, vol. 58, iss. 1458, 1851, p. 141.

[2] W. H. Ukers, *All about Tea*, vol. II, p. 123.

the Sale of Food and Drugs Act") 以及 1899 年《食品与药品销售法》
("The Sale of Food and Drugs Act")。

尤其值得关注的是，1875 年法令对茶叶的掺假制假做了特别规定，即第三十条关于对进口茶叶的检验和茶叶货物的处理，以及第三十一条有关对"废茶渣"（exhausted tea）的明确定义。第三十条详列"所有进口茶叶在抵达大不列颠及爱尔兰的港口后，须接受海关专员所任命的检查员检验，且须得到财政部的批准。若检查员认为有必要，可将样茶以适当的速度呈交给公共分析师分析，若分析结果表明样茶已被其他物质或茶渣掺假，那么茶叶将不得被移交，除非获得上述专员的许可。依据分析结果和具体情况，对这些茶叶的去向给出恰当指示，即是输入国内进行消费，或是作为船舶自用品消费，抑或是被再出口，但是，如果分析师认为这些茶叶不宜作为供人饮用的饮品，它们则应当被没收和销毁，或者以上述处理办法之外的其他办法加以处理"。第三十一条规定："该法令中所使用的'废茶渣'是指所有以浸泡、泡制、煮煎或其他方式剥夺了茶叶的原有品质、浓度和优点的茶叶。"①

随着英国政府监管和检验茶叶制度的逐步严格化，特别是在 1875 年法令颁行后，茶叶掺假制假现象锐减，伪劣茶的加工制作宣告断绝，有关假茶的诉讼判例也少有发生，英国市场上的茶叶质量得到了明显改善和提升。虽然在伦敦依然能够发现少量假茶和回笼茶，但基本上是与真正茶叶一道从海外输入。英国政府继续加强检验工作以及对此类茶相关经办者的惩处，因此它们的进口也就大为减少。

第三节　茶叶的掺混拼配

如果说，掺假制假茶叶虽然可以保证这些茶商的利润，但其实属非法，且很可能会损害饮茶者的身体健康。那么，对茶叶进行掺混拼配，则既能够保证这些茶商的利润，同时未触犯相关法律及损害饮茶者的身体健

---

① William J. Bell, H. S. Scrivener, *The Sale of Food & Drugs Acts*, *1875 to 1899*, *and Forms and Notices Issued Thereunder*, *with Notes and Cases*; *Together with an Appendix Containing the Other Acts Relating to Adulteration*, *Chemical Notes*, *etc.*, London: Shaw and Sons, 1900, pp. 68-69.

康，有时甚至是对消费市场需求的一种顺应。

对茶叶进行掺混是欧洲贸易公司在广州采购茶叶时经常要面对的难题。茶叶的掺混主要分为不同品种茶叶的掺混、新陈茶叶的掺混、好次茶叶的掺混。这样做的最主要目的是将低级茶叶混入高级茶叶，再按高级茶叶的价格出售，从而获取更多利润。

不同品种茶叶的掺混基本只能发生在同类别的茶叶中，不同类别的茶叶之间几乎很难掺混。当然，红茶或绿茶中的不同品种茶叶若想相互掺混得好，就必须要考虑茶叶的形状，否则很容易被购买方辨别出来，因为有些不同品种的茶叶外形差别是极为明显的。相对而言，绿茶的不同品种之间掺混的现象较少，而红茶则经常出现这种情况。

以 18 世纪荷印公司在广州采购茶叶为例，我们可以通过荷兰驻广州商馆档案得知，荷兰大班经常采购一定数量的安溪红茶（下称"安红"，英文 Ankay，荷文 Ankaij），用以掺入其他红茶。由于 18 世纪福建安溪的茶叶栽培及茶叶制作技术不过关，安红的品质一直不被西方商人认可，其味道在西方商船回程途中就已散尽。① 荷兰大班仍然长年购买低质安红，其唯一目的就是用来掺混武夷、工夫或小种等红茶，有时会直接采购各类混茶现货，如"安红－工夫"（英文 Ankay-Congou，荷文 Ankaij-Congo）和"安红－小种"（英文 Ankay-Souchong，荷文 Ankaij-Souchon），然后按武夷、工夫或小种的价格投入欧洲市场，以获丰利。② 虽然荷兰大班在商馆日志及商馆商务理事会年度决议中会提及购入安红混入其他红茶，但在其每年写给公司总部的商务报告中则不再提及此茶，在商会城市拍卖会上更是不见其名。其实，除了安红最常被用来掺混其他红茶，最低等品质的武夷有时也会被用来掺混其他较高等级的红茶。

欧洲商人在广州会自行掺混茶叶，但工作量非常大，而直接购入掺混现货茶则可省却许多麻烦，不失为一条"捷径"。但是，如何保证从中国供茶商手中购得的茶叶质量不令人失望则颇费周章，这需要买卖双方以一定的形式达成一致意见。1769 年 3 月 18 日荷兰大班与供茶行商签订的武夷、小种、工夫、松萝及屯绿等红、绿茶的购买合同可以较好地说明这一

① G. G. Sigmond, *Tea*, p. 39.
② 刘勇：《近代中荷茶叶贸易史》，第 27 页。

点：红茶方面，供应商拥有 230 天（即截至 1770 年 9 月 4 日）来完成第一批茶叶的装船，其余茶叶则在 250 天内（即截至 1770 年 9 月 24 日）交付——570 担一等小种、730 担二等小种、650 担一等工夫、1140 担二等工夫及 2240 担与武夷整箱混装的三等或低等工夫。供茶行商须保证茶叶质量，在此基础上共同负责按合同所规定的数量和种类交付茶叶。若荷方在验货时对茶叶质量不满意，或是确认中方将二等或低等茶叶充作一等茶叶，则会拒收。发生如此情况，荷方若认为有必要，中方应从其为进口荷方货物而准备的资金中扣补此部分货款。①

　　很明显，仅以签订合同的方式还是无法完全杜绝供货行商在所售茶叶的质量上弄虚作假。为了确保最终能够得到保质的茶叶，欧洲商人会采取多种措施：一是对样茶的品验，二是监督茶箱封装。欧洲商人对样茶的品验非常重视，主要集中于茶叶的色泽、气味、口感及泡质。早在 18 世纪 50 年代初，荷印公司就开始向广州派遣专业品茶师鉴定茶叶品质的优劣。经验丰富的品茶师拥有出众的味觉，十分了解本土消费者的口味。他们一般以术语细分品茶结果，如 "味醇"（vol）、"味香"（geurig）、"味浓"（moutig）、"味正"（rond）、"味淡"（dun）、"味浅"（vlak）等作为茶叶品质高低及其定价标准。② 1762 年，商馆还专门收到公司有关茶叶购买的指示："除了要保证每一种茶叶质量必须上乘且选自首批最鲜叶片，还须标明茶叶具备何种额外品质且消费者为何要支付更高价格，因为根据往日经验，与在中国相比，茶叶品种分类在荷兰有了很大的改变。根据荷兰消费大众当时的口味，所有茶叶种类的必备品质为口感细腻、顺滑、纯正、泡后清爽无杂质。就此点而言，近年来一些外国公司所购的武夷品质上乘。"③ 1765 年，荷兰商馆再次收到公司对所订武夷的特别要求：叶质佳好、味道纯正。④ 同时，西方大班还会在茶叶收货封装时专门派遣检验员进行现场监督。在这项要求严格的工作中，检验监督员的最关键职责即保证茶叶（特别是武夷）封装时不被掺混尘土等其他杂质。荷兰国内的茶叶

① "Resolutie（30 april 1769），" NFC 32.
② J. R. ter Molen, *Thema thee*, p. 23；C. J. A. Jörg, *Porcelain and the Dutch China Trade*, pp. 30，78.
③ "Instructie van de Chinasche Commissie naar de supercarga's（13 november 1761），" NFC 124.
④ "Resolutie（7 november 1765），" NFC 28.

购买者一直存在对所购茶叶混有尘土的抱怨，荷印公司于是从 1760 年开始确立起一套关于武夷茶箱重量的规则，以供荷兰大班在监督检验茶叶封装时遵循。尤其在 1764 年，荷兰大班在接到公司总部关于武夷茶箱混入杂质的严肃警告后，在此方面提高了对所派检验监督员的职责要求。根据商馆商务理事会的决议，每年向供茶行商派出分别以大班及其助理、簿记员等人组成的数支团队负责监督茶箱封装。譬如，1765 年分别向供茶行商派出3 支监督团，1779 年分别向供茶行商派出 4 支监督团。① 商务理事会任派检验员是避免茶叶封装过程中混入杂质的主要措施，但杂质的混入无论如何也无法完全避免。

在参与荷印公司拍卖会茶叶竞拍时，茶叶经销商最关心的是茶叶价格和茶叶质量。在质量方面，买家最关注的又是所拍茶叶的杂质掺混率。18世纪中期以后，荷兰茶叶批发商经常抱怨荷印公司所售茶叶的杂质太多，其中以武夷为重。虽然 18 世纪 60 年代后荷印公司领导层高度重视这一问题，但是国内消费者仍然直接或间接地向公司频繁抱怨茶叶所含杂质过多。在每年寄给公司驻广州商馆的贸易指示中，荷印公司领导层都会提醒在华大班，让其要高度重视并保证所购茶叶的质量。他们在指示中提出，1757 年对华重新直航贸易前，"荷印公司茶"的装箱过于草率，称重也过轻。虽然此后茶箱重量有所增加，但箱中茶叶被掺入了大量杂质。在华大班依据自己的假设，对这一掺杂现象给出了一个比较有趣的解释。他们认为，荷兰国内茶叶买家常常通过对公司所售粗装茶进行掺杂而获利，而若公司茶叶在到达荷兰前就已先被掺杂，那么则能够降低国内买家再次掺杂弄虚的概率。② 为了给自己在华茶叶质量监督检验的业务操办不力进行辩护，在华大班声称无法既兼顾公司的利益，还考虑国内买家不切实际的要求。如果想要保证茶叶少被掺混杂质，那么就得少买或不买安红，因为该品种茶十分脆碎，封装茶箱的过程中没法避免混入杂质。③ 作为替代，则可选用武夷，但如此一来必会推高茶叶价格，进而减少公司的利润。大班一直都在想方设法地满足国内茶叶经销商的要求，但是他们始终还是以公

① "Resolutie（7 november 1765），" NFC 28；"Resolutie（30 oktober 1779），" NFC 42.
② "Dagregister（3 november 1764），" NFC 73.
③ 在广州，荷兰大班向供应商采购茶叶后按惯例将安红混入武夷、工夫及小种。

司的利益为重，尽量避免茶叶价格的涨幅过大，所以无法满足国内茶商的全部要求。① 而平衡这两方面矛盾的最佳措施，就是商馆派员监督供茶行商的茶叶称重、装箱过程，尤其是将武夷、工夫、小种与安红混装时。18世纪后半期，荷兰驻广州商馆在茶叶称重、装箱过程中确有派专人监督。此外，运抵荷兰的茶叶在拍卖前，还有可能按照竞拍方的要求在公司仓库里被重新开箱组合包装。在这个过程中，一部分由中国供茶商所雇苦力在装箱过程中混入的杂质则可以被剔除。当然，因此也会带来一定的损耗，但这种情况在所难免，10%～15%的损耗实属可接受范围。②

英、荷等国茶叶经销商从东印度公司竞拍购得茶叶后，再将其以原有包装或经过拼配后包装卖给下级批发商、零售商及零售杂货商。近代早期，欧洲各国茶叶批发商及零售商销售的茶叶大多未经拼配，基本保持在亚洲装船前封箱时的原状。对于经销商而言，以此方式售茶实在便利，然而销售结果并不令人满意。这主要是因为每批茶叶的成色难以保持一致，以及由于批发商之间相互竞争推销大致雷同的品种，从而很难体现各自的茶叶销售特色，无法拓宽销路。

18世纪后期，茶叶拼配及包装业务已发展成相当规模。③ 而自19世纪中叶始，茶叶拼配和分包的做法越来越多地被批发经销商、零售商们所采用。这一时期，随着英国、荷兰殖民者在印度、锡兰、爪哇甚至苏门答腊等地试种茶叶成功，这些地区的茶叶开始进入欧洲茶叶市场，于是欧洲商人不再仅从中国进口茶叶。在欧洲销售的茶叶品种迅速增多，消费者的口感要求也越来越复杂，这些都为茶叶拼配分包销售提供了条件，经销批发商销售拼配型茶叶逐渐成为一种现实的需要和流行的风尚。归根结底，以各种方式拼配茶叶，是为了消除由季节、气候或其他原因所造成的差别，进而让茶叶的成色达到协调一致。

经销批发商的茶叶拼配分包工作需要由专门的技师来完成。一名合格的茶叶拼配专家必须具备灵敏的嗅觉、味觉以及丰富的商业知识，且能够对市场情况熟识。而要想成为一名真正的高水平拼配专家，拥有长期经验

---

① "Dagregister（3 november 1764），" NFC 73.

② 刘勇：《近代中荷茶叶贸易史》，第172页。

③ W. H. Ukers, *All about Tea*, vol. II, pp. 118-120.

是必不可少的，这就需要清楚掌握市场上所售茶叶至少是最受欢迎的各类茶叶的特性。同时，也需要了解不同季节生产的茶叶特性，因为这些看似名称相同但特性相异的茶叶在欧洲的市场价值也是不同的。所以，应当在不同批次的茶叶之间进行选择和拼配，让拼配后的组合能够最大限度地与不同地域的消费者口味和水质相匹配，同时茶叶的售价也要能够被接受。如能做到这一点，即是一名成功的茶叶拼配专家，当然丰厚的待遇是必不可少的。所以，高水平的茶叶拼配专家在欧洲茶叶消费国普遍受到欢迎。

　　不同的消费者有着不同的口感需求，茶叶拼配专家需要在茶叶拼配过程中对此做出准确判断。可以说，口感是专家在拼配分包茶叶时需要特别注重的事项之一，尤其是在欧洲茶叶消费大国。在英国，来自泰晤士河以南各郡县的喝茶人对茶叶品质要求不高，但在工业区的煤矿工人及其他工人喜欢在家里饮茶；品质优良、香气足弥的茶叶深受苏格兰人喜爱，而爱尔兰人爱喝的茶叶品质要高于苏格兰人及英格兰人。

　　对不同地域水质的了解，需要掌握很深的相关专业知识。在英国，一名茶叶拼配专家必须清楚地掌握英国各地饮用水中的化学成分。我们知道，泡茶对水质的要求较高，水的软硬程度会影响到茶水的口感，所以泡茶用水品质的重要性不亚于茶叶本身。因此，拼配茶叶前，需要了解茶叶待售地区的水质软硬程度，这样才能使得拼配后的茶叶符合当地消费者的口感要求。有些茶叶经销批发商会依据拼配专家的试验结果制备英国各地饮用水参数表，其内容也会随着情况的变化而随时更正。各地零售商前来采购茶叶时，通常先会参照该表然后再拼配购买刺激性强或弱的茶叶，以期满足所在区域消费者的口感需求。按一般规则，销售刺激性强或弱的茶叶主要还得与当地水质的软硬程度相匹配，如此才能保证不同地区泡出的茶水味道一致。

　　拼配成的混合茶通常有三类，即敏感刺激型茶叶、味重浓厚型茶叶、香弥醇厚型茶叶。颗粒纤小、味道强烈但不苦的茶叶比较适合于软性水质，强烈刺激型、气味芳香的茶叶更适应硬性水质，而较有香气的茶叶多适宜于中性水质。每种混合茶至少由两种茶拼配而成，也可能多达几十种。按惯例，使用多种茶拼配实为上策，因为少了1~2种或用其他品种替代而拼配成的茶叶如有什么不同之处也难以被购买者察觉。用于拼配的各类茶叶均具有不同的品质，所以拼配一种混合茶必须谨慎辨别遴选其特质，还得要让其适合所定混合茶叶品质的标准，如此才能够让每种茶叶品质维持其平衡状态而尽量不被改变。同时，也必须避免大叶茶与碎茶相混，否则拼配而成的混合茶泡水后会出现小叶沉底的现象。至 19 世纪末20 世纪初，伦敦流行的混合茶拼配法即先从百千种茶叶里挑选出大约 20种被视为较适合于掺混的品种，依照平常方法——给予试验后决定哪几种茶可用于拼配，然后再将选出的茶叶按照拼配专家先前敲定的方式拼配出少量的混合茶。

茶叶零售商、杂货商从经销批发商购买的茶叶通常分为两类：一是已拼配好的茶叶，二是卸自商船的原箱茶。销售这两类茶各有利弊。虽然有的零售杂货商会出售自行拼配的混合茶，却并不普遍。许多零售杂货商以大箱或罐装茶叶大量销售，但也有的把全部或部分茶叶事先称好适合于消费者预购的分量再封装成小包出售。这完全属个人喜好，每位商家均会依据业务发展的需要自主决定，而拼配茶的好处则在于茶叶价格和品质能够最大限度地满足普通大众的消费需求。自 18 世纪初始，便有零售杂货商开始自己拼配混合茶出售。然而，拼配茶叶销售需要有充足的资本采购大批量的箱茶，并且还得时刻关注市场行情的变化以确保茶叶的销路，如此才能获利，这使得零售商远不及专业的包装商能够在此方面长期专心致志。所以，只有那些资本和经验达到足够条件的大商家才有可能更早地涉足这项特殊业务，并通过自行拼配茶叶创造出独有商标，以吸引新、老顾客。他们当中，川宁家族就是最出名的代表之一。18 世纪 80 年代，茶商兼作家理查德·川宁曾对其祖父托马斯·川宁（Thomas Twining，伦敦最早的茶商之一）、其父丹尼尔·川宁（Daniel Twining）以及自己所处时代的拼配茶叶销售的习俗有过比较论析：

　　在我祖父的时代——这是一个我经常乐于听的故事，不管读者是否愿意听——作为一种习俗，女士们和先生们都是到店里来订购自己的茶叶。茶箱按惯例分散敞开着，当我的祖父当着买主们的面将其中一些茶拼混在一起时，他们习惯品尝，拼配反复调整，直到适合买主们的口味。那时，如果茶叶不是拼配的，没有人会喜欢。在我父亲的时代，买主们很少有这样品茶的习俗；现在，这种品尝茶叶的习俗几乎没有了，但拼配茶叶的老习俗一直都在延续着。如果我现在非得要把它搁置一边，那我只能说，我一直在学习一个教训，而这个教训并不容易学到，也没有什么用处。不过，我认为这个习俗只需要适当的解释便可获得认可。揭开神秘的面纱，许多以前令人震惊的事情，现在看起来则是完全无害的。①

---

① R. Twinings, *Observations on the Tea and Window Act*, pp. 38-39.

第六章　欧洲的茶叶广告宣传

现代意义上的广告宣传（advertising propaganda），是指广告客户借助广告策略、手段，通过一定的媒体或形式向公众宣传、传播广告信息的活动。[①] 广告宣传是商家营销过程中的一个重要环节，它可以将商家与顾客直接联系起来。广告宣传的产生，是为了改善在商品经济的市场环境下买卖双方信息不对等的不良状况。通过以路牌、橱窗、霓虹灯、广播、电视、电影、报刊、书籍及其他印刷品等媒介或者形式刊播、设置、张贴广告的有效方式，商家可以向目标受众传递商品信息，影响他们对商品的态度和行为，并增加其对商品的需求。广告宣传对于一个商家而言，是向目标受众推荐自家商品不可或缺的营销传播手段。

人类使用广告的历史十分悠久，广告宣传是商品生产和商品交换的产物，也是人类信息交流的必然产物。广告宣传的形式和技术随着人类经济的发展而发展。进入近代，造纸术、印刷术传入欧洲后广告宣传活动进入了以印刷广告为主的时代，同时也继续保留着先前的口头宣传、招牌标志、实物陈列等传统方式，这在近代欧洲诸国的茶叶销售广告宣传的历史演变过程中也得到了充分的体现。

第一节　店铺标志物广告宣传

近代欧洲在印刷术尚不发达之时，各国商家店铺因民众识字率偏低，于是习惯将象征自家店铺的标志或图案设在建筑物屋顶或外墙上，作为说

---

① 林崇德等主编《心理学大辞典》上卷，上海教育出版社，2003，第457页。

明店铺经营内容的方式，向来往行人提供视觉上的暗示，给其留下深刻印象，从而很好地实现商家的促销广告宣传效应。有售茶叶的近代店铺同样也不例外，大多会设计选用自己所喜爱的标志物，例如装饰恰当的横窗、牌匾、徽标等，上面通常还会配上店名，这可以使得过路行人很快识别出该店铺的茶叶销售特征。

18 世纪末，开在荷兰西南部斯希丹（Schiedam）市波特街（Boterstraat）171 号的烟草、咖啡、茶叶店"绿茶树"（De Groene Theeboom）设计了自家店铺木制顶横窗，中间装饰着一棵塑制小树，上面挂着一条飘带，上刻"绿茶树"字样，以此彰显店铺特征（参见图 6-1）。① 19 世纪初，阿姆斯特丹的一家销售茶叶的店铺"金茶树"（D. Bloiende Theeboom）设计了一个题名为"金茶树"的挂墙式木制牌匾，上面正中央画有一棵所谓的茶树，两

图 6-1　18 世纪末斯希丹市波特街烟草、咖啡、茶叶店铺
"绿茶树"木制顶横窗

资料来源：J. R. ter Molen, *Thema thee*, p. 44。

---

① "Het verhaal van 't Roode Anker en d' Groene Theeboom," *De Schiedammer*, 15 juli 1954, p. 1. 在斯希丹城市博物馆（Stedelijk Museum Schiedam）至今仍收藏着 1899 年受捐的该店铺横窗，其长 98 厘米，宽 75 厘米，厚 1.5 厘米。

边配上各种茶叶箱、茶叶罐、茶叶桶及其他各类杂货的图画，意指更加明显（参见图 6-2）。①

图 6-2　19 世纪初阿姆斯特丹茶叶店铺"金茶树"挂墙式木匾招牌

资料来源：J. R. ter Molen，*Thema thee*，p. 44。

有时，在茶叶店铺的店面遮篷上还会写上一些吸引路人目光的优美文字，就如 17 世纪末有人曾在阿姆斯特丹老莱利街（Oude Leliestraat）的茶叶店铺"两个茶瓶"（De Twee Thee-Flessen）门前看到过几行趣味十足的诗体字句：

请不要错过	*Ga niet voorby*
如果你	*Indien dat gy*
看到好茶。	*Soekt goeje thee.*
看一看，闻一闻，尝一尝，	*Sie, ruyk, en smaak,*
直到满意，	*Tot u vermaak,*
并捎上一些！	*En neemt wat mee.* ②

谈及对广告招牌的使用，英、荷两国各有一个非常经典的、极具代表性的活例子，即位于荷兰莱顿市霍格伍德街（Hoogewoerd）的茶叶、咖啡店铺"三叶草"（Het Klaverblad）以及位于英国伦敦市中央区斯特兰德街（Strand Street）的"川宁茶叶"（Twinings Tea）旗舰店。这两家茶叶店铺

---

① 该挂匾现收藏于阿姆斯特丹市历史博物馆（Amsterdam Historisch Museum），高 21.8 厘米，宽 74 厘米。

② Hieronymus Sweerts, *Het derde deel der koddige en ernstige opschriften*, Amsterdam: J. Jeroense, 1718, p. 103.

所用广告招牌的特别之处在于，截至今日它们全程"见证"了其所代表的店铺的历史演进过程。

1769 年，假发制造商雅各布斯·范·德·克里克（Jacobus van der Kreek）在莱顿城里临近芭芭拉巷（Barbarasteeg）的霍格伍德街 15 号创办了这家"三叶草"店铺，销售茶叶及咖啡和其他各种杂货。随后，克里克先生便在该店外墙上固定了一个设计成方形小木箱的招牌，侧面除了印有店名标志"三叶草"图案，还特别配上了一个"VOC"商标图形，以此宣示该店铺拥有荷印公司进口商品的专营权，这是其向荷印公司付费所获的该商标使用权。1800 年雅各布斯·范·德·克里克去世，其生意由长女伊丽莎白·玛莉亚·范·德·克里克（Elisabeth Maria van der Kreek）继承。之后又被伊丽莎白·玛莉亚的侄女继承，接着再由其传至莫肯布尔（Molkenboer）家族之手，而该家族以此店继续销售茶叶和咖啡。如今，过往行人依然可以看到这一持着同样的名字"三叶草"的醒目招牌悬挂在该店铺两个大窗户之间的上方，① 只不过箱式招牌外表已从原先的黑底白图变为现在的白底黑图（参见图 6-3），而店主已是与克里克家族或莫肯布尔家族无任何关系的玛丽恩·德·菲利斯-雅各布斯（Marion de Vries-Jacobus）。经过 250 余年的岁月洗礼，"三叶草"店铺已成为荷兰境内存在至今最古老的茶叶、咖啡店铺。②

18 世纪初，伦敦咖啡销售商托马斯·川宁被茶叶这种快速流行起来的饮料所提供的商业机会所吸引。聪明好学的他待获得了足够的茶叶知识后，决定入行茶叶销售。1706 年，他盘下了伦敦斯特兰德街上的"汤姆咖啡馆"（Tom's Coffeehouse）。③ 次年，该店铺以新店名"金狮"（Golden Lyon）开门迎客，开始主营茶叶生意，在提供茶饮的同时，也出售茶叶（很快便成为该店主业），当然也兼售当时最流行的咖啡，这是英国乃至全世界最早销售茶叶的店铺。

这家店的位置非常理想，横跨在威斯敏斯特（Westminster）和伦敦城

---

① 该木箱长 36 厘米，宽 33 厘米，高 43 厘米，为公司招牌的理想尺寸，原先的色调为黄底棕字。

② 关于"三叶草"店铺的历史沿革，参见 Leidse Courant，31 juli 1985，p. 9；Leidsch Dagblad，27 augustus 1994，p. 15。此外，笔者也曾于 2005 年对现店主菲利斯-雅各布斯女士进行过一次专访。

③ 当时伦敦还未实行门牌编号制度，该店址即为现在的伦敦斯特兰德街 216 号。

图 6-3　莱顿茶叶、咖啡店铺"三叶草"铺面

资料来源：Liu Yong, *The Dutch East India Company's Tea Trade with China*, p. 138。

的交界处，伦敦大火之后，这个地区的贵族们便聚集在此品饮、闲聊和做生意，托马斯·川宁正是看中并利用了这一点。难能可贵的是，该店铺自此便作为家族企业"川宁茶叶"的旗舰店并一直在该地址。但用作该店铺广告宣传的标志物，却迟至 1787 年才正式得以确立。该年，托马斯的孙子理查德委托他人设计了店铺入口处的通道：门头上方置放着一只狮子和两个中国人雕塑，中央稍下方墙面配以新设计的公司纹章，再下方以大写字母镶上"Twinings"一词（参见图 6-4）。金色狮子是坐卧着的，这被理解为对公司创始人、理查德的祖父托马斯的尊重；狮子的左、右两边背对伸腿坐着的两个分别身着清朝商服和官服的中国人代表着与中国的贸易（我们都知道截至 19 世纪三四十年代中国都是世界唯一的茶叶来源地）；纹章下部分蓝底白字写着"由伊丽莎白二世陛下任命的茶叶、咖啡商"（By Appointment to H. M. Queen Elizabeth Ⅱ Tea & Coffee Merchants）。现今，该店铺标志物已成为世界上最古老的商业广告标识之一，从其制成之初便沿用至今。经过 10 代人的努力，家族式企业"川宁茶叶"现已成为全球知名公司，其茶叶产品分销至全球 100 多个国家和地区。①

图 6-4　伦敦斯特兰德街 216 号"川宁茶叶"公司旗舰店铺面

资料来源：伊丽莎·罗尔（Elisa Roll）摄。

"川宁茶叶"旗舰店的历史比"三叶草"店铺悠久，但"三叶草"店铺招牌的历史却比"川宁茶叶"旗舰店的更长远，真可谓历史馈赠给当今爱茶人的两份珍贵遗产。

第二节　报纸期刊广告宣传

1472 年，英国商人及出版人威廉·卡克斯顿（William Caxton）印制

---

① "History of Twinings," at https：//www.twinings.co.uk/about-twinings/history-of-twinings.

宗教书籍的推销广告小海报张贴在伦敦街头。[1] 此为西方印刷品广告宣传的开端，被大多数广告学家认定为最早的印刷广告。15 世纪、16 世纪，威尼斯出现了最早的手抄报纸，登载一些商业与交通信息，这些都已初具报刊广告的模式。16 世纪以后，历经了文艺复兴和工业革命洗礼的欧洲资本主义经济得到进一步的发展，西欧经济发达国家陆续出现定期印刷的报刊，这使得广告宣传的影响大为扩大，思维敏捷的商人们在继续使用先前各类广告宣传手段的同时，也很快发现并开始充分利用这一最佳广告媒介，向消费者推销自己的商品，尤其是本国民众当时还不十分了解和熟悉的新奇海外舶来商品，如咖啡、可可、巧克力及茶叶。

欧洲最早的茶叶广告宣传出现于 1658 年，这是第一次在报刊上登出的茶叶广告。该年 9 月 23～30 日，伦敦咖啡店主伽威在新闻周刊《政治快讯》上连续一周刊登茶叶销售广告。其位于一则悬赏罪犯的广告之后，而实际上这两则广告占据了周刊的一整个版面（参见图 6-5）。伽威的广告内容为："绝佳的被所有医生认可的中国饮料，中国人称之为 cha，其他国家称之为 tay，别名 tee，在这家位于伦敦皇家交易所旁的斯威汀巷（Sweetings Rents，又称 Sweetings Alley）中的咖啡馆'苏丹娜之首'有售。"[2]

在伽威的影响和带动下，伦敦其他销售茶叶的咖啡馆也纷纷开始大做广告，卖力宣传自家店中所售茶叶及茶饮。1662 年，周刊《王国情报员》（The Kingdoms Intelligencer）刊登交易巷的一家咖啡馆广告，称该店除了销售咖啡、巧克力及冰冻果子露，还出售茶饮。据称，这家店铺是当年少数几家发行过带有"茶叶"字样代币（token）[3] 的伦敦咖啡馆之一，经考证

---

[1] George Duncan Painter, *William Caxton: a biography*, New York: Putnam Publishing, 1977, pp. 98-99.

[2] *Mercurius Politicus*, 23-30 September 1658. 参见 W. H. Ukers, *All about Tea*, vol. I, p. 42。

[3] 17 世纪，英国货币缺乏，兑换困难。由于过度发行和大量造假，人们对其信任崩溃。在内战的干扰下，直到 1672 年宣布发行新铜币之前，政府都没有提供低价值的钱币。为了填补这一空白，许多民间商家在英格兰、威尔士和爱尔兰各地的城镇发行了自己的代币或辅币，用以方便在一定范围内周转流通，一般都局限于一条街道上的邻近各商铺通用。这种由黄铜、白铜、白铁等制成再加以镀金的代币上所包含的信息极具地方性，包括发行者的姓名、职业、地址、币值及所经营的业务项目等，都是非常重要的信息。与其他城市相比，伦敦发行的代币规模更大。

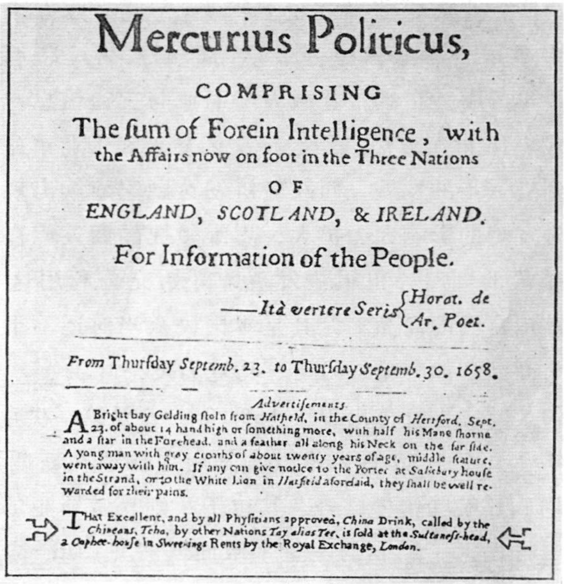
Mercurius Politicus,

COMPRISING

The ſum of Forein Intelligence, with the Affairs now on foot in the Three Nations

OF

ENGLAND, SCOTLAND, & IRELAND.

For Information of the People.

——Ità vertere Seria {Horat. de Ar. Poet.

From Thurſday Septemb. 23. to Thurſday Septemb. 30. 1658.

Advertiſements.

A Bright bay Gelding ſtoln from Hatfield, in the County of Hertford, Sept. 23. of about 14 hand high or ſomething more, with half his Mane ſhorne and a ſtar in the Forehead, and a feather all along his Neck on the far ſide. A yong man with grey cloaths of about twenty years of age, middle ſtature, went away with him. If any can give notice to the Porter at Saliſbury houſe in the Strand, or to the White Lion in Hatfield aforeſaid, they ſhall be well rewarded for their pains.

THat Excellent, and by all Phyſitians approved, China Drink, called by the Chineans, Tcha, by other Nations Tay alias Tee, is ſold at the Sultaneſs-head, a Cophee-houſe in Sweetings Rents by the Royal Exchange, London.

图 6-5　1658 年 9 月 23~30 日新闻周刊《政治快讯》所刊登的托马斯·伽威茶叶销售广告

资料来源：W. H. Ukers, *All about Tea*, vol. Ⅰ, p. 42。

其很大可能就是著名的咖啡馆“伟大的土耳其人”（Great Turk）。[①] 随后，也出现了报纸上刊登茶叶销售广告的情况。1663 年 3 月 19 日，交易巷里的另一家咖啡馆“穆拉特大帝”（Morat the Great，参见图 6-6）店主威廉·艾尔福德（William Elford）在《大众快讯》报（*Mercurius Publicus*）上刊登茶叶销售广告，称“在‘穆拉特大帝’有茶叶出售，按其品质每磅 6~60 先令”，其价格与当时的咖啡相比较为昂贵，约为后者的 6~10 倍。[②] 1680 年 12 月 13~16 日，《伦敦公报》连续一周刊登了一则行文有趣的茶叶销售广告：“此为通知那些有品质的人，偶然落入某位私人之手的一小包绝

① Reginald Hanson, *A Short Account of Tea and the Tea Trade, with a Map of the China Tea Districts*, London: Whitehead, Morris and Lowe, 1878, pp. 38-39; W. H. Ukers, *All about Tea*, vol. Ⅱ, pp. 295-296; Frederika Whitehead, "Historic Local Currencies: the local currencies recently introduced by transition towns are far from new-locally circulated 'trade tokens' were common throughout the 17th and 18th century," *The Guardian*, Tuesday, 21 September 2010, at https://www.theguardian.com/society/gallery/2010/sep/21/trade-tokens-local-currencies.

② R. Hanson, *A Short Account of Tea*, p. 39; M. Ellis et al., *Empire of Tea*, p. 36.

好茶叶准备出售。不过，为了不让任何人失望，最低价格为每磅30先令，且低于1磅不售，请他们带上适宜的盒子，去圣詹姆斯市场（St James's Market）的'国王之首'（King's Head）向托马斯·伊格尔斯（Thomas Eagles）先生打听（参见图6-7）。"①

图6-6　17世纪60年代伦敦咖啡馆"穆拉特大帝"发行的代币

资料来源：W. H. Ukers, *All about Tea*, vol. I, p. 43。

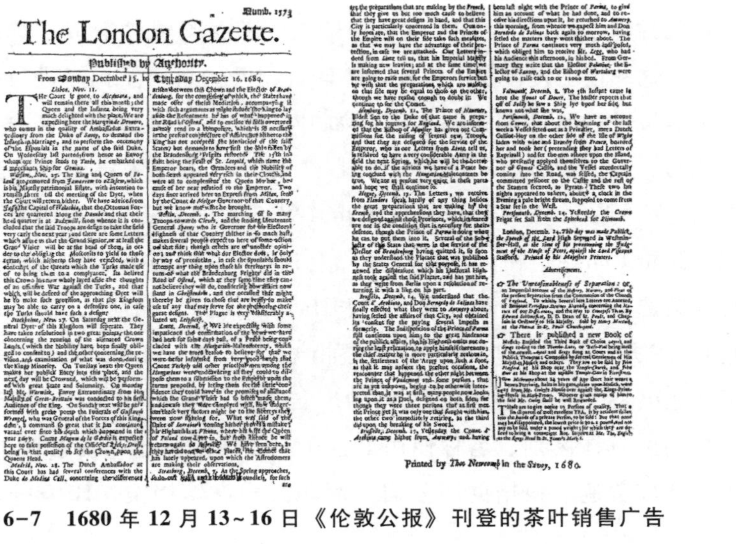

图6-7　1680年12月13~16日《伦敦公报》刊登的茶叶销售广告

资料来源：*The London Gazette*, Monday, 13 December –Thursday, 16 December 1680。

---

① "Price of Tea in Former Times," *The Illustrated London News*, vol. 6, London：William Little, 8 March 1845, p. 147；Thomas Stewart Traill（ed.）, *The Encyclopædia Britannica：or dictionary of arts, sciences, and general literature*, eighth edition, vol. 21, Edinburgh：Adam and Charles Black, 1860, p. 89；William H. Ukers, *All about Tea*, vol. II, p. 296.

　　此外，英国的一些时尚茶馆也开始注意到，可以通过广告来提高店铺的知名度。那时，许多在温泉小镇上的妇女经营的茶馆很会巧妙借助在报纸上投放其他内容的广告，以间接的方式达到吸引绅士和贵妇们惠顾店铺的目的。例如，1689 年肯特郡唐桥井（Tunbridge Wells）镇的"玛丽茶馆"（Mary's Tea-house）和"梅茵沃琳太太茶馆"（Mrs. Mainwaring's Tea-house）在《伦敦公报》上联合刊登广告称："一批稀奇的版画、绘画、素描，还有许多其他古玩和人造珍品将于本月 13 日周二在唐桥井拍卖，以供先生和女士们消遣，本周其余几天也将在唐桥井附近的'玛丽茶馆'拍卖。所有的先生和女士都可以获取这些物品的目录，请于本月 10 日周六到……'梅茵沃琳太太茶馆'及上述拍卖点领取。"①

　　截至 17 世纪末，茶叶销售广告中基本上很少提及具体的茶叶种类和等级，通常最多也仅是使用"绝好"（excellent）一词来形容所售之茶，这主要是跟当时进口的茶叶种类和等级单调，以及欧洲茶叶销售商与消费者对茶叶认知度不高有很大的关系，进口的茶叶主要还是局限于武夷、松萝或贡绿等少数几种红、绿茶。自 18 世纪初开始，随着英国对华茶叶贸易规模的明显扩大，这一情况慢慢发生改变。英印公司开始对所要拍卖进口茶叶的不同种类和等级进行具体细分与说明，如 1712 年登记出售的茶叶被明确分为 5 种：武夷、工夫、白毫、松萝、贡绿。② 随后，茶叶销售商的广告宣传也相应地跟进。例如，1738 年伦敦华威巷（Warwick Lane）杂货店老板约翰·克拉克（John Clarke）在《伦敦晚报》上刊登广告，称其有"各种最优质、最新鲜的精选茶叶，即熙春（Hyson）、Hissoon（原文如此）、Outchaine（原文如此）、工夫、贡绿、Powkae（原文如此）、松萝、白毫以及所有其他种类的绿茶和武夷茶"。③ 从克拉克先生的广告来看，其似乎并不太清楚各类红、绿茶之间的具体区别，名称使用上也还比较错乱。这一现象直至 18 世纪中期仍然比较普遍。根据英印公司、荷印公司商馆档案，Hissoon、Outchaine

---

① "Advertisements," *The London Gazette*, 5–8 August 1689, at https：//www. thegazette. co. uk/London/issue/2477/page/2.

② *The British-Mercury*, 1 October 1712, at https：//newspaperarchive. com/london－british－mercury-oct-01-1712-p-1/.

③ *The London Evening-Post*, 19 December 1738, at https：//newspapera rchive. com/london－evening-post-dec-19-1738-p-3/.

及 Powkae 在整个 18 世纪的中国外销欧洲茶叶名单中似乎未曾出现过。

　　整个近代欧洲茶叶广告史上，在报纸期刊上登广告都是最普遍流行、最简单方便、最受商家欢迎、成本相对也较低的茶叶销售广告模式。每个国家以及各国之间的 19 世纪末的报刊广告编排形式及内容与 17 世纪末的相比差别并不太大，基本都是在有限的版面内写明茶叶种类、等级、价格以及销售者地址等相关信息（参见图 6-8）。

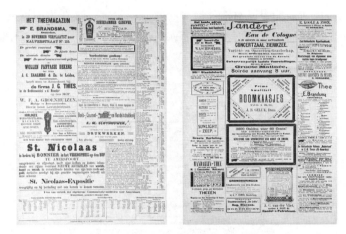

图 6-8　1888 年、1899 年《新阿姆斯福特报》《济里克泽信使》
刊登的布兰兹玛公司茶叶销售广告

资料来源：*Nieuwe Amersfoortsche Courant*，5 dec. 1888；*Zierikzeesche Nieuwsbode*，12 sep. 1899。

第三节　其他印刷品广告宣传

　　在利用印刷品进行茶叶广告宣传上，除可以通过在报纸期刊上登发广告外，商家为推销茶叶还可以直接编印张贴招贴（broadside）、海报（bill），散发活页（pamphlet 或 leaflet）、传单（handbill），也可以在商品包装纸或小纸袋上印刷广告语句，甚至可以采取编辑宣传册的方式宣传茶叶功效以及饮茶好处，间接达到扩大茶叶销售规模的最终目的。

　　现有资料表明，欧洲最早的茶叶销售广告招贴出现在英国。1660 年，托马斯·伽威以茶叶销售及零售商的身份，印发了一份题为《茶叶的生长、品质及价值的准确描述》用作店铺推销茶叶的广告招贴（参见图6-9），据称这也是欧洲最早的茶叶广告招贴。该广告用了约1300字的篇幅富有信息性和教育性地全面介绍了茶叶的相关知识，重点包括有关茶叶品质及其功效的具体赞述（具体内容详见第二章第一节）。可以说，伽威在英国乃至世界茶叶广告史上有着功不可没的地位，他所印发的这一广告内容简明扼要，给目标受众留下了良好的印象。当时民众普遍对茶叶的认知还不够深刻，而在此方面相对专业的伽威通过广告表明自己对茶叶诸多功效深信不疑，这在很大程度上积极促进了广大消费者日后对这一口感苦涩的新奇饮料的进一步了解、认可和接受。

图 6-9　1660 年题为《茶叶的生长、品质及价值的准确描述》的英国茶叶广告招贴

资料来源：G. van Driem，*The Tale of Tea*，p. 387。

作为欧洲另一个重要的茶叶消费国，荷兰的茶叶销售广告招贴最早何时出现我们并不太确定，目前所能查询到的最早时间大约是1730年。该年，位于阿姆斯特丹旧区教堂巷（Oude Zyds Kapelsteeg）的店铺"老市政厅"（Het Oude Stadhuys）的老板琼尼斯·克拉默（Joannes Kramer）在其主要为推销烟草而印制的招贴上写道："此类及其他更多种类的烟草都有不同数量出售，在旧区教堂巷阿姆斯特丹'老市政厅'内。瓦姆斯街

（Warmoesstraat）第五栋房子里，阿姆斯特丹琼尼斯·克拉默。（原文如此）附注：还有各种茶叶和咖啡豆，价格都很公道。"（参见图6-10）① 有趣的是，另一份资料显示克拉默宣称他的合伙人 J.P. 范·卑尔根（J. P. van Bergen）在其瓦姆斯街的店里存有烈酒、药材、茶叶及咖啡等商品。② 但很遗憾，在阿姆斯特丹市政档案中收藏着上述广告招贴的卷宗里并未发现类似的广告招贴。

图6-10　1730年阿姆斯特丹烟草、茶叶、咖啡店铺"老市政厅"印制的销售广告招贴

资料来源："Reclamebriefje," Bibliotheek N 40. 03. 012. 24，GAA。

编印小册子宣传茶叶功效及饮茶益处，这在 17 世纪下半期也已出现。较为有名的，或许也是最早的一份宣传册是 1675 年医生克拉斯·皮特森以尼古拉斯·图勒普之名编印的《药草茶叶的优良品质及其绝佳功效——来自尼古拉斯·图勒普的观察》。通过该宣传册，皮特森从专业医学角度阐述饮茶功效，其积极鼓励饮茶的观点得到了完美展示。随后，一份非常有名的

① "Reclamebriefje," bibliotheek N 40. 03. 012. 24，GAA.
② "Reclamebriefje," bibliotheek N 61. 01. 016. 33，GAA.

宣传活页约于1680年在荷兰出现（参见图6-11）。这份未标注制作者姓名的茶叶功效宣传活页似乎与1660年英国托马斯·伽威的广告招贴有着千丝万缕的联系，因为两者的内容存在太多的重叠，而它看起来则更为简洁。该活页列出了茶叶多达26项对人体的有益作用（具体内容详见第二章第一节），而其中第25项最为有趣，即“增强性爱而有利于新婚”，可想而知其肯定会引起广大青年男女性消费者对饮茶的极大兴趣。当然，宣传活页中所提及的一些“效力”明显有着夸大其词之嫌，但不可否认的是，其通俗易懂的内容十分便于荷兰普通民众对饮茶益处的认知和接受。此后，这份宣传活页的绝大部分内容（除了第25项）也被1686年考内利斯·邦特库与斯蒂芬努斯·布兰卡特联名发表的《茶叶的使用与滥用》一书收录。

KRACHTEN

Van de

THEE;

Nae 't Overſetten der Chineſche Sprake:

Ende heeft deſe nae-volgende Deughden.

1 SUyvert het grove Bloedt.
2 Verdryft de ſware Droomen.
3 Verlicht de Herſſenen van ſware Dampen.
4 Verlicht en geneeſt alle duyſelinge en pijne des Hoofts.
5 Is ſeer goedt voor Water-ſucht.
6 Verdrooght de vochtige Catarnen des Hoofts,
7 Verteert alle rauwe vochtigheyt.
8 Neémt wegh alle verſtoptheyt.
9 Maeckt het geſichte klaer.
10 Het ſuyvert de verbrande Humeuren en hitte der lever.
11 Tegen alle gebreken der blaſen.
12 Het verſacht de grove Milt.
13 't Verdrijft de overtolligen Slaep.
14 't Verjaeght de Dommigheyt.
15 't Maeckt Gauw en Wacker.
16 't Courageert 't Herte.
17 Doet de vreeſe wijcken.
18 't Verdrijft alle pyne des Colijckx, dat van winden ſijn oorſpronck heeft
19 't Is goet tegens de windige gebreken des Lijf-moeder.
20 Het verſterckt alle in wendige deelen ende verteerende krachten
21 Scherpt het Vernuft.
22 Het verſterckt de Memorie.
23 't Verwackert het Verſtant.
24 't Purgeert ſachtelijck de Galle.
25 't Sterckt Venus handel, dienſtigh voor nieuw Getroude.
26 't Leſt de Dorſt.

图6-11 约1680年题为《茶叶功效》的荷兰茶叶广告宣传活页

资料来源：J. R. ter Molen, *Thema thee*, p. 23。

广告传单与招贴的最大区别，应该就是后者基本为单面印刷以便于张贴，而前者往往是正反两面都会印上广告相关的内容信息。所以，相对而言传单所承载的信息量会略多于招贴。按惯例，传单的正面多是广告主题配以一些立马就能够吸引眼球的内容，譬如故事性很强的有趣图画，而真正的茶叶销售相关信息一般会被置于传单反面（参见图6-12）。

图6-12　19世纪末英国"维多利亚式"茶叶销售广告传单正面

资料来源：W. H. Ukers, *All about Tea*, vol. Ⅱ, p. 298。

19世纪末伊始，越来越多的新式广告模式被商家采用，以助力茶叶推销宣传。在英国，一些广受读者欢迎的流行作家的作品受到商业思维敏锐的商家青睐，被认为是刊登广告吸引广大读者的理想之处。例如，1884年出版的伦敦记者及流行作家亚瑟·瑞德（Arthur Reade）的畅销书《茶及茶饮》扉页被十多家各类公司的广告占据，其中就包括伦敦茶叶、咖啡、可可进口商菲利普斯公司（Phillips & co.，图6-13）及其他茶叶经销商的广告。① 在荷兰，著名的茶叶仓储及茶叶包装生产厂商布兰兹玛（E. Brandsma）公司可谓其中的杰出代表。除了继续刊登报刊广告、张贴散发招贴和海报，精明的商家还会巧妙利用其他能够吸引潜在客户注意力的印刷品来扩大广告宣传效应，或是印刷容易被普通民众接触到并接受的小巧而精美的卡片、标

_____

① A. Reade, *Tea and Tea Drinking*, pp. ⅱ-Ⅻ.

签、商业名片等，或是出版带有公司标志可以间接影响到成年客户的儿童连环漫画。为求得最佳茶叶销售广告设计，实力雄厚的公司甚至专门组织有规模、上档次的大型设计竞赛，这既可以获取最理想的广告设计效果，同时也可以借此提升自家公司的商业形象和扩大影响力。

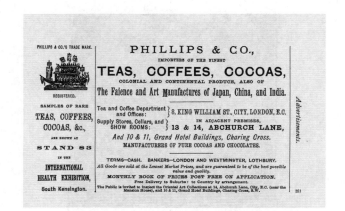

**图 6-13　1884 年伦敦茶叶、咖啡、可可进口商菲利普斯公司在
亚瑟·瑞德的《茶及茶饮》扉页二刊登的销售广告**

资料来源：A. Reade, *Tea and Tea Drinking*, p. ii。

　　布兰兹玛公司很早就意识到，优秀的广告设计能够对所想要达到的广告宣传效果发挥积极作用。为此，该公司于 1890 年特别组织了一次极为轰动的广告海报设计大赛，评审团核心成员包括约瑟夫·伊斯拉尔斯（Jozef Israels）、马克斯·利伯曼（Max Liebermann）等为代表的荷兰、德国著名艺术家。为了能够让这次竞赛看上去更具有国际化性质，公司分别在阿姆斯特丹和柏林设立一个评委会，由公司邀请来的众多著名艺术家及其他各类专家组成，对参赛作品的水平进行评判。最终，阿姆斯特丹和柏林评委会分别收到 300 件和 150 件来自欧洲各国的参赛作品。两个评委会各设一份价值 150 盾的一等奖，其中阿姆斯特丹的颁给了荷兰画家埃扎德·柯宁（Edzard Koning），柏林的则由荷兰艺术家 M. A. J. 鲍尔（M. A. J. Bauer）获得。

　　另外，公司老板布兰兹玛先生本人还专设了一项特别奖，依据作品广告的实用性而非纯艺术欣赏性来奖励最佳作品，其实这应该就是布兰兹玛举办此次设计大赛的最终目的所在。该奖项获得者依旧是荷兰人，他们是小 E. S.

威特坎普（E. S. Witkamp jr.）和尼古拉斯·范·德·瓦伊（Nicolaas van der Waay）。公司将所有获奖作品及大赛总结说明印在了一份海报上，而另一份有关小威特坎普和瓦伊获奖设计的单独宣传册则被广为传阅。他们的设计所展示的画面，是在一种充满18世纪中国风尚的氛围中，一位撑着油纸伞、手端茶碟杯、穿着中式长袍仪态端庄的女士站立于一张带有中欧混合设计风格的高脚茶几旁，而她的后面则是一棵描画夸张的茶树（参见图6-14）。① 许多参赛作品都以身着中国风时尚装扮的欧洲女性为主题，而同时期其他公司也依照这一主题衍生出类似的广告作品。② 据此，我们可以大致判定，那时的欧洲民众已普遍认为这一带有浓厚中国风格的异国情调设计最适用于茶叶销售的广告宣传，足以增强民众的购茶欲望。

图6-14　1890年布兰兹玛公司茶叶销售广告海报设计大赛中小威特坎普和瓦伊的获奖作品

资料来源：J. R. ter Molen, *Thema thee*, p. 41。

---

① Jan Dirk Christiaan van Dokkum, "Oude reclamekunst," *Elsevier's geïllustreerd maandschrift*, *jaargang 21*, Amsterdam, 1911, pp. 119-120.

② "Theehandel Smitt," 23 april 2019, Stadsarchief Amsterdam, at https://www. amsterdam. nl/stadsarchief/stukken/handel/theehandel-smitt/.

对广告宣传效果认识深刻、深谙广告宣传重要性的布兰兹玛公司在广告宣传活动方面不断推陈出新，甚至还曾于 20 世纪第二个十年在阿姆斯特丹某露天游乐场上空，投放过一颗缠绕着印有公司名称"Thee E. Brandsma"标志醒目条幅的超大悬浮热气球为公司宣传，这一极具冲击力的广告方式轰动一时（参见图 6-15）。

图 6-15 20 世纪第二个十年布兰兹玛公司在阿姆斯特丹某露天
游乐场上空投放的热气球广告

资料来源：Familiealbum met onder meer foto's van Wijnhandel Kraaij & Co. Bordeaux-Amsterdam（RP-F-F01010），Rijksmuseum，Amsterdam。

第七章　欧洲人的本土种茶尝试

　　17 世纪早期，欧洲人开始将茶叶作为商品运回欧洲。80 多年后，欧洲人又开始尝试将茶叶引入欧洲，进行本土培育。然而，自 17 世纪 80 年代至 19 世纪末，欧洲人虽然通过多种方法付出过艰辛的努力，但大多以失败告终。200 多年后的现今，茶叶在欧洲依然没有实现大规模的安身立命，只有极少数地区勉强保留着小规模种植，但也未能带来太多的商业价值。

　　这并非欧洲人缺乏努力的结果，而更主要的原因在于，无论是在北欧还是南欧，大陆地区还是海岛区域，欧洲的地理气候条件都无法满足茶树的大规模存活。因此，尽管茶叶在欧洲市场有着很高的需求，欧洲人却不得不一直依赖于从其他地区进口茶叶。

第一节　瑞典人的种茶尝试

　　早在 1642 年，荷兰植物学家邦丢斯就在他的《印度医学》一书中首次描述了茶树。邦丢斯当时在巴达维亚工作和生活，从未到过日本和中国，只是从公司同事雅各布斯·斯佩克斯（Jacobus Specx）那里得到过相关信息，后者曾在荷印公司驻日本商馆驻留过数年。1658 年，热带医学创始人之一、荷兰生物学家威廉·匹斯（Willem Pies，常称作 Piso）医生发表的《印度自然与医学》中，引录并扩充了邦丢斯的文本，同时还添插了一幅茶树素描画（参见图 7-1），[①] 据称这是现知欧洲最古老的茶树图。

　　1678 年，雅各布·布雷恩（Jacob Breyne）出版了《对外来植物及其

---

　　① Gulielmi Pisonis, *De Indiae utriusque re naturali et medica libri quatuordecim*, libri 6, Amstelædami: Apud Ludovicum et Danielem Elzevirios, 1658, p. 88.

图 7-1 威廉·匹斯的《印度自然与医学》所配茶树插图

资料来源：G. Pisonis, *De Indiae utriusque re naturali et medica libri quatuordecim*, libri 6, p. 88。

他未知名植物的剖析》，并将植物学家威廉·邓·莱恩（Willem ten Rhijne）的述论《灌木茶叶》（"De frutice thee"）作为附录收入。莱恩明确指出，日本茶树与中国（厦门）茶树属于同一种植物，日本所有茶种都源自它，中国（厦门）人与日本人分别将茶称作 *theè* 和 *t'chia*，同时，莱恩还谈论了茶叶的采摘以及日本京都附近的宇治（Oufi 或 Uji）茶园。布雷恩之书第五十二章标题被冠以"中国人的 *the*，即日本人所称的 *tsia*"（"The Sinensium, sive Tsia Japnensibus"）的标题，其正文中还插入了一幅茶树图（参见图 7-2），① 这是布雷恩依据莱恩的描述并参考寄自日本的样本绘制而成的。

随着驻扎亚洲的欧洲人对茶叶的了解和兴趣的逐渐加深，他们中的一些人开始借助自身的有利条件，尝试移植这一东方奇木。最先行者当为德

---

① Jacobus Breynius, *Jacobi Breynii Gedanensis exoticarum aliarumque minus cognitarum plantarum centuria prima, cum figuris aeneis summo studio elaboratis*, libr. 5, Gedani：David-Fridericus Rhetius, 1678, pp. 111–115.

图 7-2　雅各布·布雷恩《对外来植物及其他未知名植物的剖析》所配茶树插图

资料来源：J. Breynius, *Jacobi Breynii Gedanensis exoticarum aliarumque minus cognitarum plantarum centuria prima*, libr. 5, p. 112。

国医生兼博物学家安德烈亚斯·克莱尔（Andreas Cleyer）。1682 年 10 月至 1683 年 11 月以及 1685 年 10 月至 1686 年 11 月，克莱尔曾出任荷印公司驻日本长崎商馆总班，其间他接触到了茶树并根据其经验撰写了有关著作。① 1684 年，克莱尔从日本带着一些茶籽返回巴达维亚，将其种入他的私人花园以当作观赏植物。在克莱尔与其所雇园丁乔治·迈斯特（George Meister）② 的共同努力下，茶树培育取得了成功。虽然这一成绩对爪哇近

---

① 参见 Andreas Cleyer, *Miscellanea curiosa sive ephemeridum medico-physica Germanicarum academiae naturae curiosorum*, decuriae Ⅱ, annus Ⅳ, Norimbergae: Sumptibus Wolfgangi Mauritii Endteri, 1686。

② 乔治·迈斯特曾于 1677 年抵达阿姆斯特丹加入荷印公司，并于该年 5 月驶往亚洲。他在爪哇以园丁（及后来兼以管家）身份服务于安德烈亚斯·克莱尔，并和他一道两次前往日本。

代茶叶试种没有太大的实质性贡献，但克莱尔却因此而被称为爪哇种茶第一人。[①] 1694 年，弗朗索瓦·瓦伦丁还曾于荷印总督约翰尼斯·康福斯（Johannes Camphuys）的郊区别墅花园中见过迈斯特在此栽种成活的茶树。[②]

　　在迈斯特的帮助下，克莱尔在巴城试种茶叶成功，这或许也促发了其将茶株移植欧洲本土的念头。1687 年，克莱尔与迈斯特在从日本返回爪哇时，偷偷携带了数量可观的活茶株，这显然违反了当时日本长崎政府禁止出口活体植物的法令。次年，迈斯特携带 17 箱土壤及大量茶树、樟树、番石榴、香蕉等植株返回荷兰，一部分给了奥兰治亲王（Prins van Oranje），一部分给了"荷兰议会养恤金领取者"（Raadpensionaris van Holland）[③] 伽斯帕·法格尔（Gaspar Fagel），一部分给了阿姆斯特丹医学植物园。其间，3~4 月停留好望角开普敦（荷属时期称为 Kaapstad，英属时期改称为 Cape Town）时，迈斯特还为当地总督名下的荷印公司植物园留下了不少植株。[④] 但没有资料显示，此批抵达荷兰的茶株得以长久存活。

　　而有据可证的是，欧洲最早试种茶叶成功的时间往后整整推迟到 1763 年，是由瑞典著名植物学家卡尔·冯·林奈（Carl von Linné，1761 年前称作 Carl Linnæus）在瑞典完成的。林奈出生于瑞典南部一个小乡村，自幼便对植物钟爱有加。随着对植物兴趣的不断积累，林奈很早就开始专注于植物研究。1727 年，年仅 21 岁的林奈入学瑞典隆德大学（Lunds Universitet）。他很快便于次年转学乌普萨拉大学（Uppsala Universitet），且

---

① W. H. Ukers, *All about Tea*, vol. I, p. 109.

② F. Valentyn, *Oud en nieuw Oost-Indien*, dl. 4, "Beschryvinge van het eyland Groot Java of Java Major, met de eylanden en ryken daar onder behoorende," bk. 7, hk. 1, p. 322.

③ 此为 1617 年荷兰共和国荷兰（Holland）省所设第一位公务员及法律顾问的头衔，颁给有杰出贡献的人士，例如荷兰政治家、法学家及外交家伽斯帕·法格尔，他在 1688 年英国革命期间一度代表奥兰治亲王威廉三世撰写信件。

④ Georg Meister, *Der Orientalisch-Indianische kunst und lustgärtner*, Dresden: Riedel, 1692, pp. 226-228; Mia C. Karsten, *The Old Company's Garden at Cape & Its Superintendents*, Cape Town: Maskew Miller, 1951; R. Raven-Hart, *Cape Good Hope 1652-1702: the first fifty years of Dutch colonisation as seen by callers*, Cape Town: A. A. Balkema, 1971; Mary Gunn and L. E. Codd, *Botanical Exploration Southern Africa: an illustrated history of early botanical literature on the cape flora biographical account of the leading plant collectors and their activities in Southern Africa from the days of the East India Company until modern times*, Cape Town: A. A. Balkema, 1981, p. 250.

于 1730 年开始作为助教讲授植物学。他于 1735 年在荷兰哈德威克大学（Universiteit Harderwijk）获得医学博士学位并移居国外开始做研究，直至 1738 年。其间，他在荷兰首次出版了《自然系统》（Systema Naturae, 1735），成为其在植物分类学方面最早的具有重大历史意义的著作。此后，该书通过截至 1758 年的 10 多次再版最终确定了他为植物命名的理论基础。1737 年，林奈出版了《拉普兰德植物志》（Flora Lapponica），首次尝试以生殖器官对植物分类和命名；次年，他又出版了《植物之属》（Genera Plantarum），成为其自成体系的植物分类学起点的标志。

1750 年，林奈出任乌普萨拉大学校长，两年后出版了《植物种志》（Species Plantarum），其被公认为现代植物命名史的开端。在该书中，林奈提出了被一直沿用至今适用于生物分类命名的著名双重命名法。该命名法以拉丁文为植物命名，其中首个名字指其属（genus），次名字指其种（species），属名为名词，种名为形容词，形容物种的特性。新物种发现者的名字有时也会被加上，这既是对其表示纪念，也有让其负责的意味。林奈引入这一统一的拉丁文概念，主要是为了可以明确地识别动植物，以避免混淆。林奈对茶树的分类命名首次在该书中出现：茶的拉丁文学名叫 camellia sinensis，"camellia"（茶）指其属，"sinensis"（中国的）指其种，属于较低分支，限定并诠释了其属。该属名取自乔治·卡梅尔（Georg Kamel）神父——一位出生在摩拉维亚（Molavia），曾前往菲律宾传教的耶稣会士兼药剂师和博物学家的拉丁化名字。[1] 林奈为该属命名，以表彰卡梅尔对植物学的贡献。到目前为止，大多数文献都认为，卡梅尔并未命名过此种植物，也从未见过山茶花，但这看起来似乎不太可能，毕竟在他关于菲律宾植物的手稿中，配有一幅"茶"（tchia）插图（参见图 7-3）。[2] 较合理的解释，应是中国人（或日本人）将此物种带到菲律宾，使得卡梅

---

[1] 卡梅尔神父以最先撰写菲律宾动植物综述以及将菲律宾自然知识介绍给欧洲学术界而闻名，其对菲律宾植物区系的描述则作为附录在约翰·雷（John Ray）的《植物史》第三卷出现。参见 Joannis Raii, "Supplementum," Historia plantarum, vol. 3, London: Apud Sam, Smith & Benj. Walford, 1704, pp. 1–96。

[2] Georgii Josephi Camelli, Herbarum aliarumque stirpium in Insulâ Luzone Philippinarum primariâ nascentium Icones ab autore delineatæ ineditæ, quarum syllabus in Joann. Raii historiæ plantarum tomo tertio, Luzon, 1700, foli. 234. 该手稿现藏于比利时天主教鲁汶大学（Katholieke Universiteit Leuven）马利茨-萨贝图书馆（Marits Sabbe Bibliotheken）。

尔有缘一见。除了拉丁文学名，林奈对科学拉丁文里茶名称也做了加工处理，叫作 *thea sinensis*。① 这很大程度上也是借鉴了卡梅尔的做法，后者的著作则是林奈在从事生物命名和分类工作时所参考的众多资料之一。

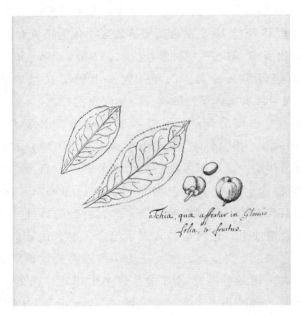

图 7-3　乔治·卡梅尔关于菲律宾植物的手稿所配茶叶叶片及果籽插图

资料来源：G. J. Camelli, *Herbarum aliarumque stirpium in Insulâ Luzone Philippinarum primariâ nascentium Icones ab autore delineatæ ineditæ*, foli. 234。

作为知名度极高的植物学家，林奈在政治和经济上有着强烈的本土意识，是一个极端保守的坚定地反对对外贸易主义者。他认为，欧洲人每年耗费大量的金钱从中国购茶，是一种不明智的行为。他坚信，一定能够在欧洲栽培茶树，这样就可以节省很多钱。但较为讽刺的是，正是借助瑞典对外贸易的积极实践者瑞印公司，林奈获取了中国茶株及其他大量东方植株。他所采取的方式，就是通过自己的身份，在瑞典科学院与瑞印公司之

---

① Carlous Linnæus, *Species plantarum, exhibentes plantas rite cognitas ad genera relatas, cum differentiis specificis, nominibus trivialibus, synonymis selectis, locis natalibus, secundum systema sexuale digestas*, tom. I, Holmiæ：Impensis Laurentii Salvii, 1753, p. 515.

间建立起联系，再推荐自己的学生供职于瑞印公司，然后再委托他们带回所需要的东方物种。[①]

　　早在 1745 年底，林奈就首次指示其准备随瑞印公司商船前往广州的学生克里斯托弗·坦斯特罗姆（Christopher Tärnström），返航时带回茶株或茶籽。但遗憾的是，后者在去程中途经越南海岸时就已去世。[②] 1752 年 1 月 4 日，林奈的另一位学生，瑞印公司商船"卡尔王子"（Prins Carl）号牧师佩尔·奥斯贝克（Pehr Osbeck）完成其唯一广州之行（1750–1752）返航，[③] 他特别为林奈购买的茶株在商船驶离广州前的鸣炮过程中被震，连盆跌落到甲板上后被弹出船外。而在奥斯贝克之前，欧洲人就已多次尝试过将茶籽或茶株随船带回欧洲。但是，要么新鲜的茶籽在航程中变质烂掉，要么成苗的茶株在离开中国前便开出花朵，等到商船驶抵好望角附近时就已枯萎。[④] 当时对于欧洲人来说，将活体茶株带回欧洲可谓面临重重困难：首先携带者在广州购买、储藏茶株就有相当大的难度；其次要想尽办法让它们在历经长途颠簸以及复杂多变的气候转换后还能保持活力，因为商船返航所花时间长达数月，途中需两次穿过赤道，绕经好望角。

　　18 世纪 50 年代末，林奈与英国亚麻销售商、皇家学会会员及博物学家约翰·艾利斯（John Ellis）开始通信，相互讨论茶树移植欧洲及其他相关问题。在 1758 年 12 月 8 日的信中，针对艾利斯从中国弄回些茶籽的打算，林奈特别推荐他带一株活茶树回英国。因为他非常确定，这种植物能够忍受英国的露天环境，正如同其能够在北京茁壮生长，而那里的冬季比瑞典还要严寒。同时，他还请求艾利斯送他一些茶籽。当时，林奈与艾利斯通信讨论的重要话题之一，就是如何将茶种安全运回欧洲。林奈倾向于

---

① Christina Skott, "Expanding Flora's Empire: Linnaean science and the Swedish East India Company," Robert Aldrich and Kirsten McKenzie (eds.), *The Routledge History of Western Empires*, London and New York: Routledge, 2013, pp. 242–243.

② 参见 Kristina Söderpalm (ed.), *Christopher Tärnströms journal: en resa mellan Europa och Sydostasien, år 1746*, London-Whitby: IK Foundation & Co. Ltd., 2005。

③ 奥斯贝克在广州花费 4 个月的时间研究了当地的动植物及人种，返回瑞典后为林奈 1753 年出版的《植物种志》贡献了 600 多种植物样本。

④ Peter Osbeck & Olof Toreen, *A Voyage to China and the East Indies, … Together with a Voyage to Suratte by Olof Toreen, … And Account of the Chinese Husbandry by Captain Charles Gustavus Eckeberg*, vol. II, London: Printed for Benjamin White, 1771, p. 39.

使用被灌入保护盐的容器，而艾利斯则建议将茶种置于防水密封的蜂蜡或牛脂球内。1760 年底，艾利斯将其委托好友托马斯·菲兹修（Thomas Fitzhugh）从宁波收集带回的、大量事先封存在蜂蜡里的茶籽的一部分，装在容器里送给林奈。林奈在 1761 年 4 月 3 日的回信中提及，茶籽未能发芽，或许永远也不会发芽了，恐怕连艾利斯送到美洲试种的那些茶籽同样也无法生长。艾利斯在 6 月 2 日的信中不得不承认，茶籽在英国也没能发芽成活，但是他并不气馁，将继续进行试种。①

1763 年 8 月，瑞印公司船长卡尔·古斯塔夫·埃克伯格（Carl Gustaf Ekeberg）采用林奈所教的办法，终于将活茶苗成功带回瑞典。该办法就是在离开中国前将茶籽种入一个装满土的花盆，让它们在商船返航途中发芽。该年 10 月 3 日，茶株被从哥德堡送至乌普萨拉。路上为了避免花盆摇晃，埃克伯格的妻子甚至一直将其牢牢捧护在膝盖上。在乌普萨拉林奈的植物园中，这株茶树存活了几乎整整一个冬季。林奈在 1765 年 8 月 15 日给艾利斯的信中还提到，茶树长得挺好，就是一直不开花，因为只有这一株，所以不敢放在室外，那里冬天太冷。而当林奈在同年撰写《茶叶饮料》（Potus theae，1765）之作时，这棵茶树上仅剩下了两片叶子。但林奈仍然感到欣喜，毕竟他所拥有的这一珍稀植物是当时整个欧洲第一株活体标本。②

第二节　英国人的种茶尝试

通过其供职于英印公司这一欧洲对华贸易规模最大、最活跃公司的朋友，艾利斯与广州有着比林奈更为密切的联系。1768 年，艾利斯的好友菲兹修为其带回一株活茶树；次年，艾利斯又成功地将一粒茶籽培育成茶树，而这粒茶籽是他一年前在一个来自中国的锡罐底部发现的；1771 年，

---

① James Edward Smith, *A Selection of the Correspondence of Linnæus*, *and Other Naturalists*, *from the Original Manuscripts*, vol. Ⅰ, London: Printed for Longman, Hurst, Rees, etc., 1821, pp. 109-110, 138-139, 141, 147.

② Gustaf Drake, "Linnés avhandling potus theae 1765," *Svenska Linnésällskapets årsskrift*, 22 Årg. 1939, pp. 27-43.

他又收到许多棵托人从中国运回的茶树幼苗。[1] 对于艾利斯建立起的茶树及其他中国物种的固定供应链，英年早逝的英印公司驻广州商馆大班、植物学家詹姆斯·布拉德比·布莱克（James Bradby Blake）最功不可没。他甚至在广州就将茶籽培育成茶株，并向艾利斯建议，在英国没必要把茶树一直放置在温室里，因为茶树在中国是能够忍耐冬季风雪的。[2]

　　艾利斯发觉，其在伦敦市内格雷律师学院（Gray's Inn）的住所并不适合于茶树的培育生长，于是决定交由威廉·艾顿（William Aiton）[3] 指挥，分别将新运回的或新培育的株苗送至位于伦敦西部克佑（Kew）区的皇家植物园（俗称"邱园"），以及詹姆斯·戈登（James Gordon）[4] 位于伦敦东部麦尔安德（Mile End）区的商业苗圃。1768 年菲兹修带回的茶株被托付给戈登看护，1769 年艾利斯培育成功的茶苗则交由艾顿照料。1772 年，戈登开始刊登广告，对外出售通过这棵茶树或其他后来所引入的茶株繁育而成的茶树："俊美优雅的植物，罕见的舶来品，真正的绿色中国茶树，其经络的完美和健康的繁殖适应了我们的北方气候。"[5] 1772 年，英国慈善家约翰·柯克里·拉特萨姆（John Coakley Lettsom）医生在其《茶树自然史》一书序文中，将在邱园由艾顿照料而长大的那棵茶树描述为当时英国最大的茶树，是艾利斯当作礼物赠送给皇家神学院的。[6]

---

① J. E. Smith, *A Selection of the Correspondence of Linnæus*, pp. 232, 242, 273.

② Lucia Tongiori Tomasi and Tony Willis, *An Oak Spring Herbaria*, Upperville, Va.: Oak Spring Garden Library, 2009, pp. 136-137.

③ 苏格兰植物学家，早年接受了系统的园丁专业训练，1754 年前往伦敦并成为时任切尔西药材植物园（Chelsea Physic Garden）园长菲利普·米勒的助理，1759 年被任命为新成立的"邱园"园长，直到去世。参见 Robert Chambers, Thomas Napier Thomson, "Aiton, William," *A Biographical Dictionary of Eminent Scotsmen*, vol. 1, Glasgow: Blackie and Sons, 1857, p. 41; George Taylor, "Aiton, William," *Dictionary of Scientific Biography*, vol. 1, New York: Charles Scribner's Sons, 1970, pp. 88-89。

④ 伦敦种子商人，专营山茶花和杜鹃花等外来植物。1742 年，其在麦尔安德区创办商业苗圃，并在芬丘奇大街（Fenchurch Street）开设种子店。他精通园艺，对植物极其了解，并与林奈保持着通信往来。参见 Ray Desmond, *Dictionary of British and Irish Botanists and Horticulturists: including plant collectors, flower painters and garden designers*, London: Taylor & Francis Ltd. and Natural History Museum, 1994, p. 286。

⑤ *Daily Advertise*, 2 November 1772.

⑥ John Coakley Lettsom, *The Natural History of the Tea-tree: with observations on the medical qualities of tea, and effects of tea-drinking*, London: Printed for Edward and Charles Dilly, 1772, p. vi.

18 世纪 70 年代初，诺森伯兰（Northumberland）公爵亨利·珀西（Henry Percy）在伦敦西部的住所赛恩宫（Sion House）中移植了一株茶树，它成为欧洲第一株成功开花的茶树。1771 年 10 月的《伦敦晚报》曾专门对其做过报道："比其他任何人都乐于正确培植最稀有植物的诺森伯兰公爵目前拥有一棵正开着花的茶树。这是欧洲第一株开花的（茶树）。此灌木像柳树一样由插条生长而成，也许它会证明足够耐寒，适应我们的露天环境，若此，因它长得快，我们可能不久就有自己制作的茶叶，并节省一些我们的银子。"① 一些著名植物学家也纷纷对此予以肯定，例如园艺家及植物学家菲利普·米勒（Philip Miller）和医生及植物学家威廉·伍德维尔（William Woodville）。②

但是，事情并未按照《伦敦晚报》所设想的那样顺利进行。虽然 18 世纪 70 年代，英国植物学家们终于可以近距离观察、研究茶叶，但是围绕这一漂洋过海而来的异域植物所做的农艺实验，并未能够如《伦敦晚报》所愿生产出本土的茶叶。即使到了 19 世纪早期，伦敦附近的大多数苗圃里，也都可以看到培育的宽叶和窄叶品种茶树，一层层的看起来就像其他耐寒的异国常绿植物一样健康茂盛，在很少保护的情况下，也能够承受住英国冬季的严寒气候。但是，这些幸存下来的植物都没能被成功用于商业，而仅是当作温室标本，或是在夏秋季节被用作草坪或花园的观赏植物。③

在英国，首次真正成功种植出用于商业销售目的的茶树的时间推迟至近两个世纪后的 1999 年，是由康沃尔（Cornwall）郡垂戈斯南（Tregothnan）植物园的首席园艺师、种茶专家乔纳森·琼斯（Jonathon Jones）完成的。该园也是 18 世纪末 19 世纪初英国最先引种茶株的植物园

---

① *The London Evening-Post*, 22 October 1771, p. 4, at https：//newspape rarchive. com/london-evening-post-oct-22-1771-p-4/.

② Philip Miller, "Thee：description," *The Gardener's and Botanist's Dictionary*；*Containing the Best and Newest Methods of Cultivating and Improving the Kitchen, Fruit, and Flower Garden, and Nursery*；*of Performing the Practical Parts of Agricultyure*；*of Managing Vineyards, and of Propagating All Sorts of Timber Three*, vol. 2, part 2, London：Printed for F. C. and J. Rivington, etc., 1807, p. 17D；William Woodville, *Medical Botany：containing systematic and general descriptions, with plates of all the medicinal plants, indigenous and exotic, ... successfully employed*, vol. Ⅳ, London：Printed and sold by William Phillips, 1810, p. 642.

③ H. Phillips, *History of Cultivated Vegetables*, vol. Ⅱ, p. 298.

之一，并成为英国一直以来重要的山茶花观赏所在地。这次试种成功，主要得益于琼斯团队在全球各地精心收集所获的 30 多个最佳品种。2005 年，该园开始收获首批用作饮料的英国本土原生茶叶，其所产世界第一种真正的英国茶被誉为"新大吉岭"（New Darjeeling）。因为茶叶需要非常特殊的气候条件才能够生存并茁壮成长，所以垂戈斯南植物园适宜于种植茶叶的良田面积极为有限，仅约为 150 英亩。尽管该园的茶叶生产规模很小（约占全球茶叶覆盖率的 0.02%），但其生产出了一些被称为世界上最稀有、最高等级的茶叶。2019 年，全球茶叶评估平台"茶叶精品人"（Tea Epicure）公布了在美国进行的茶叶品鉴结果，垂戈斯南出品的茶叶竟然在世界顶级茶类中排名第一，击败了千百年来精益求精的中国茶和印度茶。[①] 这一品鉴结果让人十分意外，其品鉴标准不能不令人质疑。

第三节 葡萄牙人的种茶尝试

在葡萄牙，茶树试种开始于 19 世纪中期。1839 年，位于里斯本的阿茹达植物园（Jardim Botânico da Ajuda）进行了茶树试种实验。作为该园巡视委员会（Comissao Inspectora）成员之一，安东尼奥·洛博·巴博萨·特谢拉·费雷拉·吉劳（António Lobo Barbosa Teixeira Ferreira Girão）[②] 精心指导在园中的温室内和温室外培育引自巴西里约热内卢的印度茶种。1842 年 8 月，他在一次国民议会报告中称，培育的茶树或许可以在葡萄牙南部地区种植。[③] 1855 年，早年移居巴西的葡萄牙人加斯帕·佩雷拉·德·卡

---

① "Explore the Tea Plantations," at https：//tregothnan. co. uk/tea - pla ntations/； "Our Tea Story," at https：//tregothnan. co. uk/our-tea-story/； "Tregothnan Tea," at https：//www. schoffelcountry. com/tregothnan-estate.

② 19 世纪葡萄牙政治家、农业经济学家和作家、皇家科学院院士、工业促进协会名誉会员，1835 年 9 月 17 日被葡萄牙女王玛丽亚二世封为第一代维拉利尼奥·德·圣罗马子爵（Visconde de Vilarinaho de São Romão）。参见 Domingos de Araújo Affonso e Ruy Dique Travassos Valdez, *Livro de oiro da nobreza*, volume terceiro, Lisboa：J. A. Telles da Sylva, 1988, p. 599； Afonso Eduardo Martins Zúquete, *Nobreza de Portugal e do Brasil*, volume terceiro, Lisboa：Rio de Janeiro, 1989, p. 528。

③ Mário Moura, "Tea：a journey from the East to Mid-Atlantic," *European Scientific Journal*, vol. 11, no. 29, 2015, pp. 35-36.

斯特罗（Gaspar Pereira de Castro）从巴西带回茶种在葡萄牙西北部的库拉（Coura）和蓬蒂迪利马（Ponte de Lima）等地试种，最后都以失败告终。于是，他又返回了巴西，也未能成功出售其在这两地所投资的茶叶种植园。① 这主要是因为当地没有人对茶叶试种表现出任何兴趣，而在很大程度上也是由于当时种茶、制茶的相关知识和技术在葡萄牙十分欠缺。② 约奎姆·曼纽尔·德·阿罗约·德·莫雷斯（Joaquim Manuel de Araújo Correia de Morais）任设于北京的葡萄牙皇家传教士学院教授时喜欢上饮茶，并学习了制茶技术。为此，他回国后于 1871～1872 年在寻得布拉干萨王朝的支持后，出任茶叶种植主管，将茶籽及茶株分别发往位于维索萨（Vila Viçosa）、新文达什（Vendas Novas）和阿尔马达（Quinta do Alfeite）的布拉干萨皇家领地培植，但却因种子未能发芽或被人为毁坏，试种最终宣告失败。③ 结果，葡萄牙大陆上的北部、中部及南部地区虽然都进行过茶树试种，却都没能成功实现规模性商业化。茶树被遗弃，但其中的一些却顽强地存活了下来，至今仍然零星成簇地散布于葡萄牙中西部辛特拉山脉（Serra de Sintra）10 号区段的佩纳公园（Parque da Pena）中的一处被称为"茶山"（Alto do Chá）的区域。④

最后值得一提的，是葡萄牙亚速尔群岛（Azores）的茶树引种。该火山群岛位于大西洋东中部，是近代欧亚贸易商船的定期中途给养停留地。其属于地中海式气候，冷热适宜，最冷的 1 月份平均气温为 14 摄氏度，而最热的 7 月份平均气温仅为 21 摄氏度，冬天雨水丰富，夏天却降雨较少，年均降水量达 750～1000 毫米，地理气候条件较适宜于茶树等作物的生长。

茶树被认为最早是在 1820 年前后由出生于圣米格尔（São Miguel）岛的雅辛托·莱特·德·贝当古（Jacinto Leite de Bettencourt）自巴西里约热

① Paulo Rosa, *Chá: uma bebida da China*, Mirandela: Viseu, 2004, p. 39.

② José Eduardo Mendes Ferrão, *A aventura das plantas e os descobrimentos Portugueses*, Lisboa: IICT/CNCDP, Fundação Berardo, 1992, p. 163.

③ Joaquim Manuel de Araujo Correia de Morais, *Manual do cultivador do cha do commercio, ou resumo dos apontamentos, que acerca de tao importante e facil cultura, foram publicados no preterito anno de 1881*, Lisboa: Typographia de G. M. Martins, 1882, pp. 1 - 18; J. Eduardo Mendes Ferrão, *A aventura das plantas e os descobrimentos Portugueses*, pp. 39-40.

④ J. E. M. Ferrão, *A aventura das plantas e os descobrimentos Portugueses*, p. 39.

内卢植物园（Jardim Botânico do Rio de Janeiro）引入亚速尔群岛的。[①] 雅辛托当时在巴西担任国王约翰六世的皇家卫队指挥官，他决定用从里约热内卢植物园带来的种子在该岛创建第一座茶园——圣米格尔茶园。事实证明，岛上的气候及土壤条件对茶树生长的确非常有利，茶树种植在岛上慢慢获得各方支持。1843 年，圣米格尔岛上的米卡伦斯农业促进会（Sociedade Promotora da Agricultura Micaelense）开始推动茶叶种植产业化发展。在此之前，柑橘种植是该岛经济发展的一个非常重要的组成部分，该岛的经济繁荣建立在柑橘生产和出口基础之上，主要以英国市场为目标。但是，其出产的柑橘的质量自 19 世纪 20 年代开始逐渐下降，而从 1838 年起橘园又不断地受到病虫害的侵扰。该岛所产柑橘的市场价格因质量下降而不断走低，同时还面临着与其他地区出口柑橘的激烈竞争。[②] 于是，该岛柑橘的生产及出口数量明显下降。种植农们很绝望，但他们并未打算替代种植任何其他传统经济作物，而是在米卡伦斯农业促进会的建议下选择了外来作物茶叶。积极参与此项事业的上述农业促进会会员包括何塞·多·坎托（José do Canto）、何塞·雅贡·科雷亚（José Jácome Correia）、何塞·马里亚·拉博索·多·阿马拉（José Maria Raposo do Amaral）、何塞·本索德（José Bensaúde）、法里亚·迈亚（Faria e Maia）、西尔维拉·埃什特雷拉（Silveira Estrela）等人，[③] 他们作为专业种植人在此项事业的推广与发展中发挥了重要历史作用。

圣米格尔岛引入的茶种来源广泛，主要出自中国、日本、印度和巴西，还有少数来自欧洲的几个苗圃。经过精心培育，茶种很快便适应了当地的土壤、气候。自 1860 年开始，岛上茶树种植区域不断扩大。然而，种茶农民们不久就意识到，他们实在是欠缺种茶的相关知识和技术，更别提

---

① 另一种观点认为最早引入的时间是 1830 年，但多方资料可证明其实为 1820 年。参见 Francisco Maria Supico, *Escavações*, vol. III, Ponta Delgada: Instituto Cultural, 1995, p. 1024; Mário Moura, "Tea: a journey from the East to Mid-Atlantic," *European Scientific Journal*, vol. 11, no. 29, 2015, p. 38。

② Antonio Feliciano de Castilho, *Agricultor Michaelense*, no. 1, Janeiro de 1848, fls. 1 – 16; Mário Moura, "The Tea Time has Changed in Azores," *European Scientific Journal*, special edition, vol. 3, 2014, p. 319.

③ Mário Moura, "Tea: a journey from the East to Mid-Atlantic," *European Scientific Journal*, vol. 11, no. 29, 2015, p. 37.

制茶了。于是，1878 年两位来自中国澳门的茶叶专家被聘请到该地，悉心教授当地种茶人如何种茶和制茶。① 随后，茶业便发展成为当地的重要产业。至 20 世纪初，10 多家茶厂和近 50 个茶叶种植园在该岛蓬勃发展，其所制茶叶引起了世人的极大兴趣并获得赞誉。

然而，随着第一次世界大战的爆发，以及葡萄牙在非洲的殖民地莫桑比克茶业的兴起，圣米格尔岛的茶叶生产和出口遭遇了越来越多的挑战。在 20 世纪 50 年代达到顶峰之后，便开始滑入茶业危机。而顶峰时期的出口量达 250 吨，种植面积约 300 公顷，这对于一个位于大洋中央，面积仅为 759 平方公里的小岛而言，已实属不易。至 1966 年，原 14 家茶厂中，只剩下 5 家仍在勉强运转。而时至今日，也仅有两家最终存活了下来，即戈雷阿纳（Gorreana）茶厂和波尔图·福尔摩挈（Porto Formoso）茶厂。② 其中，创建于 1883 年的戈雷阿纳茶厂拥有面积达 32 英亩的茶园，目前每年出产约 33 吨茶叶，除小部分内销外绝大部分用于出口。因茶园远离工业污染，无须使用除草剂、杀虫剂、杀真菌剂或防腐剂，其所制茶叶自称为"世界一流"之品。③

---

① 一位叫 Lau-a-Pan，另一位叫 Lau-a-Teng。他们于 1878 年 3 月 5 日自中国澳门驶抵葡萄牙圣米格尔岛的蓬塔德尔加达（Ponta Delgada）港，再于 1879 年 7 月 18 日驶离该岛。参见 Francisco Maria Supico, *Escavações*, vol. Ⅲ, pp. 1025, 1027-1028; Mário Moura, "The Tea Time has Changed in Azores," *European Scientific Journal*, special edition, vol. 3, 2014, p. 306。

② Alex Schechter, "How Chinese Tea Arrived-and Flourished-on an Island in Portugal," at https://www. mic. com/articles/180549/how-chinese-tea-arrived-and-flourished-on-an-island-in-portugal, 22 June 2017; Rogério Sousa, "Tea in the Azores-A Cup of Heaven on Earth," at https://medium. com/made-in-azores/tea-in-the-azores-a-cup-of-heaven-on-earth-6408953cde30, 6 August 2018.

③ "Gorreana," at https://gorreana. pt/en/about-us/7.

第八章　欧洲饮茶习俗本土化

　　17 世纪中后期，饮茶习俗在欧洲一些国家初步兴起。其间，各国饮茶拥护者、践行者和倡导者数量相对较少，饮茶习俗在社会生活中的影响也相对有限。而随后的 17 世纪后期至 18 世纪末这一较长时期则是这些国家饮茶人群持续扩大，饮茶习俗不断加速发展、成熟和普及的过程。这些国家相继逐步发展成熟的饮茶习俗既在很大程度上具有一些相通的共性特征，同时也各自拥有沿着不同方向发展而形成较大差异的个性特质。

　　当饮茶习俗内容和形式发展到一定程度后，在饮茶过程中以茶为载体表达出饮茶人与他人，以及饮茶人与自然和社会之间的各种理念、信仰、思想情感，以茶为载体的物质文化、精神文化。当然，这些欧洲国家的与本国社会文化紧密相适应的饮茶习俗，与东方传统饮茶习俗有着很大区别。而欧洲各国本土化饮茶习俗之间，同样也存在不小差异。我们如果想要深入了解这些近代欧洲国家既有共性又具个性的饮茶习俗，通读各类关注和描述有关这些方面内容的文学作品则是最好的途径之一。

第一节　饮茶习俗的发展

　　17 世纪后期，尽管偏高的购茶价格使得大多数荷兰民众仍然视茶叶为一种外来奢侈品，但几乎绝大多数人已对饮茶时尚有所了解。[①] 茶叶如同酒类和咖啡那样开始慢慢渗透到荷兰人的日常生活当中，饮茶在各种场合

---

① 茶叶在荷兰北部省份直到 1740 年前后仍被用作药物，此前那里的人们仅是极少地将其当作日常饮料。参见 Jacobus Scheltema, *Geschied-en letterkundig mengelwerk*, dl. 4, Utrecht：J. G. van Terveen & zoon, 1830, p. 210。

成为一种习惯。①

在一些大城市里，伴随着茶叶销售店铺出现了许多提供茶饮的茶馆（theehuis）。譬如在 1669 年的阿姆斯特丹，达姆广场（de Dam）附近专门销售优质茶叶和咖啡的街区——罗金街（Rokkin）已涌现众多风格迥异的茶馆。②"茶馆"一词在 17 世纪末荷兰政府实施的一些茶叶及咖啡税相关规定中经常出现，③ 由此可知那时茶馆生意兴隆，这既丰富了近代荷兰城市服务业，同时让因销售茶水而缴纳的茶叶税为荷兰国库做出了不可小觑的贡献。

一些城镇的传统社区聚餐中也开始提供茶饮。17 世纪，海牙市政府通常每年召集一次社区免费聚餐，以加强政府与民众的互动与沟通。根据被保留下来的聚餐账单，我们可以了解到当时所消费的饮食种类。1679 年就餐者曾被提供茶叶、烟丝等，此后他们得到大致类似的饮食，1708 年除武夷外甚至还喝到绿茶。1721 年王室街区（Hofbuurt）建成时，为其举行的落成典礼免费聚餐活动还特意提供了"宫廷贡绿"用于招待，而其在中国则是专贡皇室的茶中极品。④ 这些有关茶叶在近代海牙城市政府的公共服务中被利用的例子，很好地反映了茶叶作为有效服务工具，在近代荷兰城市公共治理和社区生活中所发挥的积极作用。

自 17 世纪 80 年代始，正如布兰卡特所称，茶在荷兰已成为一种大众饮料，属于全国性时尚，饮茶习俗大众化这一发展趋势定型。从此时期开始，荷兰人所享用的饮料中，茶叶已逐渐成为西班牙酒、虫草酒、蜂蜜酒、啤酒等常见饮料的有力竞争品。茶叶价格依然不便宜，好茶一般为每磅 40~100 盾，最好的可达 120 盾。富裕人家前往茶叶店买茶的任务主要

---

① Gerrit Kalff, *Huiselijk en maatschappelijk leven te Amsterdam in de 17e eeuw*, Amsterdam: Emmering, 1911, p. 91.

② Ysbrand Vincent, *Pefroen met 'et schaaphooft, klucht-spel, gespeelt op d' Amsterdamsche Schouwburg*, derde tooneel, Amsterdam: Jacob Lescailje, 1669, pp. 8-9.

③ 相关信息可在 1692 年荷兰政府所颁茶叶销售、消费税征收法令中找到。参见 Collectie Atlas van Stolk 3873, HMR。

④ "De 's Gravenhaagsche buurten," *Mededeelingen van de vereeniging ter beoefening der geschiedenis van 's Gravenhage 1*, 's-Gravenhage: Van Stockum, 1863, pp. 175-177; Gerardus Henri Betz, *Het Haagsche leven in de tweede helft der zeventiende eeuw*, 's-Gravenhage: M. Hols, 1900, p. 114.

由家庭主妇承担，只有极少数的已婚男人亲自去茶叶店购茶。因为好茶需要细品，家庭主妇们一般不太信任仆人的品茶能力，而是亲自前往茶铺，先在翅子壶里品尝，评判后再购买。她们通常回家后再将沏茶前的准备工作交给女佣们去完成。① 女佣先在厨房灶炉上或在客厅的火壁炉上把烧水壶装好，将水煮沸；接着再将开水倒进架在暖火炉上的大茶壶中，让茶水保持热度。当人们习惯将昂贵的银器或瓷器茶具放置在小三脚圆茶桌上时，暖火炉有时还会被小心翼翼地放在桌旁地上。当访客抵达、茶水煮好时，茶桌上的精美茶叶盒里不同品种的茶叶首先会被客人挑选尝试。为此，得用到小茶壶及小茶杯。接着，客人需要选择自己想要喝的茶叶并告诉女主人，后者再给客人换上稍大的茶杯饮茶。② 女主人除备足茶叶外，通常还会端上各类零食、甜点或糖果等茶点。品茶结束时，或再提供一些种类的酒。18 世纪中期，这些习俗基本上依然如故。③

18 世纪 50 年代末，随着荷印公司最后一次改组对华贸易运营方式，该公司的茶叶输入量大增，荷兰国内的茶叶售价普降；而同时期，荷兰各级别技工、劳工的日薪稳步递增，他们的消费购买力也因而得以提升。④ 客观上，这些都促使普通荷兰民众拥有足够的条件喝得起茶。自 18 世纪后半期始，荷兰普通家庭习惯在午餐过后不久饮茶，而较富裕人家的饮茶时间则移到午后末尾。譬如，工匠们常常在午饭后即刻饮茶，而中产阶级的饮茶时间则是下午三点半、四点或四点半。⑤ 与此同时，人们除了喜欢傍晚喝咖啡或茶，早餐前或早餐中饮茶的习惯也渐缓形成。越来越低的茶叶

① 此时期，已婚男人们亲自去茶叶店购茶的现象虽然不多，但依然存在，该现象被写入一些文学作品。参见 Abram de Vri, *Thee-geselschap, gehouden tusschen eenige juffrouwen, gehouden tusschen eenige juffrouwen, en vermakelyke byeenkomst, of zeldzaam koffypraatje*, dl. 1, Groningen: Sander Wybrantz, 1702, p. 7; A. Bierens de Haan et al., *Memorieboek van pakhuismeesteren van de thee te Amsterdam 1818-1918*, p. 7.

② Gilles D. J. Schotel, *Letterkundige bijdragen tot de geschiedenis van den tabak, de koffij en de thee*, 's-Gravenhage: P. H. Noordendorp, 1848, p. 191; "Wat er alzoo in een burgerhuis van de 17e eeuw te vinden was," *De oude tijd*, Haarlem: A. C. Kruseman, 1869, p. 331.

③ Isabella Henriette van Eeghen, "Een Amsterdamse bruiloft in 1750," *Jaarboek Amstelodamum 50*, 1958, pp. 153, 163.

④ Peter Razzell, *Essays in English Population History*, London: Caliban Books, 1994, p. 12; Liu Yong, *The Dutch East India Company's Tea Trade with China*, pp. 127-133.

⑤ Johannes le Francq van Berkhey, *Natuurlyke historie van Holland*, dl. 3, Amsterdam: Yntema en Tieboel, 1773, p. 1537.

价格促使绝大多数人都有机会饮用此饮料。至 18 世纪末，甚至"几乎尝不到面包，更不用说其他食物或肉"的最贫穷之人也开始习惯饮茶，他们只把土豆和面粉当作食物，并靠淡咖啡或茶来提神，除非能够在这两者之外获得浓烈的饮料。[①] 结果，超过 75% 的荷兰啤酒厂因此而走向衰落，而人们在 17 世纪最后十年里还常为买茶支付高昂费用。[②]

在被认为是 19 世纪特有的略显沉闷、懒散的生活方式中，饮茶扮演了重要角色。它被一种家庭般温馨的氛围环绕着，该氛围此后持续了很长一段时间，这在该世纪末乃至 20 世纪初的现代散文、小说作品中多有反映。[③]

在相当多的家庭中，人们习惯于在下午结束时邀请熟人来家中品茶。为了充饥，人们会提供蛋糕和三明治，因为他们通常在晚上 8 点吃晚餐。在这样的招待会上，女主人不会特意梳洗打扮，而是穿上所谓的茶袍（theekleed），[④] 它被认为是一种优雅的长袍。客人多时，端茶送食由一大群女仆完成；如果只是在闺阁中接待几位客人，就由女儿来完成。有时访客只是在晚餐后才前来喝杯茶，打发夜晚时光。除了下午和晚上，早餐时也开始喝温水茶，而以前人们大多是喝啤酒或水。[⑤]

"泡茶"（theeslaan）作为 19 世纪荷兰大学生活中的一种典型现象，不得不提。每周一次，下午 5~6 点或 6~7 点，教授们都会在家接待学生，学生们在那里可以喝上一杯茶，抽上一斗烟，据说这么做是为了促进师生之间的联系、互动。在这类围绕家庭灶台的"茶会"（theecollege）期间，一

① Ijsbrand van Hamersveld, *De zedelijke toestand der Nederlandsche natie, op het einde der achttiende eeuw*, Amsterdam：Johannes Allart, 1791, p. 307.

② Elie Luzac, *Hollands rijkdom, behelzende den oorsprong van den koophandel, en van de magt van dezen staat, de toeneemende vermeerdering van deszelfs koophandel en scheepvaart, de oorzaaken, welke tot derzelver aanwas medegewerkt hebben; die, welke tegenwoordig tot derzelver verval strekken; mitsgaders de middelen, welke dezelven wederom zouden kunnen opbeuren, en tot hunnen voorigen bloei brengen*, dl. 4, Leiden：Luzac & van Damme, 1783, p. 119.

③ 参见 L. Couperus, *Eline Vere, een Haagsche roman*, dl. 1, Amsterdam：P. N. van Kampen & Zoon, 1889; E. du Perron, *Sonnet van burgerdeugd*, Maastricht：A. A. M. Stols, 1928。

④ N. Bruck-Auffenberg, *De vrouw 'comme il faut'*, Leiden：E. J. Brill, 1900, p. 201; B. Wander, "Engelse en continentale etiquette in de negentiende eeuw: invloeden en ontwikkelingen; literatuurrapport," *Volkskundig Bulletin*, dl. 2, nr. 2, 1976, pp. 1-17.

⑤ Jacobus Scheltema, *Geschiedenis van de dagelijksche kost in de burger-huishoudingen*, Amsterdam：Felix Meritis, 1829, p. 207.

般很少进行启发性的学术交流，谈话内容大多局限于客套话和与天气有关的评论。尽管如此，有些学者似乎很期待这样的午后时光，因为这可以让他们有机会拾起对自己儿时的片刻记忆："喝茶时，我把上衣挂在衣架上，抛开所有的学问，和小伙伴们唠唠嗑，就像我还是一个学生一样。"①　然而，大多数学生却都讨厌这类聚会，因为枯燥、压迫的气氛。1845 年，一本主题为"茶"的莱顿大学学生年鉴在莱顿出版，曾对这一极为空虚的师生聚会氛围及其他类似场景，做过非常巧妙、形象的描绘。②

自 19 世纪末始，荷兰人茶叶消费能力大幅提升，其主要与荷印殖民地茶园的供应大幅增加有关。但是，这种发展先是被一战打断，接着在第二次世界大战期间戛然而止，茶叶的稀缺导致其他替代饮料的兴起。当时，尽管荷兰仍是欧洲大陆最大饮茶国，但其茶叶消费未能恢复至以前的水平。此外，由于袋装茶的引入，沏茶的氛围特性受到了很大影响。

17 世纪 50 年代末，伦敦咖啡馆率先将茶饮引入其业务，可谓开启了英国饮茶习俗的先河。随后，英国上流阶层尤其是贵妇圈中饮茶现象开始慢慢增多。1664 年，嫁入英国王室的葡萄牙凯瑟琳公主将葡萄牙贵族阶层中流行的饮茶习俗引入英国宫廷，并很快就让其在宫廷中变得普遍起来。③1666 年，荷兰姐妹伊丽莎白·洛德韦克和艾米丽娅·洛德韦克将荷兰贵族及王室妇女们热捧的荷兰贵族化饮茶习俗带入英国贵妇圈。此外，喜爱饮茶的英国王后玛丽二世也时常邀请达官贵人在宫中举办中式茶会。继玛丽二世后，嗜茶的安妮王后执政时期继承了宫廷茶会传统，让饮茶风尚在宫廷中得以延续。通过上述种种形式的推动，17 世纪末 18 世纪初，作为舶来奢侈品的茶叶在英国社会的影响力持续扩展。但总体而言，由于茶叶价格的昂贵，依然还只是为数不多的贵妇人拥有最多机会细品香茗。她们邀

① Johnnes Kneppelhout, *Studentenleven door klikspaan*, Leyden: H. W. Hazenberg & Comp., 1844, pp. 617, 644.

② 该平版印刷物的配图由时任莱顿大学学生会成员的漫画家亚历山大·维尔·修尔（Alexander Ver Huell）设计完成。参见 R. E. O. Ekkart, *Athenae Batavae: de Leidse Universiteit 1575-1975*, Leiden: Universitaire Pers Leiden, 1975, no. 137。

③ Godfrey McCalman, *A Natural, Commercial and Medicinal Treatise on Tea: with a concise account of the East India Company-thoughts on its government, & c. also, an advice as to the use and abuse of tea, the qualities of waters, and vessels, employed in its infusion, with other miscellaneous observations. ...*, Glasgow: David Niven, 1787, p. 45.

客品茶，并借此机会，一方面可炫耀其雄厚财富和高贵地位，另一方面也可扩大其朋友圈，达到广泛社交的目的。由此，客观上促进了饮茶习俗先在部分女性社交圈中的进一步扩散，为日后在整个社会女性群体中的流行打下基础。

18 世纪初，有着饮茶习俗的贵族家庭中出现了上午喝茶的习惯。据说，早餐辅以红茶这一做法是在该时期由安妮王后开创的，相比较以麦芽酒配面包、牛肉这一传统习惯，她在早餐中更喜欢喝清淡、提神的饮料。① 1711 年 3 月 12 日，《旁观者》编辑约瑟夫·阿狄森（Joseph Addison）曾刊文，向"所有作息有规律的家庭"调侃式推荐其"每天早上为茶叶、面包和黄油留出一小时"的想法，并"诚挚地建议他们订购这份会准时送达的对他们有好处的报刊，并将它视为'饮茶装备'（tea equipage）的一部分"。② 显然，早晨在家饮茶的习俗接受者已经超越了《旁观者》的读者群，越来越多的人在家品茶，而无须花钱购买啤酒甚至苹果酒，开始出现在家以茶配早餐取代早上去酒馆或雇主家喝酒的趋向。③ 随着时间的推移，这一趋向不断发展，至 18 世纪中期已变得较为普及。1729 年，苏格兰雅各布起义派领袖之一威廉·麦金托什（William Mackintosh，又被称为 Mackintosh of Borlim）曾写道："（过去）当我早晨去朋友家时，常被问及是否喝了晨酒（morning draught，即早餐前喝的酒），而现在被问是否喝了茶。喝完一杯有益健康的苏格兰酒后，接着不再是盛着烈酒和吐司的大酒席，取而代之的是架在火上的茶壶、茶桌及端上来的一套银器和瓷器，还有奶油和凉茶；……这位夫人并未盛装与领主和他的绅士（朋友）们一道喝早茶，她、她的贵客、主人及小姐们在他们的卧室里享用。"④ 我们通过麦金托什的记录能够感知到，18 世纪上半期，英国上流阶层家庭早餐喝酒的习惯已被饮茶取代，这显然更有利于改善英国人的身体素质。

---

① Christopher Wilkes, *Social Jane: the small, secret sociology of Jane Austen*, Newcastle upon Tyn: Cambridge Scholars Publishing, 2013, p. 144.

② Joseph Addison (ed.), *The Spectator*, no. 10, Monday, 12 March 1711.

③ Peter N. Stearns (ed.), *Expanding the Past: a reader in social history*, New York and London: New York University Press, 1988, p. 158.

④ William Mackintosh, *An Essay on Ways and Means for Inclosing, Fallowing, Planting, &c. Scotland; and That in Sixteen Years at Farthest*, Edinburgh: Printed and sold at Mr. Freebairn's shop, 1729, pp. 230-231.

此外，我们还可以通过 1712 年 3 月 11 日《旁观者》刊登的一位女士日记，大致揣测 18 世纪早期贵妇人饮茶的一般规律："星期二深夜：因为想着我的日记，直到凌晨 1 点才入睡。星期三：8 点至 10 点，在床上喝了两杯巧克力，然后又入睡。10 点至 11 点，吃了一片面包加黄油，喝了一杯武夷，读了下《旁观者》。……星期四：昨晚 11 点至今晨 8 点，梦见与弗罗思（Froth）先生玩牌。8 点至 10 点，喝完巧克力后，躺在床上读了两幕"奥伦泽贝"（Aurenzebe）剧。10 点至 11 点，茶桌旁喝茶。……星期五：早上 8 点，躺床上，将弗罗思先生的所有信件读了一遍。……10 点，不在家。10 点至 12 点，与我的外套裁缝商量，挑选了一套带板。将我的青瓷杯打碎了。……星期六：8 点起床，坐进梳洗间。……9 点至 12 点，喝完茶后，穿衣打扮。……3 点至 4 点，进餐，姬蒂（Kitty）小姐叫我去歌剧院。晚餐至 6 点，喝茶，解雇了一名男仆，因为他对维尼（Veny）粗暴无礼。6 点，前往歌剧院。11 点，上床睡觉。……"[1] 依据该贵妇人的日记，我们可以了解到，她已经基本养成上午 10 点至 11 点喝茶的日常习惯。

饮茶家庭化趋向的出现，可能存在至少两方面的原因：其一，有购茶能力且喜爱饮茶之人在家中备好一定存量的茶叶，这可以方便自己在家随时沏茶饮用；其二，饮茶家庭化的主要推动者为女性，作为家庭主妇的她们很多不方便或不愿前往男性化十足的咖啡馆或酒馆品茶，且这些场所也大多不是非常欢迎女士光顾。饮茶家庭化趋向在客观上同时促进了女性饮茶者数量增加的趋向。这两种趋向相互推动：饮茶的家庭化便于妇女饮茶，而妇女饮茶人数的增加也进一步促进了饮茶家庭化的发展。[2]

17 世纪末，饮茶习俗开始在英国上层社会的流行初步具备了自上而下向更低阶层传播渗透的基础。正如法国史学家费尔南德·布罗代尔（Fernand Braudel）所言，"奢侈不仅是稀奇物品和虚荣心，它也是社会上令人羡慕的成功标志，是穷人有一天也能够实现的梦想""富人就是这样注定为穷人的未来生活做准备"。[3]

---

[1]　Joseph Addison（ed.），*The Spectator*，no. 323，Tuesday，11 March 1712.

[2]　刘章才：《英国茶文化研究（1650~1900）》，第 63 页。

[3]　Fernand Braudel，*Civilisation matérielle，économie et capitalisme，XVe-XVIIIe siècle*，tom. 1，Paris：Armand Colin，1986，p. 154.

正是看到饮茶习俗深受上流阶层的喜爱，以及预测到此习俗也必将会在中产阶层普及，当时一些头脑灵活的商家看准时机，抢先涉入茶叶销售业务，其中以托马斯·川宁1707年创办英国第一家茶叶专卖店铺"金狮"最为典型。据该店统计记录，1710~1730年光顾这一伦敦最有名茶叶店铺的常客中，属于中产阶层的医生、律师人数为顾客总人数的7.4%，稍低于贵族、牧师、官员等人所占的12.8%，① 但这已能表明饮茶习俗在此时期被一定数量的中产阶层享用。同样重要的是，该店铺接待的不只是男性顾客，许多女性顾客除前来购茶外还常常聚集在此饮茶聊天，这也为女性群体社交圈的扩大提供了极大方便。

18世纪上半叶，饮茶习俗开始在中产阶层得以基本普及。这一现象可以通过考察该阶层的家庭财产或生活开支情况大致推断出来。1742年，英格兰中部内陆的斯塔福德（Staffordshire）郡谢尔顿（Shelton）市一位名叫托马斯·希思（Thomas Heath）的陶匠家里，除了前厅内放有一个钟表及盒子，一面镜子，一张写字台和桌子及置物架，12把莎草椅，一架炉栅，客厅内还置有一个角橱配瓷器和茶几，一张椭圆桌，一张茶桌，一张牌桌，一张梳妆台，一张搭手盘，12把藤椅。此家庭拥有的饮茶所需家用器具看上去已显丰富，这应该足以表明其家庭成员已养成日常饮茶习惯。而早在1721年、1722年，该市陶匠约舒亚·阿斯特伯里（Joshua Astbury）家中，除了其他家具与希思家的稍有类似，完全没有与饮茶相关的任何器具。② 1745年，医生耶利米亚·德雷克（Jeremiah Drake）去世时，其家客厅所留家具包括一张茶桌和6个瓷盘。稍后去世的约翰·撒克里夫（John Sutcliff）给他的妻子留下了饮茶用的陶瓷器具及其他用品。③ 据英国史学家劳娜·韦瑟里尔（Lorna Weatherill）的考察，合法进口的热饮，尤其是茶，在18世纪50年代变得更为普遍，而在四五十年代茶就被广泛地视为中产阶层日常生活方式的一部分。④ 据估测，该时期一个境况较好的中产

---

① 仁田大八：《邂逅英国红茶》，第55页。

② Lorna Weatherill, *Consumer Behaviour and Material Culture in Britain*, *1660-1760*, London & New York: Routledge, 1996, pp. 34, 222.

③ John Smail, *The Origins of Middle-Class Culture*: *Halifax*, *Yorkshire*, *1660-1780*, Ithaca: Cornell University Press, 1994, pp. 96-98.

④ L. Weatherill, *Consumer Behaviour and Material Culture in Britain*, p. 37.

阶层家庭，其成员（主人及妻子，4 个孩子，2 个仆人）生活消费预算除去面包和蔬菜等基本必需品，还包括每周 7 磅黄油，3 个半乳酪及每日一磅肉，以及每周分别花在茶叶和糖上的 2 先令和 3 先令。①

　　18 世纪 40 年代，英国下层社会也开始接受饮茶这一时尚，虽然还比不上中产阶层那样广泛普及，但低产阶层民众对饮茶的欢迎和喜爱程度也已不低。1742 年，苏格兰最高民事法庭庭长邓肯·福布斯（Duncan Forbes）曾提及，"茶叶的饮用现在变得如此普遍，以致即便是最穷的劳动人民家庭，尤其是在市镇里的劳动人民家庭，早餐喝茶并由此完全弃饮麦酒，而麦酒在以前是他们的惯用饮料，所有劳动妇女下午的娱乐也都由同样的药剂所提供"。② 1744 年，移居英国的德裔植物学家乔治·查尔斯·迪宁（George Charles Deering，原名 Georg Karl Dering）医生在其书中谈到，在诺丁汉（Nottingham）"除了生活必需品和高雅用品，这里的人们少不了茶、咖啡和巧克力，尤其是第一种，它的使用已经普及如此程度，不仅绅士和富商经常喝，几乎每一个缝纫工、浆纱工和卷绕工都有她们自己的茶，并在早晨享用，……甚至连一个普通的洗衣妇都觉得，没有茶和热黄油、白面包，她就没有吃到适宜的早餐。关于茶的总结，有一天我在杂货店里忍不住心怀愤慨，仔细打量着一个衣衫褴褛、油腻腻的妇人，她带着两个装束和母亲一样的孩子走进店里，她要了一便士的茶和半便士的糖。当她被招待时，对店主说：'N 先生，我不知道我怎么了，但我可以向您保证，如果每天被禁止喝一点茶的话，我都不想活了。'"③ 1757 年，英国旅行家乔纳斯·汉韦（Jonas Hanway）曾告诉朋友，"在里士满（Richmond）附近的一条小巷里，夏天经常可以看到乞丐在那喝茶。你可以看到喝着茶修路的劳工，他们甚至在煤渣车里喝茶，更荒谬的是，茶水

---

① George Edwin Fussell, *Village Life in the Eighteenth Century*, Worcester：Littlebury & Company，1940，p. 39.

② John Struthers, *The History of Scotland：from the union to the abolition of the heritable jurisdictions in 1748*, vol. 2, Glasgow：Published by Blackie, Fullarton, & Co., and A. Fullarton & Co., 1828, p. 254.

③ Charles Deering, *Nottinghamia vetus et nova or an Historical Account of the Ancient and Present State of the Town of Nottingham. Gather'd from the Remains of Antiquity and Collected from Authentic Manuscripts and Ancient as well as Modern Historians. …*, Nottingham：Printed by and for George Aysccugh, & Thomas Willington, 1751, p. 72.

按杯卖给干草晒制工。……看看伦敦所有的地窖，你会发现男人或女人都在上午或下午啜茶，很多时候既在上午也在下午：那些没有面包的人都会有茶。有一次，我闲逛了两个月，只有一名仆人陪同。我漫步到英格兰的几个地方，当骑马累了，我就步行，并经常尽可能体面地去小茅屋里看看人们是怎么生活的。我仍然发现同样的游戏在玩着，而穷苦本身并不能驱逐常常导致这种穷苦的茶叶。有人告诉我，在一些地方，人们非常贫穷，没有一个家庭拥有喝茶所需的全部器具，他们会把茶具带到一两英里外的对方家里，并为此奇妙的娱乐活动共同募集材料"。①

据韦瑟里尔考证，1760 年茶叶已经传播至所有英国人口中。② 如果说韦瑟里尔的这一论点过于武断的话，那么 18 世纪晚期饮茶习俗在整个英国社会最终普及的说法则更容易被绝大多数史学家接受。有的人认为，18 世纪后 25 年里茶叶甚至成为农工的经常性饮料。③ 有的人声称，至 18 世纪末叶，在英国几乎无人不饮茶。④ 而同时代的英国社会调查先驱、著名贫困问题作家弗雷德里克·莫顿·伊登（Frederick Morton Eden）则于 1797 年宣称，"任何一个不嫌麻烦在用餐时间踏进米德尔塞克斯（Middlesex）和萨里（Surrey）村舍的人都会发现，在贫穷家庭里，茶不仅是早晚常喝的饮料，而且即使在晚餐时一般也被大量饮用。此异域之物是否比本土栽培的大麦做成的汤汁更可口，更有营养，我留给医学先生们去决定"。⑤

第二节　饮茶习俗本土化

茶叶自东方传入欧洲后，随着越来越多民众能够消费得起并喜爱上该舶来饮料，饮茶习俗在多国尤其在荷兰和英国逐步流行和普及。在此过程中，欧洲人有选择地吸收东方的饮茶习俗，并在此基础上创造出符合自身

---

① J. Hanway, *A Journal of Eight Days Journey from Portsmouth to Kingston up Thames*, vol. 2, p. 272.

② L. Weatherill, *Consumer Behaviour and Material Culture in Britain*, p. 37.

③ C. H. Denyer, "The Consumption of Tea and Other Staple Drinks," *The Economic Journal*, vol. 3, iss. 9, 1893, p. 35.

④ Tom Standage, *A History of the World in Six Glasses*, New York: Walker & Company, 2005, pp. 187–188.

⑤ F. M. Eden, *The State of the Poor*, vol. 1, p. 535.

饮食习惯，以及顺应本国社会生活方式的饮茶习俗。换言之，饮茶习俗在欧洲实现了本土化。

作为欧洲进口茶叶的开启者以及欧洲饮茶习俗的引领者，荷兰当仁不让地在形成本土化饮茶习俗的道路上处于领跑者地位。然而，最初对荷兰饮茶习俗产生直接影响的并非中国，而是日本。当然，日本的饮茶习俗是受中国饮茶习俗的深刻影响所形成的，是在充分汲取中国饮茶习俗精髓的基础上，才于明朝时期彻底与中国饮茶习俗分道扬镳，走上自我独立的发展道路。[1] 日本独有的茶道日益形成时，恰逢欧洲商人积极开拓远东贸易。1609 年，荷印公司在平户设馆，正式开启对日贸易。30 余年后，随着日本幕府闭关锁国政策的推行，其他欧洲商人先后被驱逐出日本，只有荷兰人获准贸易，但须移居长崎，他们因而成为欧洲对日贸易的独占者。借此便利，荷印公司驻长崎商馆职员熟悉并接触到日本特色的饮茶习俗。他们除了将茶叶、茶器输入荷兰，也向本土传播了日式饮茶习俗。

至 17 世纪 80 年代，饮茶习俗在荷兰成为一种新时尚。非常富裕的家庭多辟有单独用于饮茶的所谓"茶室"（时称 theecomptoortje，或 theekamertje，或 theesalet），在此可以居家自饮或邀客共饮香茶。在荷兰王室的居住处，茶席一般都设在一个温馨的小房间里。例如，1700 年在海牙宾恩霍夫（Binnenhof）宫中有一个筑造特别的"瓷器阁"（porcelaincabinet），内设家具包括一个有着东方风格带有网格状盖子的茶桌，以及一套同样极具东方特色的饮茶用具。[2] 没有专门"茶室"的人家在前厅设桌喝茶，而在以后的时期里客厅则被用于此目的。

可以说，荷兰人在家中独设茶室以东方器具饮茶这一习俗，参考、吸收了当时日本人的茶道。但正如刘章才所言，从境界上来说，此时期荷兰人与日本人在茶室饮茶聚会的方式有着明显区别。依日本茶道的规范，除了茶室面积大小以及参加聚会人数多少有严格的规定，茶会活动的持续时间和每道程式也都有苛刻的限制。而荷兰人尽管也有一定的饮茶程式，但比较而言更为宽松，聚会时长也无严格限定，茶室的大小和与会人数的多

---

① 滕军：《中日茶文化交流史》，人民出版社，2004，第 204 页。
② S. W. A. Drossaers en Th. H. Lunsingh Scheurleer, *Inventarissen van de inboedels in de verblijven van de Oranjes, en daarmede gelijk te stellen stukken 1567 - 1795*, dl. 4, 's-Gravenhage: Martinus Nijhoff, 1974, p. 434.

少则更无明确要求。荷兰人聚会饮茶重于物质性，更多的是一种社交活动，参与者享受品茶聊天的欢愉氛围，重在参与者之间的信息交流，而非个人的修行。而日本茶道中，最核心的要素在于整个程式中的精神要素，并非饮茶本身。[①]

当大多数绅士仍习惯在咖啡馆、俱乐部及其他可能场所寻求消遣并保持彼此间联系时，众多渴望紧跟饮茶新时尚的荷兰贵妇则纷纷将家中茶桌用作她们理想的聚会点，以此组建属于自己社交圈的各式茶会（theegezelschap）。17世纪末期至18世纪上半期，是荷兰妇女茶会的基本饮茶礼仪形成和定型的重要时期，这一基本礼仪日后也大致成为荷兰人所遵循的聚会饮茶的参照标准礼仪。

依照一般礼仪规则，茶会开始时间多半在午后两三点。[②] 盛情迎接的女主人会向陆续抵达的客人们不断地鞠躬并说些恭维语，客人们也还以同样庄重的礼节。待茶会开始，主客们聚集一堂，围绕在布置精美的漆制，有时也是银制的镶嵌着珍珠的茶桌旁，桌上摆放着瓷器、中式或日式金银质餐具以及美酒、藏红花、茶壶、糖盒、配着金质或鲸须制餐刀的果酱盘。女主人奉上事先备好的以小试杯冲泡的不同种类的茶水供来宾品尝，后者喝完后挑选出自己心仪的或女主人推荐的茶叶，再改用稍大杯子沏茶。

茶会通常习惯使用稍小的带有环形把手和对嘴的茶壶。泡茶前先用热水将茶壶冲洗干净，然后放入一定量的茶叶，倒入烧开的雨水，有时也用井水，盖上盖，静置几分钟，泡出浓茶。另外还有一个装满水的壶置于火炉上，保持着沸腾状态。喝茶前，将茶壶里的茶汁往瓷杯里倒入一点后，再往茶壶里注入热水稀释，茶壶的茶水于是保持充足。然后边喝边斟，只要茶水的味道和颜色保持不变，就一直喝。[③] 而且，茶也要尽可能地趁热喝，据认为这是仿照中国人的做法。[④] 直至19世纪末，荷兰人才开始效仿

---

① 刘章才：《英国茶文化研究（1650~1900）》，第45~46页。

② 女茶友起初在午饭后二时聚头，这一习俗随着时间的推移最终演变成18世纪中期开始的每日下午五时，很大程度上受到英国"五时茶"习俗的反向影响。

③ C. Bontekoe & S. Blankaart, *Gebruik en mis-bruik van de thee*, p. 92; J. le Francq van Berkhey, *Natuurlyke historie van Holland*, dl. 3, p. 1536.

④ C. Bontekoee & S. Blankaart, *Gebruik en mis-bruik van de thee*, p. 92.

英国人的做法，改用较大茶壶直接泡出所需浓度的茶。[①] 饮茶时，客人发出咂吸作响之声以示对好茶的赞美，主人会很满意，这被称作"海牙式茶赞"（Haagsche thee-compliment）；如果客人未做此状，则说明茶不好。有时，客人还会以特殊术语对所试喝和选喝好茶的特性表达高度赞美之意，如"干燥"（opdrogend）、"辛辣"（toenijpend）、"强心"（hartsterkend）或"稍温"（wat flauw）。而那些所谓经验丰富的客人还时而以"乡土味"（landsmaak）或"竹子味"（bamboesachtig）之词来评判所喝之茶。[②]

有时，一些人为了减弱茶味或增加茶色，还喜欢往茶里添加一些香辛料藏红花（saffraan），为此他们会使用单独的壶来泡藏红花，如有需要就往沏好的茶里添加一些。茶中往往还会加入大量的糖，以至于不得不让人怀疑是用茶祛糖味，还是以糖祛茶味。[③] 人们可以将糖溶于茶杯中，也可以在喝茶的时候放一小块在嘴里。[④] 当然，也会有人认为喝清而不苦的茶要比喝加了很多糖的浓茶好。而针对当时很多荷兰人喜爱的茶后饮亚力酒的东印度式习俗，邦特库医生认为完全没有必要但也无妨，而将糖与茶一起饮用的做法则是有害的。[⑤] 茶中一般不加牛奶，直到1680年荷兰人才开始追随法国人的做法。据称，茶中加牛奶的做法要归功于法国拉·萨布利埃夫人（madame de La Sablière）玛格丽特·黑森（Marguerite Hessein），[⑥]

---

① J. R. ter Molen, *Thema thee*, p. 33.

② Jan van Elsland, *Gezangen*, *of het vrolyk gezelschap der negen zanggodinnen*, *kweelende en speelende*, *op zeer aangenaame uitgezochte muzicaale toonen*, *verscheide zangstoffen*: *tot verversinge en verkwikkinge der hédendaagsche zangminnende herten*, Haarlem: de Wed. Hulkenroy en Zoons, 1717, p. 56; Yver Bloeid de Konst, *De theezieke juffers*, Amsteldam: de Erfg. van J. Lescailje, 1701, pp. 24–25; S. I. von Wolzogen Kükr, *De Nederlandsche vrouw in de eerste helft der 18e eeuw*, dissertatie, Leiden Universiteit, 1914, p. 129.

③ J. le Francq van Berkhey, *Natuurlyke historie van Holland*, dl. 3, pp. 1536–1537.

④ Anoniem, *De Oost-Indische thee-boom*: *getrokken uit velerhande gezangen*, *zynde voorzien met de nieuwste liederen en melodyen*, *die hedendaags gezongen worden*, *dienende op gezelschappen*, *bruiloften en maaltyden*, Amsterdam: B. Koene, 1818, p. 2.

⑤ C. Bontekoe & S. Blankaart, *Gebruik en mis-bruik van de thee*, p. 100.

⑥ 萨布利埃夫人之所以如此做，是因为她倍加爱惜自己的瓷茶杯，总是在斟茶前先往瓷杯里倒入少许牛奶让杯子冷却，从而使其不会遇热破裂。参见 M. de Rabutin-Chantal, *Lettres de Madame de Sévigné*: *avec les notes de tous les commentateurs*, tom. 4, let. 711, vendredi 16 février 1680, Paris: Librairie de firmin Didot Frères, 1860, p. 81。

但此前在中国也已出现。① 1701 年出版的《茶叶、咖啡、烟草及鼻烟粉自然论》一书还曾专门对喝茶加奶做法的利弊进行过探讨。②

在饮茶之时及之后，也会吃些其他甜食。有的人爱吃昂贵的法式果酱，有的人则选择不那么贵的蜜饯、糖果、糕点、饼干或糖渍橄榄（后被柠檬皮取代）。荷兰各地有特色的茶点还包括杏仁饼、华夫饼、面包干、椒盐脆饼等。茶友们在喝下 10 杯、20 杯，有些甚至 40～50 杯茶，并吃完足够多的甜食后，再换上大杯子品饮纯正白兰地，有时也会先小抿几口茴香酒（anijsje）。随后，女茶友们还学着绅士们那样抽起了烟斗，这是后期才慢慢流行起来的。如此这般，聚会才终告结束。③

聚会品茶活动丰富了荷兰妇女们的日常生活内容，但茶会的兴盛则深受当时许多男权思想极重人士的诟病。茶会的兴起曾一度导致无数家庭萎靡颓废，热衷于茶会的妇女们多因嗜茶、追求游手好闲的日子而将家务推给仆佣，丈夫们回家后久等妻子晚归或不归，便心生怒火，冲入酒馆喝酒消愁。家庭纷争因茶会而起，因此许多社会改革家纷纷对"始作俑者"——茶叶大加抨击。

17 世纪 50 年代初，茶叶最先从荷兰传入英国。那时的荷兰人对东方奢侈品在欧洲的传播发挥了极其重要的作用，这很大程度上得益于阿姆斯特丹已取代里斯本，成为欧洲的东方货物集散中心，荷兰人借此将东方人的生活方式散布开来。④

---

① Joan Nieuhof, *Beschryving van 't gesantschap der Nederlandtsche Oost-Indische Compagnie, aen den grooten Tartarischen Cham, nu keizer van China*, Asmterdam: Jacob van Meurs, 1665, p. 124.

② R. V. N., *Natuur-kundige verhandeling van de theé, koffeé, tabak en snuf-poeders. Waar in na een nauwkeurig onderzoek, gevestigd op de genees- en heel-kunde, de waare werking van deze kruiden, onzydig worden voorgesteld. ...*, Amsterdam: J. ten Hoorn, 1701, pp. 127–128.

③ G. D. J. Schotel, *Letterkundige bijdragen tot de geschiedenis van den tabak*, pp. 191–192; A. Bierens de Haan et al., *Memorieboek van pakhuismeesteren van de thee te Amsterdam 1818–1918*, pp. 9–11; Isabella Henriette van Eeghen, "Een Amsterdamse bruiloft in 1750," *Jaarboek Amstelodamum 50*, 1958, p. 163.

④ Eric L. Jones, "The Fashion Manipulators: consumer tastes and British industries, 1660–1800," Harold F. Williamson, Louis P. Cain, Paul J. Uselding (eds.), *Business Enterprise and Economic Changes: essays in honor of Harold F. Williamson*, Kent: Kent State University Press, 1973, pp. 198–226; Maxine Berg and Elizabeth Eger (eds.), *Luxury in the Eighteenth Century: debates, desires and delectable goods*, Hampshire and New York: Palgrave Macmillan, 2003, p. 232.

茶叶传入英国初始，由于饮茶人数有限，人们对茶的认识也极为匮乏，当时并未形成足够规范的饮茶方式。茶叶基本上是在咖啡馆里先被冲煮成茶水存储在木桶中，待顾客点饮时再从木桶中倒出加热后奉上。早期咖啡馆之所以无法出售即泡茶水，是因为依据英国政府实施的税法法案，咖啡馆每天早晨须事先按预估的日销量泡制好茶水，待税务员亲临馆内测量征税后方可出售。这使得茶水的新鲜口感因存放时间过长而遭到极大损坏，所谓的饮茶范式也就根本无从谈起。前往咖啡馆喝咖啡或品茶，一直都是绅士们的专属权利。对于被视为家庭生活主角的女士们而言，咖啡馆则是禁地，这也在很大程度上阻碍了日常规范性饮茶方式的形成。与此同时，少量干茶叶由咖啡馆或贸易商零星售出，用于高贵华丽的招待和娱乐场合，以及作为一种稀有高档礼品馈赠给王宫贵族们。但是，由于其十分稀缺且价格昂贵，所以在这些场合出现的次数其实并不多，虽然时常会发挥意想不到的良好效果。

随着 17 世纪 50 年代后期伦敦的咖啡馆和贸易商开始公开对外销售干茶叶，人们将所购散装干茶叶带回家冲泡便逐渐成为一种新习惯，但这最初也仅限于那些为数极少的富裕家庭，而饮茶成为英国上流阶层和贵族家庭生活及社会活动的重要部分则要稍晚些。如前所述，英国最早从荷兰输入茶叶，因此早期英国的饮茶习俗相应地受到荷兰仪式的较大影响。这种影响主要通过有着较高社会地位的达官贵人、科学家、自然哲学家、医生、商人、宫廷贵妇们等层面得以实现，其利用自己的职业或身份之便，很容易较早接触到茶叶，以及了解到茶叶相关知识，并就此给出自己的诠释。17 世纪 60 年代初，葡萄牙公主北嫁英国后再将葡萄牙宫廷茶饮习俗带入英国王宫，这一新时尚很快便受到宫廷贵妇们的喜爱和推崇，并随后扩散到宫廷之外的上流贵族圈中，同样也成为他们所追捧的一种时髦风尚。其主要出现在贵族间时尚而又奢侈的私人家庭聚会上，作为一种新兴的高雅饮料被用来招待受邀宾客。凡此种种，无形中赋予了早期英国饮茶习俗贵族化形象。再加上茶叶价格的昂贵、茶具的精美以及茶叶购买过程的神秘化，使得其被赋予了高贵的社会声誉。①

---

① Gladys Scott Thomson, *Life in a Noble Household*, *1641 - 1700*, London: Jonathan Cape, 1937, pp. 169-170.

　　因此，该时期英国宫廷及贵族社会遵循的饮茶模式不外乎参照结合了葡式和荷式的样式，大致可谓宫廷内多偏于葡式，而贵族家庭多偏于荷式。多数贵族家庭虽然还不像荷兰富裕家庭那样，有着辟设专门用来饮茶的独立茶室的风尚，但家庭主妇们最初至少也会注重茶叶的储藏，以及饮茶的场所及其氛围。茶叶多会被小心储存在精致的茶叶罐里，而如果同时有多种茶叶的话，还会被分开放入不同的茶罐，以防止不同茶叶串味，尤其是红、绿茶之间。茶罐一般为瓷制，但也有被精心仿造成银制或木制的，再配上巧心设计的标志。茶罐通常被放入配有锁匙、装潢华美的箱子里。上了锁的茶箱或单放的茶罐被妥善保管，只有家中特定的所有者才可以接触到。可以想象，仆人们在不被允许的情况下几乎没有机会触碰到这一珍贵物品。① 有意思的是，爱茶贵妇们实际上并不将茶叶与饮茶器具放入厨房或餐厅的食品柜里，而是习惯将其整齐摆放在家中特别的橱柜中，只在家人饮茶或以茶待客时才小心取出使用。此时，先是由仆人在一个合适的房间里摆好家具，准备好泡茶所需用具，然后女主人（有时为男主人）会当着家人和来客等众人之面，从茶罐里取出足量茶叶放入茶壶，再将大烧水壶中的热水注入茶壶，接着便亲手沏茶和请茶，此可视作英国早期贵族家庭饮茶仪式的雏形。那时的英国中上阶层家庭主妇们在家中的权限皆是一些高位值活动，如指挥家务劳动及规划家庭用药配方等，而基本不参与体力活，但沏茶煮茗则是她们很乐意在家向他人展示的极少数苦差事之一。②

　　当然，专门辟有茶室的贵族家庭则会对茶室进行一番精心装饰，以使得其尽显时尚新气息，譬如嫁给国王查理二世首席部长且十分喜爱追求时尚的富有贵妇劳德戴尔（Lauderdale）公爵夫人伊丽莎白·梅特兰（Elizabeth Maitland）位于伦敦西部泰晤士河畔富丽堂皇的汉姆别墅（Ham House）。作为宫廷常客的公爵夫人在其卧室旁设有一个被称作"白色内室"（white closet）的小房间，专门用来接待宾客，内设一张王子木

---

① W. H. Ukers, *All about Tea*, vol. II, p. 402; M. Ellis et al., *Empire of Tea*, pp. 143-144.

② Lynette Hunter, "Women and Domestic Medicine: lzady experimenters, 1570-1620," Lynette Hunter & Sarah Hutton (eds.), *Women, Science and Medicine, 1500-1700: mothers and sisters of the royal society*, Thrupp, Stroud, Gloucestershire: Sutton Pub., 1997, pp. 89-107; M. Ellis et al., *Empire of Tea*, pp. 142-143.

（princewood）镶银书桌，一张香柏小桌，六把日式漆藤手扶椅，一只印式镶银茶炉，而其另一个更私密的小房间里装饰相仿，配有六把日式漆藤靠背凳，一个专放糖果和茶叶的日式盒子，一张刻有花纹的茶几。这些家具的配备不禁让人联想到，公爵夫人用印式镶银茶炉烧开的水冲入精美的茶壶泡上茶叶，再为好友端上中式茶杯的场景。①

　　一段时期的普及适应后，17世纪末至18世纪上半期英国本土化的贵族家庭饮茶仪式便大致成型，这一时间段跟荷兰上层家庭聚会饮茶礼仪的形成和定型期大致相同。有学者概括，英国的这种贵族家庭饮茶仪式具有如下特点：其一，选择家里较好的房间用于家人品茶聚会或款待来宾品茶；其二，使用专门泡茶的大茶壶，以酒精作燃料煮沸壶水；其三，将烧开的水倒进中国造陶瓷小茶壶，当着来宾的面冲泡茶叶；其四，使用中国出口的上釉陶瓷器茶具品茶；其五，在茶汤中加入少许砂糖。② 此外，还需要补充说明几点。

　　其一，家中是否设置专门的茶室，抑或能否及时选用合适的场所来饮茶，这主要还是取决于家主们的家庭条件，并不能就此判定家主爱茶程度的高低。有的家庭也许其实并不十分喜茶，只是因为追求时尚而设有专门茶室用作别具异域特色的待客场所，以凸显、抬升自己的身份和地位。有的家庭虽然十分爱茶，却囿于家庭条件而没有多余的场所专设茶室，但用来待客的茶具及家具则并不比茶室里的配置差多少。

　　其二，茶中加糖的做法已于17世纪末期出现，但具体原因不详。考虑到英国人曾对荷式饮茶习俗的学习、吸收，这或许受到荷兰人的影响。而且，那时的英国人有着往酒里加糖的习惯，以及英国妇女喜欢往自制的花草药汤汁中加糖改味，而茶叶最初就是被当作草药饮用的，稍带苦味的茶汤很自然就会被加糖改味。此外，饮茶加糖的习惯或许还与英国的气候有

---

①　G. Z. Thomas, *Richer than Spices*, pp. 93-115; Susan Bracken, Andrea M. Gáldy, and Adriana Turpin（eds.），*Women Patrons and Collectors*, Newcastle upon Tyne: Cambridge Scholars Publishing, 2012, pp. 51-52; Christopher Rowell（ed.），*Ham House: 400 years of collecting and patronage*, New Haven, Conn.: Yale University Press, 2013, pp. 126 - 127; Jan Pettigrew & Bruce Richardson, *A Social History of Tea: tea's influence on commerce, culture & community*, Danville: Benjamin Press, 2014, pp. 26-27.

②　马晓俐：《多维视角下的英国茶文化研究》，第31页。

关：该国常年天气阴沉且带着穿骨的湿度，加了糖的热茶就着点心喝则可以给此天气中的欠佳心情带来些许安慰。① 当然，随着对外不断扩张，自身不产糖的英国却有着极其充裕的砂糖货源，这也给英国人此时期开始养成在茶及咖啡、巧克力等热饮中加糖的习惯提供了必要条件。

其三，茶中添加牛奶的习惯也已于 17 世纪中后期开始出现。不同于砂糖，牛奶是英国人十分重要的传统饮食之一，其营养价值很早即被英国人普遍认可和接受。当茶饮传入英国后，往味道略涩的热茶中加入牛奶使其口感顺滑的做法看上去就不会显得那么突兀。有趣的是，这段时期内提倡、鼓励往茶中加奶与主张效仿中国人饮用绿、红茶都不加奶的观点同时存在。② 这应该可以看作茶中加奶的做法在当时虽已存在，但还并非被普遍接受的表现。

随着时间的推移，往茶中加糖或加奶的做法在 18 世纪上半期已逐渐变得较为流行，这在当时的文献中都有着确切记载。有人指出，少量牛奶或奶油（凭个人喜好选择）的添加可以使茶喝起来更顺滑，从而更有效地减弱和抑制胃里的敏感酸液。③ 也有人认为，用牛奶煮茶并不是一个好的做法，因为糙软的奶汁无法渗透、溶解和汲取茶叶脉髓；但在茶中加糖则不仅可以抑制茶水的涩味而使其更为适口，同时还是一种良好的清肺剂和温和的健肾物。④ 而在茶中同时添加糖和牛奶的饮法在 18 世纪中叶也开始流行，这与那些只加糖或牛奶的一种或者两样都不加的饮法并存，所有的这些饮法都广为人知而无须多加指导。⑤ 那时的人们对于所加糖、牛奶多少

---

① B. Hohenegger, *Liquid Jade*, p. 99；马晓俐：《多维视角下的英国茶文化研究》，第 31 页。

② T. Standage, *A History of the World in Six Glasses*, p. 141；Jack C. Drummond, Anne Wilbraham, *The English Man's Food: a history of five century of English diet*, London: J. Cape, 1958, p. 117.

③ Anonymous, *Of the Use of Tobacco, Tea, Coffee, Chocolate, and Drams. Under the Following Heads. I. Of Smoking Tobacco. II. Of Chewing. ... VII. Of Drams*, London: Printed by H. Parker, 1722, p. 10.

④ T. Short, *A Dissertation upon Tea*, p. 38.

⑤ Simon Mason, *The Good and Bad Effects of Tea Consider'd. Wherein Are Exhibited, the Physical Virtues of Tea; Its General and Particular Use; to What Constitutions Agreeable; ...; with a Persuasive to the Use of Our Own Wholesome Product, Sage, &c.*, London: Printed for M. Cooper, 1745, p. 27.

的把握虽然有了大概意识，但较为明确的分量界定则似乎要等到18世纪晚期。①

如前节所述，18世纪上半期早餐茶在英国上流阶层家庭中流行开来。而至18世纪中后期，其也在中下阶层中得以普及，所受欢迎程度则要远超欧洲另一个饮茶大国荷兰。英式早餐中非常重要的部分为吐司和黄油，或是被人们所喜爱的抹黄油面包，或是涂好黄油的热卷，茶饮则有助于这些主食的吞咽。②饮茶习俗已由早先的淡饮法改良为以红茶为主的浓饮法，在茶中添加糖和牛奶或奶油的做法则最终形成了具有典型英国风格的英式早餐茶。本土化的早餐茶，很好地融入英国社会的工业化进程中。随着农村城镇化和工业革命的发展，劳工们在赴工的途中可以很方便地在早餐店买到这样一份包括面包、黄油、茶、糖及牛奶的价格还算合理的盘装早餐。对于早早上班的劳工们而言，如此营养搭配较为均衡的快捷式早餐是其每日饮食不可或缺的一部分，这既可以使他们腹中有满足感，还能够让他们在劳作中保持精力充沛和头脑清醒。

虽然早餐时被英国人视为饮茶的最佳时间点，但一天中的其他时间段同样也存在着英国人多次饮茶的情况，故而延伸出了一些同样日常必备、各有特色的饮茶习俗，如"五时茶"［Five O'clock Tea，或称作"下午茶"（Afternoon Tea）］、"高茶"［High Tea，或称作"肉茶"（Meat Tea）］等。这些都成为极具本土风格的英国饮茶习俗的重要组成部分。

截至18世纪中期，在劳工阶层家庭依然重视早餐内容的同时，中上阶层家庭早餐开始慢慢变得清淡，主要以面包、黄油配茶。午餐则皆被各阶层所轻视，而一般在晚间8时前后进行的晚餐才是每个家庭一天中的主餐。如此一来，晚餐前的整个下午时光则显得尤为漫长，极易使人产生疲惫、饥饿之感，于是午后饮茶或咖啡配以少许点心就会成为人们充饥的一个不错选项。

---

① Anonymous（comp.），*A Treatise on the Inherent Qualities of the Tea-herb*: *being an account of the natural virtues of the bohea，green，and imperial teas. ...，which reigns so much in this kingdom*，London: Printed for C. Corbett，and may also be had of the publishers at Charing-Cross，and the Royal-Exchange，1750，p. 10；G. McCalman，*A Natural，Commercial and Medicinal Treatise on Tea*，p. 110.

② S. Mason，*The Good and Bad Effects of Tea Consider'd*，p. 27.

英国的"下午茶"习俗很可能最早承袭了17世纪80年代流行于法国贵族圈的"五时茶"风气，后者实为法国人对同时代荷兰的"下午茶"饮法的接纳。据称，此法式"五时茶"（thé de cinq heures）的提法来自法国书信作家塞维尼夫人（madame de Sévigné）玛丽·德·拉布汀-尚塔尔（Marie de Rabutin-Chantal）的书信。① 在英国，下午饮茶习俗的最早记录可追溯至寓居伦敦的爱尔兰作家托马斯·索瑟恩（Thomas Southerne）于1691年底排演的舞台喜剧《妻子们的托词》。② 英国自传作家亚历山大·卡莱尔（Alexander Carlyle）描述1763年其在哈罗盖特（Harrogate）的生活时，曾明确地使用了"下午茶"一词："……因为女士们提供茶和糖是一种时尚……女士们轮流提供下午茶和咖啡（afternoon's tea and coffee）。"③ 但是，真正让"五时茶"饮法具备一种独特而明确的功能，并使其成为一种既定习俗的饮食文化方式的，则是80余年后维多利亚时代第七代贝德福德公爵夫人安娜·玛丽亚·罗素（Anna Maria Russell）。公爵夫人约在19世纪30年代成为维多利亚女王的内廷女官前夕，④ 或者19世纪40年代在伍德本修道院（Woodburn Abbey）或在贝尔沃城堡（Belvoir Castle）拜访第五代拉特兰（Rutland）公爵约翰·亨利·曼纳斯（John Henry Manners）时，让"五时茶"在当时的英国贵族社交圈中名声大噪。根据第二种说法，公爵夫人在造访贝尔沃城堡时，午后倍感饥饿的她时常在5点前后饮茶用点心，并发现一顿清淡的茶（通常是大吉岭茶）和蛋糕或三明治是完美的搭配。⑤ 公爵夫人于是很快就开始邀请她的朋友们一起饮食，且深得赞许。待公爵夫人返回伦敦后，她则继续按"五时茶"之仪邀客品茶。久

① W. H. Ukers, *All about Tea*, vol. II, p. 405; G. van Driem, *The Tale of Tea*, p. 440.
② Thomas Southerne, *The Wives Excuse*; or, *Cuckolds Make Themselves a Comedy*, *as It Is Acted at the Theatre-Royal by Their Majesties Servants*, act IV, scene I, London: Printed for W. Freeman, 1692, pp. 36–38.
③ Alexander Carlyle, John Hill Burton, *Autobiography of the Rev. Dr. Alexander Carlyle*, *Minister of Inveresk*, *Containing Memorials of the Men and Events of His Time*, Edinburgh and London: William Blackwood and Sons, 1860, p. 434.
④ Samuel H. G. Twining, "L'héritage d'une famille," Greet Barrie and Jean Pierre Smyers (eds.), *Tea for 2: les rituels du thé dans le monde*, Bruxelles: Crédit Communal, 1999, pp. 56–63.
⑤ 在后来的日子里，下午茶的点心内容变得越来越丰富，除了水果、蛋糕、迷你三明治，还可以是烤饼、酥饼、姜饼、奶油小饼、薄脆小甜饼、蛋白杏仁饼等。参见 V. H. Mair & E. Hoh, *The True History of Tea*, p. 237。

而久之，"五时茶"或"下午茶"便逐渐形成一种习俗流行起来，成为许多中上阶层家庭一个固定的愉快消遣时段。① 然而从严格意义上来讲，公爵夫人并非"五时茶"的真正发明者，只能算作荷兰、法国贵族下午饮茶习俗的较为狂热的实践者之一，虽然是她将"五时茶"习俗发扬光大的。

不同于受上流阶层青睐的"五时茶"或"下午茶"，"高茶"源于劳工阶层，并在其家庭生活中占据着一席之地。"高茶"这一传统主要是伴随着英国社会变革而形成的。英国工业革命期间，矿区、工厂的劳工们在工作期间吃上一顿热饭并不容易，而不管在时间安排上还是在财政预算上，高雅的"五时茶"通常都是这些蓝领劳工无法承受的。劳作一整天后，疲惫不堪的劳工们晚上 6 点前后才能够回到家，而此时他们早已饥肠辘辘。于是，劳工阶层（尤其是来自英格兰北部及苏格兰南部等工业区的）家庭发明了一种适合自己的所谓"高茶"习俗，这实际上就是普通劳工家庭一天中的正餐，只是不得不从中午移至傍晚。在 19 世纪之前的英国，不管是贵族阶层还是店主、商人、农民等中下阶层，其家庭传统正餐（dinner）时间实际上是在中午时刻进行。②

家庭主妇们在等待男劳力回家前，一般都会事先准备好"高茶"，一般包括面包、黄油、奶酪、蔬菜，再配上一大壶热气腾腾的浓茶。茶叶对于那时的普通劳工家庭而言已不再是一件奢侈之物，而成为其主要日常饮料，这是因为 1784 年后进口中国茶叶价格大降，而自 19 世纪中叶开始大量进口的印度茶叶的价格则更低。家庭经济条件较好的，餐桌上可能还会添上土豆、鸡蛋、鱼、咸肉片、冷肉、蛋糕、馅饼、水果等；而对于贫穷家庭来讲，如有面包配茶即已知足。一顿典型的英国劳工阶层家庭"高茶"热餐可能由三道主食组成：猪肋肉腌熏的培根、菜园现采的蔬菜以及面粉制作的卷布丁。但每家每户的茶餐内容不尽相同，而农家或许还有煎

① L. C. Martin, *Tea: the drink that changed the world*, pp. 175-176; Daniel Pool, *What Jane Austen Ate and Charles Dickens Knew: from fox hunting to whist - the facts of daily life in nineteenth-century England*, New York: Simon & Schuster, 1993, p. 209.
② Sherrie McMillan, "What Time Is Dinner?" *History Magazine*, October/November 2001, at http://www.history-magazine.com/dinner2.html.

火腿和鸡蛋、蛋糕、烤饼、炖李子、奶油、果酱、果冻和乳冻甜食。① 当然，也有人将典型的"高茶"食谱归纳为冷肉（如火腿，也许配着煎蛋）与热食（如香肠、芝士意面、威尔士干酪、腌鱼、馅饼）的适度搭配。② 因为肉类在"高茶"中占了主导地位，有人认为将"高茶"称为茶餐（tea dinner）更为确切。③

至于为何这种餐食被称为"高茶"，迄今尚未有一个统一、标准的答案。有观点认为，"高"是指喝茶的时间太晚；④ 也有观点指出，"高"在17世纪含有"丰富"之意，因此"高茶"一词最初很可能是指比单独的"茶"本身更丰富的膳食；⑤ 还有观点强调，"高"就是指餐桌的高度。⑥ 最后一种解释看似简单但似乎更为合理，因为这顿配茶的餐食通常就是在一种高餐桌旁进行的，此区别于有闲阶层和上流社会人士就着矮茶几坐在舒适的椅子或沙发上细品的下午茶，因此，后者相较于"高茶"，有时也被称作"低茶"（Low Tea）或"奶油茶"（Cream Tea）。⑦ 当然，后来的时期里有闲阶层和上流社会也开发出自己的所谓"高茶"，其实为他们的"五时茶"与劳工阶层的"高茶"之混合，并加入了一些更高级的餐食。这是一种既可以有，抑或无须家庭仆人服侍时食用的茶点，因为主人们很容易自行准备。

18世纪的欧洲大陆，除了荷兰，其他国家的饮茶习俗并不是特别浓厚，而咖啡一直都是许多国家的主流饮料，但德国的奥斯特弗里斯兰地区是一个例外。奥斯特弗里斯兰是德国的一个较落后地区，位于北海之滨，

---

① Flora Thompson, *Lark Rise to Candleford: a trilogy by Flora Thompson*, London, New York and Toronto: Oxford University Press, 1945, p. 181.
② Helen Sabri, *Teatimes: a world tour*, London: Reaktion Books, 2018, pp. 52-53.
③ J. 佩蒂格鲁等在《茶的社会史》（第137页）中引述了伊莎贝拉·比顿（Isabella Beeton）的《家庭管理书》（*Book of Household Management*, London and New York: Ward, Lock, 1879）一书中的这一观点，但是在该书的其他版本中则无法找到表述此观点的文字。
④ Catherine Soanes (ed.), "High Tea," *The Oxford Compact English Dictionary*, Oxford: Oxford University Press, 2002.
⑤ Laura Mason, *Book of Afternoon Tea*, Swindon: National Trust, 2018, p. 98.
⑥ 马晓俐：《多维视角下的英国茶文化研究》，第61页；Paul Chrystal, *Tea: a very British beverage*, Gloucestershire: Amberley, 2014, p. 59。
⑦ P. Chrystal, *Tea*, p. 57.

与荷兰北部省份弗里斯兰为邻，在语言、文化、饮食等方面与其颇为相近。17 世纪末，茶叶及饮茶习俗很自然地从荷兰传入奥斯特弗里斯兰，随即当地人接受了这一热饮，以取代该地区水质极差的纯水。18 世纪中叶，德国也开始从中国直接进口茶叶。即使对于奥斯特弗里斯兰许多贫困家庭来说，茶叶也已成为啤酒的替代品，因为直接进口的茶叶比一般的大麦汁都便宜。当地人不再喝纯生水，而偏爱热饮，也就是茶。① 19 世纪初，如果每天都喝茶，一个农场劳工家庭日常需要 1 公斤的茶叶供应量，而当有客人来访时则需要更多的量。19 世纪后期，从饮清茶开始的奥斯特弗里斯兰人逐步培育出一种独具风味的饮茶秘方，俗称"迎客茶"（Besuchstee），即按当地传统，来宾被招待以一杯加冰糖（kluntje，一种缓慢溶化的冰糖）和奶油特别调制的浓茶。依照"迎客茶"的用茶之仪，茶叶先是在炉上热壶中煮泡至少 5 分钟，然后用糖镊从冰糖罐中取出几块冰糖，放入带有当地特色青花图案的白瓷小茶杯中，再小心翼翼地将浓茶倒入杯中，覆盖冰糖，但至少可露出一块糖尖。当足够热的茶水接触到冰糖时，冰糖旋即破裂。接着小心谨慎地用奶勺将奶油绕着冰糖尖舀入，奶油渐渐沉入杯底并像云朵一样扩散开来。需要牢记的是，不要搅拌杯中茶水，如此冰糖才能够始终沉淀于杯底，而茶水却会越喝越甜，直到冰糖耗尽。喝完第三杯后，来宾将茶勺放入杯中，表示自己已喝够。② 据称该茶饮可治疗头痛、胃部不适，缓解压力以及治疗其他许多疾病。"迎客茶"不仅是奥斯特弗里斯兰人的一种讲究性饮料，而且已成为当地文化传统的一部分。至今，此茶俗传统仍在当地许多家庭中得到严格遵循。

第三节　文学作品中的茶

伴随着近代欧洲饮茶习俗的不断普及与本土化历程，欧洲各国文人对茶的关注也是有增无已，其文学作品更是成为这一历程的绝好陪衬。近代欧洲涉及茶的文学作品，一般来说，可包括诗歌、戏剧剧本、散文、杂文、小

---

① V. H. Mair & E. Hoh, *The True History of Tea*, p. 236.

② Klaus Bötig, Ottmar Heinze, *Ostfriesland-Zeit für das beste: highlights-geheimtipps-wohlfühladressen*, München: Bruckmann Verlag GmbH, 2013, pp. 22-24; V. H. Mair & E. Hoh, *The True History of Tea*, p. 236.

说、回忆录等，这些作品大多数都呈现了文人们对茶叶的情感，以及对饮茶或浅或深的喜爱和痴醉（当然也有少数则是排斥或讨厌），成为各国文学宝库中重要的一部分，有的甚至成为流芳后世、影响深远的璀璨之作。

目前来看，近代欧洲关于茶的最早文学作品应当出自英国诗人、政治家埃德蒙德·沃勒（Edmund Waller）之手，是 1663 年凯瑟琳王后寿辰时其呈奉的一首祝寿颂诗，名为《茶，受陛下赞扬》（*Of Tea, Commended by Her Majesty*）。其正文总共十行，所采取的诗体是典型的英国古典诗歌"英雄双韵体"（heroic couplet）。① 此诗歌将赞茶与贺寿两者完美地结合在一起，借助茶叶之物与寿辰之时抒发献诗者对茶叶的赞美以及对王后的颂扬与祈福。这一别出心裁、别具一格的贺词一经问世，立即在英国宫廷中引发极大轰动，并随即在社会上传颂开来，沃勒也成为第一位赞美中国茶的英国诗人。自 1949 年以来，我国先后出现过多种译文，其中马晓俐的翻译可能在保持原诗原意的基础上最接近于英国古体诗的押韵要求，充分体现了原诗的严谨结构、整齐形式、诗律节奏之美。②

第二位赞美中国茶的英国诗人是纳亨·泰特（Nahum Tate）。1700 年，他发表了《灵丹妙药：茶诗两篇》。此诗被其认为是最佳力作，采用"模仿英雄"（mock-heroic）诗体具有浪漫主义风格并带有一定的喜剧色彩，赞颂了茶叶的历史及饮茶益处：第一篇主要以叙事风格讲述茶树的发展历史及其种植生产，第二篇则以讽喻手法将此"健康之饮、灵魂之饮"与欧洲古老神话传说中的众神相提并论，借神之口赞颂茶叶激起诗人热情，簇成英雄之火。实际上，该诗集还附录了另一篇由泰特的长期诗歌合作者宫廷牧师尼古拉斯·布拉迪（Nicolas Brady）所作的一首名诗《茶桌》（*The Tea-table*），赞美茶叶为园中傲物，是神奇万能之药，可消除青春急躁之狂热，激发暮年冻凝之血气。③ 同样的写作风格早在 6 年前就出现在法国牧师、知名学者及古董商皮埃尔·丹尼尔·休特（Pierre Daniel Huet）发表的拉丁文诗章中，其以挽歌形式借助众神抒情咏茶："茶啊！哦，从神圣

① 其原文参见 Edmund Waller, *The Works of Edmund Waller Esqr. in Verse and Prose*, London: Published by Mr. Fenton, Printed for I. Tonson, 1729, p. 221.

② 马晓俐：《多维视角下的英国茶文化研究》，第 94~95 页。

③ Nahum Tate, *Panacea, a Poem upon Tea in Two Canto's*, London: Printed by and for J. Roberts, 1700, passim.

枝干上折下的叶子，伟大的神灵所赐礼物！是什么快乐之地孕育了你？在那一片天空中，养育之地是否因为你的兴盛而扩张，不断增加。菲比斯（Phoebus）神父将此茎种入他的东方花园。心地善良的奥罗拉（Aurora）用她自己的露水浇灌它，并嘱咐用她母亲的名字，或遵照众神恩赐称呼它。*Thea* 就是它的名字，仿佛是众神给生长中的植物带来的礼物。考慕斯（Comus）带来了欢乐，玛斯（Mars）带来了兴致。而你，科洛尼斯（Coronis）让此饮健康。赫柏（Hebe），你延缓了皱纹和衰老。墨丘利尤斯（Mercurius）赐予了它灵活头脑的才华。缪斯女神们贡献了轻快的歌声。"①休特还将对茶叶的称赞写入其拉丁文自传式回忆录，表示饮茶使得他一整天都免受痛苦，大脑因湿气被清除而保持良好状态。为此，他还特意创作诗歌一首，以表达他对茶叶的赞美之情。②

英国诗人、剧作家和翻译家彼得·安东尼·莫特（Peter Anthony Motteux）③一生写作杂文无数，而于 1712 年发表的长篇散文诗歌《赞茶诗》可谓最出名的一篇。该诗的创作不论在主题选择上还是在诗体风格上，都一定程度地受到了泰特茶诗的启发和影响。其通过对奥林匹克山上的一场分为称颂饮酒和赞赏饮茶的两派希腊众神激辩两种饮料益处辩论的精彩描述，最后得出饮酒愈多伤害愈多，饮茶愈多好处愈多的辩论判定结果，并预示茶必将战胜葡萄酒，就好似和平必定取代战争，歌颂茶饮是"天堂中喜悦之事及自然界至真财富""令人愉悦的良药和可靠的健康保证"，是"众神的甘露"。④

————————

① Pierre Daniel Huet, "Thea: Elegia," *Poemata*, *latina et graeca*, *quotquot colligi potuerunt*, Trajecti ad Rhenum: ex officina Guilielmi Broedelet, 1694, pp. 61-62.

② Pierre Daniel Huet, *Commentarius de rebus ad eum pertinentibus*, Amstelodami: Apud Henricum du Sauzet, 1718, pp. 303-307.

③ 也有学者将莫特视为法国人，法文名为 Pierre Anoine Motteux（W. H. Ukers, *All about Tea*, vol. II, p. 487）。实际上，具有法国血统的莫特出生于法国港口城市鲁昂（Rouen），于 1685 年移居英国，直至去世。因此，《大英百科全书》将莫特算作英国人。参见 Hugh Chisholm（ed.）, *The Encyclopædia Britannica: a dictionary of arts*, *sciences*, *literature and general information*, eleventh edition, vol. 18, Cambridge: Cambridge University Press, 1911, p. 931。

④ Peter Anthony Motteux, *A Poem upon Tea*（*A Poem in the Praise of Tea*）, London: Printed for J. Tonson, 1712, pp. 6-15. 该书只有这一首诗，书名为《关于茶的诗》（*A Poem upon Tea*），但书中诗名却为 *A Poem in the Praise of Tea*。

英国 18 世纪初最卓越的诗人，也是英国最伟大的诗人之一亚历山大·蒲柏（Alexander Pope）以写作讥讽性和散漫性诗歌而著称，极为擅长运用"英雄双韵体"。1711 年，他在"模仿英雄"诗体的英雄喜剧（heroicomical）① 叙事诗《夺发记》中，写下了日后常被引述的赞颂嗜茶王后安妮之句："三邦归服，伟哉安娜！时而听政，时而品茶。"此外，还写道："镀金战车未留痕，无人学牌未尝茶！"② 接着，他又在 1714 年的一篇书信体诗文《传书布朗特小姐》中，再借茶喻情："阅书品茶间有时，自斟独酌且深思。"③ 蒲柏在拼写"茶"时混用了 Bohea 和 tea 二词，一方面这是因为 18 世纪第二个十年前后英国社会较喜欢以 Bohea 指代茶叶，另一方面，从诗韵要求来看，混合使用 Bohea 和 tea 既能达到押韵的目的，又避免了重复使用一词的不妥。

苏格兰田园诗人艾伦·拉姆齐（Allan Ramsay）在 1721 年写下的英雄喜剧诗《晨访》中对茶叶大加称赞，并非常巧妙地将百草中最为幸福的茶叶转化为青年绅士们的求爱对象："……临印度之长川兮，倚恒河之双流；玉叶是生兮，芳原之陬；飨客殊珍兮，扬名之木；偶称绿茶兮，甚者武夷。草之最幸兮，不为汝形；……"④

18 世纪早期，随着饮茶成为一种重要的闺中社交礼仪礼节，英国上流贵妇们多效仿法国贵妇们的习惯，常常睡至晌午，并喜欢在闺房中边梳妆边以茶待友。曾担任蒙茅思（Monmouth）公爵夫人安娜·斯科特（Anna Scott）私人秘书的诗人约翰·盖伊（John Gay）就曾作诗，生动叙述过本国贵妇们的这一习惯："晌午仕女晨祷时，抿吾香茶之芬芳。"盖伊还在《茶桌——乡村牧歌》一诗中描述了年轻爱笑的朵丽丝（Doris）女士晌午

---

① 所谓的英雄喜剧诗（有时也写为 heroicomic），指将记叙英雄及其事迹（heroic）的诗歌以滑稽讽刺、戏谑性（comical）的风格呈现出来。

② Alexander Pope, *The Rape of the Lock: an heroi-comical poem. In five canto's*, can. 3, London: Printed for Bernard Lintott, 1714, p. 19.

③ Alexander Pope, "Epistle to Miss Blount, on Her Leaving the Town, after the Coronation," Samuel Johnson (comp.), *The Poetical Works of Alexander Pope, Esq., to Which is Prefixed the Life of the Author*, Philadelphia: J. J. Woodward, 1836, p. 152.

④ Allan Ramsay, "The Morning Interview," *The Poems of Allan Ramsay: a new edition, corrected and enlarged; with a glossary*, vol. I, London: Printed by A. Strahan, for T. Cadell Jun. and W. Davies, 1800, pp. 213-214.

起床时，满屋已飘散着茶水的芳香。她与梅兰慈（Melanthe）女士啜了一杯又一杯，你斟我酌，时而倾谈。① 关于佳丽饮茶姿态的栩栩描述，诗人、评论家、哲学家和神学家爱德华·扬（Edward Young）在写于 1725 年的《爱名望，普世情》一诗中也曾有过："两片丹唇微风掠，吹凉武夷吹暖郎。"② 有关情侣们相聚品茶的情景，19 世纪早期的浪漫主义诗人约翰·济慈（John Keats）也曾在 1819 年所作《默默而坐》一诗中给予精彩形容："他们默默而坐，转动着他们的倦眼，细咬着他们的土司，轻叹冷吹他们的茶，否则就会忘了今晚的目的，忘了他们的茶，忘了他们的食欲。"③

1743 年，一篇字数逾 9000 字、作者不详的《茶诗三篇》在伦敦发表。这篇讽喻寓言诗开篇即夸大茶叶功效，并借喻诗人是得到它的护卫而完成后述诗词三篇的："诗人启诵佳作《战功》，敌行无浼温柔之句；我诗远绝喧嚣战事，香茶莫御之力将吟：伴你美丽礼貌年轻！护此诗人，赋此韵文。"④ 茶叶的效力似乎并不仅限于此，甚至还出现了茶叶可以用来给人算命的说法，就如 1762 年大众诗人查尔斯·丘吉尔（Charles Churchill）的《幽魂》所描述的："老妇摇杯看，茶底显命理。"⑤

18 世纪后半期，随着饮茶之习在英国社会越来越普及，茶叶所受喜爱程度越发加深，那些爱茶的有识之士为茶作诗的行为也越发频繁。1752年，一首由匿名作者写的《饮茶：一个片段》在都柏林出版。其开场白呈现了在都柏林坐着轿椅，品着香茶的美丽女子所构成的一幅迷人画面。对于茶在此景中所发挥的作用，诗中写道："……诸位玉臂美人，接过彩绘

① John Gay, "The Man, the Cat, the Dog, and the Fly: to my native country," Robert Anderson, M. D. (comp.), *The Works of the British Poets: with prefaces, biographical and critical*, vol. 8, London: Printed for John & Arthur Arch, and for Bell & Bradfute, and J. Mundell & Co. Edinburgh, 1795, pp. 312, 372.

② Edward Young, *Love of Fame, the Universal Passion: in seven characteristical satires*, London: Printed for J. and R. Tonson, 1741, p. 142.

③ John Keats, "Pensive They Sit," Edmund Blunden (ed.), *Selected Poems: John Keats*, London and Glasgow: Gollins, 1922, p. 389. 该诗也被雅称为《情人相会》(A Party of Lovers)，详情参见 https://www.best-poems.net/john-keats/a-party-of-lovers.html。

④ Anonymous, *Tea, a Poem: in three cantos*, London: Aaron Ward and sold, 1743, p. 1.

⑤ Charles Churchill, *The Ghost*, London: Printed for the author, and sold by William Flexney, 1763, p. 6.

瓷杯；斟入醇醇奶油，或搅动甜甜茶水。……翠绿熙春满盈，莫酒稀有，如花搪瓷气熏；茶香四溢取悦佳丽，缥缈芬芳充满宽延屋宇。"①

英国著名文评家、散文家、传记家、辞典编纂家及诗人塞缪尔·约翰逊（Samuel Johnson）酷爱饮茶，其喜爱程度甚至达到一种让人难以置信的地步。他不论何时只要有茶就兴奋得简直要疯掉，会立马叫人取来沏茶器具，亲手沏出美味香茶。② 1764 年 2 月，他与著名画家约书亚·雷诺兹（Joshua Reynolds）联合其他 7 位志同道合的社会名流、文豪、诗人创立了一个称作"俱乐部"［The Club，或"文学俱乐部"（Literary Club）］的团体，并约定每周一晚 7 时在"土耳其人之首"（Turk's Head）酒馆聚会就餐和品茶畅论。③ 1770 年，约翰逊在谈及民谣诗歌形式时，曾以嘲讽小曲的风格即兴赋诗："听着，亲爱的蕾妮（Rennie），也不要皱着眉头，你茶不能泡得这般快，因为我能一饮而尽。因此我恳求你，亲爱的蕾妮，将奶油砂糖好好调化，给我再来一盘茶。"④

1773 年，苏格兰浪漫主义诗人罗伯特·弗格森（Robert Fergusson）曾将茶与女神维纳斯结合起来，创作了《茶诗一首》以致敬茶："永远微笑的女神维纳斯，知晓暴风雨般的眉毛会成为她美丽的模样，赐予上天之茶。可以医治激情的伤痛，能使美人从因失望而产生的皱眉和叹息中解脱出来的泉源。向她鞠躬吧，你这美人！无论是在旭升的早晨，还是在露降的傍晚，她那由小种、工夫或加冕粗武夷冲泡的热腾甘饮恭迎你的佳肴。"⑤

1785 年，英国圣诗作家、浪漫主义诗人威廉·古柏（William Cowper）将英国近代经验主义哲学家代表人物乔治·伯克利（George Berkeley）主教的名言"欢乐之杯"（"the cups that cheer"）巧妙地融入自己所创作的无韵诗《冬夜》（The Winter Evening）中，以示对后者的敬意："挑拨炉

---

① Anonymous, *Tea-drinking: a fragment*, Dublin, 1752, p. 92.
② William Harrison Ukers, *The Romance of Tea: an outline history of tea and tea-drinking through sixteen hundred years*, New York: Alfred A. Knopf, 1936, p. 83.
③ Walter Jackson Bate, *Samuel Johnson*, New York: Harcourt Brace Jovanovich, 1977, p. 366.
④ J. Pettigrew et al., *A Social History of Tea*, p. 57.
⑤ Robert Fergusson, "Tea: a poem," *The Weekly Magazine, or Edinburgh Amusement*, vol. 21, Edinburgh: Printed by and for Wal. and Tho. Ruddimans, 1773, pp. 177-178.

火，速关窗格；放下帘帷，转动沙发。茶壶嘶嘶泛泡翻腾起柱，欢乐之杯
但非沉醉，互斟彼此，让我们欢迎这和平之夜。"① 此诗作是诗集《任务》
的第四篇，而该诗集则被视为古柏的最高成就，完美展现了古柏这一18世
纪后期杰出诗人作品的质朴体律，非常不同于那些风格故作典雅的茶叶
诗歌。

　　数位英国自由党人于1784～1785年在《晨报》（Morning Herald）上撰
写连载，全面批判保守党上议院议员约翰·洛尔（Lord John Rolle），进而
抨击小皮特政府的系列讽喻诗歌以《批判洛利亚德》（Criticisms on the
Rolliad）之名出版。该诗集部分内容涉及小皮特政府的茶叶折抵税，其中
有一小节为所引莫林（Merlin）以当时进口的各类茶叶名称为韵语的短诗，
很是吸引眼球："何舌能辨，色色茶叶？红茶绿茶，熙春武夷；松萝工夫，
白毫小种；花熏香高，圆珠醇浓。还有更多，名称异类，有些品微，有些
名贵。"② 上述不同红、绿茶名称在诗中的广泛使用，正是18世纪后半期
这些不同种类的红、绿茶被大量进口至英国，并得到广大英国民众喜爱的
直接体现。

　　1789年，英国著名医学家、博物学家、诗人伊拉斯谟斯·达尔文
（Erasmus Darwin）③创作了流行一时、诗体华巧的诗集《植物园》，试图通
过诗歌形式来普及科学，传达科学发现与技术创新的奇迹，以达到激发读
者对科学的兴趣，并给予其相应的教育的目的。诗集将植物拟人化，让植
物学变得有趣，可谓开创了一直延续至今的科普写作传统。该年首版的是
诗集第二部分《植物之恋》（"The Loves of the Plants"），④ 其中诗人对茶
叶同样给予了拟人化描述："女神在此停留，谦卑守护神架神琴于海吉亚
（Hygeia）神殿；缓缓降落的小精灵平抚着颤巍琴弦，点点雨滴落驻朦胧翅
膀。此刻我的花瓶，一位窈窕水仙女，装满汲自卵石溪流晶凝；干柏堆满
银瓮四周，（明光逐焰升，爆焦束薪燃），撷中华绿草于秀园，注汽腾珍液

①　William Cowper, The Task: a poem. In six books. To which is added, tirocinium: or, a review of schools, bk. Ⅳ, Philadelphia: Printed for Thomas Dobson, 1787, p. 90.
②　Richard Tickell et al., Criticisms on the Rolliad, part one, London: Printed for James Ridgway, 1785, p. 92.
③　即世界著名进化理论提出者查尔斯·罗伯特·达尔文（Charles Robert Darwin）的祖父。
④　该诗集第一部分"植被经济"（"The Economy of Vegetation"）先于1791年出版。

入华杯；她屈膝甜笑，呈香茶精英。"①

英国诗人、革命家乔治·戈登·诺艾尔·拜伦（George Gordon Noel Byron）是举世公认的 19 世纪浪漫主义文学首屈一指的代表人物，被认为是英国最伟大的诗人之一。他的诗歌作品风雷驰骤、波澜壮阔，至今饮誉不衰、影响巨大，其中最著名的为长篇叙事诗《唐璜》(Don Juan) 和《恰尔德·哈罗德游记》(Childe Harold's Pilgrimage)。拜伦酷爱饮茶，即使在 1823 年前往希腊参加该国独立战争后，仍然保持着早上一起床就开始工作，然后喝上一杯红茶的习惯。② 他在 1818 年以后所写的《唐璜》系列篇章中多次提及茶、茶饮或茶具，其中最引人注目的部分是 1819 年底 1820 年初写成的第四篇中对茶叶的诗意描叙："在此我须离别于他，因我已变得悲伤，被中国泪水女神——绿茶所感动！卡珊卓（Cassandra）③ 不会比她更先知。如果杯饮纯酒过三，我心将生怜悯，我必求助红茶武夷：只可惜果酒如此有害，而茶与咖啡让我们更加明智。"④ 同为浪漫主义诗人的拜伦同胞好友珀西·比希·雪莱（Percy Bysshe Shelley）同样是饮茶爱好者。1820 年 7 月 1 日，他在意大利来亨（Leghorn）写给暂时返回伦敦的其好友玛丽亚·吉斯本（Maria Gisborne，或 Maria James）夫人的一封诗信中也数次笔落茶叶，如"医生反对的饮品，我会不顾劝诫地畅饮，我们将死时我们当掷钱裁定谁先死于饮茶""尽管我们食之少肉，饮之无酒，但我们快乐：我们有茶和吐司"。⑤

英国自由派政治家威廉·爱华特·格拉茨顿（William Ewart Gladstone）也是一位著名爱茶人。据称，在担任英国议会下议院议员期间，他从午夜到凌晨 4 时的饮茶量即超过该院其他两个议员的饮茶总量。⑥

① Erasmus Darwin, *The Botanic Garden. Part II . Containing the Loves of the Plants. A Poem. With Philosophical Notes*, vol. II, Dublin: Printed for J. Moore, 1796, p. 70.
② 鹤见祐辅：《拜伦传》，陈秋帆译，湖南人民出版社，1981，第 237 页。
③ 卡珊卓为希腊、罗马神话中特洛伊王国公主，阿波罗祭司，能够预见未来，曾预言希腊人会用特洛伊木马攻陷特洛伊城，但无人相信。
④ George Gordon Byron, *Don Juan*, cans. III, IV, V, London: Printed by Thomas Davison, Whitefriars, 1821, p. 97.
⑤ Percy Bysshe Shelley, "Letter to Maria Gisborne," Harry Buxton Forman (ed.), *The Poetical Works of Percy Bysshe Shelley*, vol. 3, London: Reeves and Turner, 1877, pp. 231, 240.
⑥ 马晓俐：《多维视角下的英国茶文化研究》，第 102 页。

1865 年，格拉茨顿结合自己多年的饮茶经验，挥笔写下脍炙人口、流芳百世的赞茶诗句："如若你发冷，茶给你温暖。如若你太热，茶送你清凉。如若你愁郁，茶让你欢畅。如若你兴奋，茶使你平静。"[①] 自 1834 年起，他曾 4 次担任财政大臣职务，并于 1868~1894 年连续 4 次出任英国首相之职。在长达 60 多年的从政生涯中，他经历了重重压力，而长年的饮茶习惯在很大程度上能够帮助他保持身体健康、缓解情绪、豁达面对困难压力。最终，良好的政治表现使他在英国工人阶级中赢得"人民的威廉"绰号，并被历史学家称为英国最伟大的领导人之一。[②]

茶叶也时而被写入一些有名的英国剧作中。1691 年末，英国剧作家托马斯·索瑟恩（Thomas Southerne）在排演的戏剧《妻子的托词》第一幕第五场中展示了数位先生和女士在午时正餐后于园中饮茶（提及了多款可选红、绿茶的拗口名称以及最终选定的所饮茶叶武夷每磅 10 英镑的价格）情境。[③] 1692 年，他还在以亚洲为背景的戏剧《少女的最后祈祷》第三幕第一场中演述了几位女士、先生在印度女士萨雅姆（Siam）家的一场茶会。[④] 剧作家威林·康格里夫（Willin Congreve）则是英国第一位将茶叶与闲话联系在一起的作者。在其于 1693 年创作的喜剧《双重商人》中，一位名叫梅勒丰（Mellefont）的角色说道："为什么，他们在长廊尽头，喝着茶、聊着闲话，遵照他们的古老习俗，在餐后。"[⑤] 1701 年，剧作家理查德·斯蒂尔（Richard Steele）写出首部喜剧剧本《葬礼》，随后的戏剧演出让他从此名声大噪。该剧借助于角色坎普利（Campley）之口，对那些推崇茶这一舶来饮品的人士进行严厉斥责："汝不见他们是如何豪饮几加

---

① D. K. Taknet, *The Heritage of Indian Tea: the past, the present, and the road ahead*, Jaipur: IIME, 2002, p. 248.

② J. F. C. Harrison, *Late Victorian Britain 1875-1901*, Abingdon & New York: Routledge, 1991, p. 31; Richard Aldous, *The Lion and the Unicorn: Gladstone vs Disraeli*, New York: W. W. Norton & Company, 2007, p. 4; Paul Brighton, *Original Spin: Downing Street and the press in Victorian Britain*, London: Bloomsbury Academic, 2016, p. 193.

③ T. Southerne, *The Wives Excuse*, act IV, scene I, pp. 36-38.

④ Thomas Southerne, *The Maids Last Prayer: or, any, rather than fail. A comedy. As it is acted at the theatre royal, by their majesties servants*, act III, scene I, London: Printed for R. Bentley and J. Tonson, 1693, pp. 31-32.

⑤ Willin Congreve, *The Double-dealer. A Comedy*, act I, scene I, The Hague: Printed for T. Johnson, 1711, p. 16.

仑的茶汁（juice of the tea），而其自家的植叶却被踩在脚下！"① 剧作家及演员考利·希伯（Colley Cibber）于 1707 年创作的喜剧《夫人的最后赌注》（副标题为《妻子的怨恨》）中，茶是供角色们品用的主要饮料。当被询问是否需要喝茶时，角色乔治·布里兰特（George Brillant，由希伯本人首次出演）勋爵脱口而出道："茶！你这绵柔的，促醒的、圣洁的和珍贵的汁液，你这让调皮男女在清晨相聚的无辜虚饰，你这爱说的、爱笑的、开怀的、爱眨眼的雌性甘露，我一生中最幸福的时刻都归功于它那令人称道的清淡，让我匍匐在地，啜饮，啜饮，啜饮，如此这般崇拜你。"② 剧作家亨利·菲尔丁（Henry Fielding）于 1727 年 9 月完成剧本创作，并于 1728 年 2 月 16 日成功首演的戏剧《几副面具下的爱》以喜剧的方式描写了几位恋人试图追求各自喜爱的人，这也是菲尔丁创作的首部剧作。剧中主角之一马切丽斯（Matchless）女士在与闺蜜品茶聊天时调侃道："哈，哈，哈！爱情和闲话是茶的最佳甜化剂。"③

17 世纪后半期，茶叶在社交活动中所扮演的角色也开始在荷兰剧作中时常出现。1669 年在阿姆斯特丹上演的滑稽剧《裴福龙与羊头》中，在被问到主人去了哪里时，名叫奥切（Otje）的仆人指称"在烟雾缭绕处的茶馆"。该剧另一处值得我们注意的情节就是当时在阿姆斯特丹达姆广场附近的罗金街区所出现的众多茶馆。④ 通过该剧，我们有幸了解到，生意兴隆的茶馆行业当时已成为荷兰城市服务业的重要内容之一。

自 17 世纪末开始，众多荷兰妇女渴望紧跟饮茶新时尚的现象及其在茶桌上的种种表现，以及她们为此而改变旧有社交方式被以风趣手法编入各类戏剧。滑稽剧《小妇人》更是将此表现得淋漓尽致。剧中，一位名叫阿格尼特（Agniet）的茶友在茶会上说道，她们借此药草才有机会时常碰面

① Richard Steele, *The Funeral: or, grief a-la-mode. A comedy. As it is acted at the theatre royal in Drury-lane, by his majesty's servants*, London: For Jacob Tonson, 1702, p. 46.
② Colley Cibber, "The Lady's Last Stake: or, the wife's resentment. A comedy. As it is acted at the queen's theatre in the Hay-market, by her majesty's servants," act I, scene "Lord Wronglove's Apartment," C. Cibber, *Plays*, vol. 2, London: Printed for B. Lintot, W. Mears, and W. Chetwood, 1721, p. 17.
③ Henry Fielding, *Love in Several Masques. A Comedy, as It is Acted at the Theatre-Royal, by His Majesty's Servants*, act IV, scene XI, London: Printed for John Watts, 1728, p. 61.
④ Y. Vincent, *Pefroen met 'et schaapshooft*, pp. 8-9.

聊天。在名贵的茶叶为人所知之前，……她们是如此的胆小如鼠，但现在她们已经改变了。她们因茶而需要彼此，因为茶得要人们聚在一起喝。当男人们问："女人去哪里啦？""去喝了杯小茶。"①

　　品茶新时尚的出现，也极大地刺激了荷兰人对茶器收集的热衷，许多荷兰人通过购买或互换来扩充和完善自己瓷器茶具的收藏内容。所收藏的茶器可谓品种繁多，既有纯粹东方风格的，更有糅合中西（或荷兰）方多种风格的。种类及造型方面，既有创意十足的各类茶杯、茶碗、茶壶、茶罐，又有形状各异的大小茶碟、茶托、茶盘和茶几；外表图案方面，所绘制的人、物及风景既可以完全是东方特色的，更可能是中西特色并存兼容的。因为对茶器的酷爱，有些人甚至通过某种极端方式来达到收藏新颖茶器的目的。滑稽剧《失去的钻戒》就对如何因为收集茶器而乱花钱，以致极度缺钱的故事有过精彩展示：一位女士因为所藏漂亮茶器及其所泡茶叶的绝佳品质而受到朋友们的赞扬，但这毫无疑问花费了她的所有积蓄。于是，她想出了能让这一生活方式继续下去的无奈之举：让仆人将其昂贵的结婚钻戒拿到当铺做抵押，而她却对丈夫撒谎说钻戒丢了。最终真相大白，她的丈夫原谅了她，但威胁说要是她继续泡茶的话，他就再也不管她的麻烦。② 通过上述对近代荷兰妇女参与茶会，以及茶器收藏等活动所引发的诸多问题的有趣描述，我们可以看出，茶叶在近代荷兰的家庭生活中所发挥的作用不容小觑，这些因饮茶习俗的兴起而衍生的私人生活中的家庭问题有时甚至会危及夫妻关系和家庭财产。这一倾向在同时期的其他一些滑稽剧中同样有所演示，如1701 年《茶痴女》、1702 年的《茶会》以及 1704 年《有趣的茶会》等。③

　　1701 年，在阿姆斯特丹首次发表的散文作品《使人颓废着迷的咖啡和茶叶世界》曾以一种讽刺挖苦的方式，描绘了阿姆斯特丹、鹿特丹、海牙、乌特勒支等城市及周边地区品茶（和咖啡）社团成员奢侈铺张的生

---

① Pieter Bernagie, *De gôe vrouw*: *kluchtspel*, ton. V, Amsterdam: A. Magnus, 1686, pp. 21-22.

② Abraham Groenewoud, *De verloore diämantring*, *of de verkwistende theedrinkster. Kluchtspel*, Haarlem: de Wed. H. van Hulkenroy, 1719, p. 21.

③ Enoch Krook, *De theezieke juffers*, *kluchtspel. Onder de zinspreuk*, *door Yver Bloeid de Konst*, Amsterdam: de Erfg: van J. Lescailje, 1701; A. de Vri, *Theegezelschap*, dl. 1, 1702; Anoniem, *Vermakelyk theegezelschap*, *zynde het tweede deel van de bedrogen dienstmaagt*, *of de bok voor de kruywagen*, Amsterdam: Pieter Joosten, 1704.

活，以及那些以爱喝此类饮料为借口做出的美妙有趣或放荡杂乱之事。有意思的是，该书还记载了同时期出现的士兵野外品茶这一不太寻常的趣事：由于部队士兵们对此时髦饮料同样很感兴趣，所以在最新式野战部队中甚至还专为那些不能喝冷饮的士兵设置"咖啡和茶"帐篷。① 虽然类似文学作品通常也有用词夸张之嫌，却仍能够让我们大致了解近代荷兰从普通市民到部队士兵的各阶层人士热衷饮茶，以及他们因饮茶习俗渐成时髦而改变饮食习惯的生动景象。

自 18 世纪早期始，欧洲散文家们便越来越多地将茶融入自己的作品中。18 世纪第二个十年，荷兰人在公共场合的饮茶经历曾被《令人愉快的海牙之旅》一书生动描述过。该散文作品叙道，一行 6 人顺着运河乘船，从阿姆斯特丹驶往海牙。途中在莱顿稍做逗留时，他们在一个客栈要了一个安静小房间，以便能在午后抽烟、喝茶打发时间。其中，一位农夫那天喝了至少 50 杯茶，于是茶水被不停地送进房间。糟糕的是，这位笨拙的农夫在离开之际竟将鼓鼓的钱袋放在一张三脚茶桌边，将其压翻，桌上的茶壶、茶杯、漱口杯等散落一地，几乎全碎。愤怒的客栈老板要求他赔偿所毁茶器，强调这些都是当时最精致的瓷器，是自己祖母留下的。② 上述故事中，不排除客栈老板为索要高额赔偿金而故意夸大被毁瓷器价值的嫌疑，但至少我们可以了解到，18 世纪早期荷兰客栈已向顾客提供配备齐全的瓷器茶具，而这些极具东方情调的器具对当时荷兰的客栈等服务行业招揽生意帮助肯定不小。

1821 年，英国散文家托马斯·彭森·德·昆西（Thomas Penson De Quincey）根据其自身经历，在《伦敦杂志》上匿名发表了自传式散文《一个英国鸦片吸食者的自白》。次年，他又将其出版成书，由此在文学界首获名气。该作品中，昆西作为鸦片受害者在回忆他的鸦片酊成瘾和对其

---

① Anoniem, *De gedebaucheerde en betoverde koffy- en thee-weereld, behelzende een meenigte van aardige voorvallen, welke zich sedert weinig tydts tot Amsterdam, Rotterdam, in den Haag, te Uitrecht, en de bygelegene plaatsen, …: benevens een uitreekening van de jaarlykse schade, welke door dit koffy- en thée-gebruik, …, daar toe behoorende, word veroorzaakt, enz.*, Amsterdam: Timotheus ten Hoorn, 1701, pp. 117, 477.

② Anoniem, *De vermakelyke Haagsche reize van 't geselschapje van sessen: bestaande in drie heeren, twee juffers, en een boer. Varende met de trek-schuiten van Amsterdam over Haarlem en Leiden na den Haag. …*, Alkmaar: Simon van Hoolwerf, 1731, pp. 239-263.

生活影响的同时，对饮茶赞美有加，称赞道："每个人都知道冬季炉边的神圣乐趣：四点钟的蜡烛，温暖的炉前地毯，茶，精巧的茶具，闭合的百叶窗，褶垂在地板上的帷幔，而此时屋外风雨肆虐可闻。""因此，从十月的后几周至平安夜是一段幸福时光，依我看是一个端着茶盘进房间的时段：因为茶虽然被那些天生粗俗之人或者因喝酒而变得粗鲁之人嘲笑，而这些人又不易受到如此精制刺激物的影响，但将永远是知识分子最喜爱的饮料。"①

英国文学家艾萨克·迪斯雷利（Isaac D'Israili）以其散文闻名，而他最出名的作品则是一套题为《文学奇闻》的散文集。这部作品汇集了无数历史人物和事件、不寻常的书籍以及藏书家习惯的逸事，1791～1824 年分别以五卷本和三卷本两个系列的形式出版，广受欢迎，极为畅销，甚至到1839 年已印至第十一版（作者做最后一次修订）。文集第一系列第五卷在谈及茶时，先是提到许多小册子出于各种动机被出版以反对饮用这种汁液，一位荷兰作家 1670 年曾说它在荷兰被戏称为"干草水"；随后引述了1816 年期刊《爱丁堡评论》中的一段对"这种著名植物"的评论："它的进展反而类似于真理的进展：最初被怀疑，尽管对那些有勇气品尝它的人来说是十分可口的；当它传入时被抵制；当它的知名度似乎在扩散时被滥用；当它最终获胜时，整个国家从宫殿到村舍一片欢欣。这只能依靠时间的缓慢而不懈的努力以及它自身的美德。"②

随着 18 世纪小说在欧洲的兴起，茶同样也逐渐受到小说家们的追捧。特别是在英语小说中，充溢了茶的芳香以及极具英伦本土特色的品饮文化。

惯以夫姓汉弗莱·沃德夫人（Mrs. Humphry Ward）之名发表作品的英国小说家玛丽·奥古斯塔·沃德（Mary Augusta Ward，原姓 Arnold）习惯在自己的作品中穿插饮茶的内容，其于 1888 年发表的长篇小说《罗伯特·埃尔斯米尔》中出现的有关饮茶场景的描述多达 23 次，1892 年的三

---

① Thomas Penson De Quincey, *Confessions of an English Opium-eater*, *and Suspiria de Profundis*, London: Printed for Taylor and Hessey, 1823, pp. 138–140.

② Isaac D'Israili, *Curiosities of Literature*, vol. 5, London: J. Murray, 1823, pp. 205–206; *The Edinburgh Review or Critical Journal: for Feb. 1816 … June 1816*, vol. XXVI, Edinburgh: David Willison, 1816, p. 117.

卷本小说《大卫·格里夫史》中多达 48 次，而 1894 年的三卷本小说《马塞勒》中也有 20 次。[1]

英国小说家伊丽莎白·克莱格霍恩·盖斯凯尔（Elizabeth Cleghorn Gaskell，原姓 Stevenson）的作品多涉及维多利亚时代社会道德问题，主要讲述中等出身年轻女性的感情，也精细描绘当时英国社会不同阶层的生活。1851~1853 年，其知名小说《克兰弗德》以不定期形式分 8 期刊登在杂志《家常话》（*Household Words*，又译作《家喻户晓》，1850~1859）上，用幽默细腻的笔调描写了发生在英格兰西北部克兰弗德（Cranford）镇上那些目光短浅、天真幼稚但大多心地善良、乐于助人的妇女们之间的悲喜剧，被公认为是反映英国乡村生活作品中最成功的一部小说。茶及饮茶场景在该小说中被频繁提及，特别引人留意的部分如下。其一，通过描写主人公玛蒂（Matty）小姐对茶叶的生理和心理反应，侧面指出饮茶功效："约翰逊（Johnson）店铺里的年轻伙计们穿着最得体的衣服，系着最好看的领带，手脚麻利地在柜台后面忙碌着。他们想马上领我们上楼；但本着先做生意再娱乐的原则，我们留下来卖茶。玛蒂小姐这时显得心不在焉。如果让她知道她随时喝的都是绿茶，那往后她会总认为自己将彻夜半睡半醒——（我知道她好多次都是在无意识中喝了绿茶，但并无如此效果）——结果绿茶在她家被禁。"其二，借助给玛蒂小姐出主意，间接阐述了当时英国的茶叶消费市场状况、茶叶生意的社会地位及其与女性身份之间的关系："当茶壶被端进来时，我的脑海里浮现出一个新想法。为什么玛蒂小姐不可以卖茶叶呢？——可以做那时就已存在的东印度茶叶公司[2]的代理啊？我倒看不出这个主意有何不妥，而其好处却是多多——如果玛蒂小姐能够克服屈尊于任何事情如做生意所带来的羞耻感的话。茶叶既不油腻，也不黏稠——油腻和黏稠是玛蒂小姐所难忍受的两点，无须橱窗。诚然，一张有关她持照卖茶的小小告示还是必要的，但我希望它可以放在没人看到的地方。茶叶也不是什么重东西，这样便不会给

---

① Mrs. Humphry Ward, *Robert Elsmere*, vols. I-III, Leipzig: Bernhard Tauchnitz, 1888; Idim, *The History of David Grieve*, Leipzig: Bernhard Tauchnitz, 1892; Idim, *Marcella*, vols. I-III, Leipzig: Bernhard Tauchnitz, 1894.

② 实际是指英国东印度公司。

玛蒂小姐脆弱的身体造成负担。我的想法唯一不妥之处就是涉及买卖。"①

　　盖斯凯尔的好友夏洛特·勃朗特（Charlotte Brontë）也是同时期的英国著名作家，其主要作品多根据她本人生活经历写成，如《维莱特》。该作品是 1853 年勃朗特以笔名柯勒·贝尔（Currer Bell）发表的一部三卷本半自传式小说，讲述了主人公在比利时一个女子寄宿学校工作和生活的经历，表达了对生活、爱情、婚姻的看法以及对于女性问题的深切关注和思考，是作者生平的现实主义写照。茶及饮茶场景同样在这部小说（尤其卷一、卷二）中频频出现，其中，作者还以细腻的笔触呈现了当时流行的英式饮茶习俗："在其完美的家庭舒适氛围中，这是多么令人愉快啊！琥珀色的灯光和朱红色的火光是多么温暖啊！为使画面完美，桌上摆放着茶——英式茶，整套锃亮发光的茶具让我觉得很熟悉：从古色古香的纯银茶炊和纯银大茶壶，到暗紫镀金薄瓷杯。我认识那块形状奇特、用特殊模具烤制而成的油饼，它总是在布雷顿（Bretton）家的茶桌上占有一席之地。格雷厄姆（Graham）喜爱它，就跟从前一样——放在格雷厄姆的配着银刀叉的盘子前。"② 一个家庭能够拥有如此贵重的茶具，大致可以看出这个家庭的社会身份。

　　同为盖斯凯尔的好友，担任《家常话》杂志主编并力促刊登《克兰弗德》的著名小说家查尔斯·约翰·赫法姆·狄更斯（Charles John Huffam Dickens）被视为 19 世纪英国现实主义文学的主要代表之一。出身贫寒的他擅长以高度艺术概括和生动细节描写深刻揭露 19 世纪初叶英国各社会阶层的真实面貌，尤其是社会底层民众的悲惨生活状态，并对其给予最大程度的同情。虽然狄更斯痴迷饮茶的程度不可与文学前辈塞缪尔·约翰逊等量齐观，但也同样称得上茶迷。对于作为一名多产作家的他来说，茶在其文学创作过程中提供了十分重要的帮助。饮茶既为他带来休闲时的快乐，也为其作品构思提供创作灵感，有关茶的描写为其本已出色的作品增色不少。1836~1837 年，狄更斯创作了其首部小说也是其代表作《匹克威克俱乐部遗书》（俗称 The Pickwick Papers，《匹克威克外传》）。该长篇小说透过不谙世事、天真善良的老乡绅塞缪尔·匹克威克

---

①　Elizabeth Cleghorn Gaskell, *Cranford*, New York: Harper & Brothers, 1853, pp. 250, 274.

②　Currer Bell, *Villette*, vol. Ⅱ, Leipzig: Bernard Tauchnitz, 1853, pp. 17-18.

（Samuel Pickwick）与 3 位友人在外出旅行途中的一连串遭遇，描述了当时英国城乡的社会生活与风俗民情，充分表现了作者的人道主义精神。小说中，茶字出现的频率极高，有 86 次之多。其中，关于一场戒酒协会的月会上茶水被如何大量饮用的情景描写甚是吸引人，引起主人公之一韦勒（Weller）先生的惊诧不已："会议开始前，女士们在桌上喝着茶，直到她们认为该停下来的时候；……在这个特殊场合妇女们喝茶达到十分惊人的程度；这让老韦勒先生感觉非常恐怖，他全然不顾萨姆（Sam）的提醒，用毫不掩饰的惊奇眼光四下张望。'萨米，'韦勒先生低声说，'如果这里一些人明晨不想敞开撒尿的话，我就不是你父亲，事实如此。哎呀，我身边的老太太都快要淹死在茶水里了。''安静点，不行吗？'萨姆咕哝道。'萨姆，'过了一会儿，韦勒先生以一种非常激动的语气低声说，'记住我的话，我的孩子：秘书前面的那个家伙如果再坚持哪怕仅五分钟，他就会用吐司和水将自己撑爆。''嗯，随他吧，只要他愿意，'萨姆答道，'那不关你的事。''如果这种情况持续再久一些的话，萨米，'韦勒先生依旧低声说，'我觉得作为一个人，我有责任站起来向大家致意。隔壁第二张桌子上有一个年轻女子，她已喝了九杯半早餐茶了，很明显她在我眼前都已膨胀起来了。'"①

　　威廉·梅克皮斯·萨克雷（William Makepeace Thackeray）是一位与狄更斯齐名的维多利亚时代英国小说家。他出身于资产阶级家庭，受过良好教育，但后因家道败落而为生计奔波，这一人生经历恰为其日后的文学创作提供了极为必要的生活素材。萨克雷的作品善于通过对 19 世纪英国贵族资产阶级分子愚蠢自私、荒淫无度、愚昧无能和道德沦丧等形象的塑造，深刻揭露出英国资本主义社会的现实关系，其中《潘登尼斯的历史》（又译作《潘登尼斯》）是最好的代表之一。创作于 1848~1850 年的该长篇小说讲述的是 19 世纪一位来自英国乡下名叫亚瑟·潘登尼斯（Arthur Pendennis）的可爱而又出手大方的青年绅士，前往伦敦寻求自己在生活和社会中的一席之地的经历，以此深刻揭示了人的本性和英国贵族资产阶级社会的真实面目，很明显其中很多描述就是作者自己生活的写照。该小说中，萨克雷通过众多角色，尤其是那些将茶叶视作自己的知己及生活中的

---

① Charles Dickens, *The Posthumous Papers of the Pickwick Club*, London: Chapman and Hall, 1837, pp. 347-348.

慰藉品的女性，对茶这一"和善亲切的植物"给予了极高的赞誉和谢意，不吝笔墨地对茶叶效用、饮茶场景以及维多利亚时代的饮茶习俗进行了详细描述。关于饮茶场景，写有"那时当空弯月皎洁，繁星闪烁，大教堂的钟声敲响九遍，教长的客人们都聚在教长夫人的客厅里喝着茶，吃着黄油蛋糕""只要邦纳（Bonner）夫人有空在城里消磨一晚上，一杯绿茶、一段闲话、一份热萨利伦甜饼和一点小说阅读总是随时恭候着她"。关于饮茶习俗，述如"在这个节骨眼上，已经是晚上六点，女仆贝茜（Betsy）不知道有陌生人到来，猛地把门打开，毫无预兆地走进房间，手上端着一个托盘，上面放着三只茶杯、一把茶壶和一盘涂着黄油的厚面包。潘（Pendennis）那豪华的气派、尊贵的表情一下子全不知去向。……但在平森特（Pynsent）先生看来，这件事似乎十分简单，他认为如果人们愿意的话没有理由不能在六点喝茶，也没有理由不能在其他任何时候喝茶"。而关于茶叶效用，叙道："香登（Shandon）夫人于是走去橱柜，不为饭餐，而是给自己沏了点茶。自从这一宜人的植物被引介给我们，在我们不久后所谈及的种种痛苦中，那个可怜的茶壶扮演了一个多么重要的知己角色啊！可以肯定，有无数女人为其哭泣！有无数病榻受其吹熏！有无数烫唇被其复神！大自然创造茶树时，对女人极为仁慈。只需稍加思索，便可幻化出一连串围绕着茶壶和茶杯集合而成的画面和群像。梅丽莎（Melissa）和萨查丽莎（Sacharissa）正谈论着关于茶的爱情秘密。可怜的波莉（Polly）在桌上摆着茶和她情人的信，他昨天还是她的情人，那时只有快乐没有绝望，她为它们饮泣。玛丽（Mary）轻巧无声地走进她母亲的房间，端着一杯慰藉之茶给这位不愿吃其他食物的寡妇。露丝（Ruth）忙着为她那正从收割场回家的丈夫调制茶水——如此画面的提示可以填满一整页。最后，香登夫人和小玛丽坐下来一起喝茶，而上尉则外出寻欢作乐。当她丈夫不在时，她只喜欢那样。"①

① William Makepeace Thackeray, *The History of Pendennis. His Fortunes and Misfortunes*, *His Friends and His Greatest Enemy*, vol. Ⅰ, New York: Harper & Brothers, 1850, pp. 71, 237, 259-260, 333-334.

结　语

　　众所周知，"海上丝绸之路"是中国与海外经济、文化交流的重要途径，中国茶叶借此得以广泛传播海外。16 世纪中期关于中国茶叶的信息传入欧洲，紧接着欧洲人在中国接触到茶并将相关信息传回欧洲，而随着 17 世纪早期茶叶实物陆续输入欧洲，饮茶习俗便开始在欧洲诸国先后兴起，这为近代中欧茶叶贸易的发展奠定了坚实基础。中国茶叶连绵不断地输入欧洲，又持续推动了欧洲饮茶习俗的普及。近代欧洲茶叶贸易的发展与饮茶习俗的普及相互影响、相互促进，共同推进了与中国饮茶习俗有着千丝万缕渊源和关联却又别具特色的欧洲本土饮茶习俗的形成，而其发展则对近代欧洲社会、商业、政治、文艺等诸多方面的发展产生了积极深刻的影响。

　　据现有可考资料，最初欧洲人对中国茶叶及其功效的认知是于 16 世纪中期通过间接方式获得，相关信息经由访问威尼斯的波斯商人传入。这得益于当地史家有心将此录入其行记，并借助该书其他语种的译本再将该信息传播至欧洲其他地区，而至于茶叶信息的传播到底达到了何种广度和深度则不得而知。当时中国与欧洲之间诸多方面的交流依赖于身处中国、欧洲之间的西亚人，主要是西亚商人和旅行者。作为中间人，西亚人将来自东方的物品或其信息带入欧洲，特别是他们最容易接近的地中海沿岸国家和地区，意大利半岛往往最先接触到这些。信息传递者所提供的中国茶叶信息极为简略，因此欧洲人靠此口传途径所获对中国茶叶的了解也甚为模糊，但大致已可知道茶叶产地以及饮茶的基本功效，特别是对欧洲当时较为普遍存在的痛风等疾病的疗效，这也必然使得其中一些人早早便对中国茶叶产生了兴趣。

　　随着葡萄牙舰队远赴东方传教的葡萄牙传教士首次在中国与茶这一让欧洲人感到无比好奇的东方饮料进行了亲密接触。现如今，已难以断定究竟是哪位传教士是第一个亲眼见到并品尝中国茶的欧洲人，但有明确文献记载的第一人是在 1556 年抵达广州并在此短暂居留的葡萄牙神父克鲁兹。然而，他对茶的记录十分简单，将其视为药草混合煮制而成的饮品，也未能说明所饮茶的品种，甚至还可能并未目睹过干茶叶实物。在其之后，其他一些欧洲传教士也相继不同程度地对中国茶饮进行了记录，有如克鲁兹一样在华短暂居留的西班牙神父拉达，在华生活达 28 年的意大利神父利玛窦，以及未曾到过中国而是在马六甲见过中国干茶叶的葡萄牙旅行家特谢拉。不同于其他 3 位，利玛窦由于自身在华长期居住并多次深入中国内地而对中国茶叶、茶饮的记录相对而言显得翔实得多，同时他还对中日茶饮及饮茶功效等方面进行了深入比较分析，尽管其未曾到过日本。显然，利玛窦对日本茶饮的了解很大程度上来源于在日本传教的教友所传递的信息。资料表明，16 世纪中后期在日欧洲传教士对日本茶叶及饮茶习俗似乎更加了解，尤其是对当时在日本已发展得较为成熟的、欧洲传教士们较容易接触到的茶道，包括其所使用器物、茶饮原料、茶道场所、待客方式等，但其对日本茶道本质的认知却并不一定到位，这可以从当时对日本茶道记述最详细的意大利神父阿尔梅达寄回欧洲的信件中反映出来。当然，随着时间推移，这一局面也慢慢得到了改变。而同时期的荷兰航海家林斯豪登的东方行记并未提及茶，尽管其大篇幅描述了中国，反倒是在介绍日本时谈到了该国盛行的饮茶习俗和仪式。可能的解释是，为没到过中国和日本的林斯豪登提供相关信息的荷兰人庞珀本人造访中国时，未曾接触过茶或者自认为该饮料不值得介绍，抑或忘记提及。

　　17 世纪初期，茶叶作为商品从中国、日本首次被欧洲商船运回欧洲。完成这一创举的，据信是作为欧洲开通东方贸易的后来居上者荷兰人，而非欧洲通商亚洲的开拓者葡萄牙人，这一论断现已被史学界广泛认可。然而，在荷兰人究竟是何时将茶叶运回欧洲的这一问题上，本书对传统观点——荷兰人 1607 年、1610 年分别将茶叶从中国、日本运回欧洲表示质疑。史学界普遍接受的这一传统观点实际上最早源自尤克斯的《茶叶全书》之说。1607 年一些茶叶被荷兰商船从澳门运至爪哇，其认为这是驻扎东方的欧洲人运输茶叶的最早记录；1610 年荷兰人开始将茶叶从平户运往万丹后再运回欧洲，其承认该日期属于推测但被普遍认为正确。但事实上，支撑 1607 年一说的瓦伦丁之书中只是述及该年荷兰人试图再次通航广州但失败而归，并没有任何涉及荷兰人将茶叶从澳门运至爪哇的内容；佐证 1610 年一说的鲍欣之书中也并没有 "荷兰人是 17 世纪初将茶叶从日本和中国运往欧洲的第一人" 的断言。好在其他史料可以证实，最迟于 1618 年茶叶就已经被从爪哇运回荷兰。虽然葡萄牙商船早在 16 世纪前期就已成功开启对华贸易，但截至目前没有任何文献记载显示葡萄牙人在随后时期内将中国茶叶作为贸易货物运回欧洲，而依据现有史料，他们在对华贸易上的兴趣点似乎更多地投向了经营南亚、东南亚与中国之间这一更容易为葡萄牙人投入较低资本却带来更高利润的内亚洲贸易，而这一实践同样也适用于盘踞马尼拉操办该地对华贸易的西班牙人。同时我们也应该了解，最迟于 17 世纪中期，茶叶就已被输入葡萄牙。否则的话，当生于 1638 年的葡萄牙公主凯瑟琳 1662 年北嫁英格兰时，就不会早已是一位一直保持着葡萄牙贵族阶层中所流行的饮茶习俗的嗜茶人。或许，将来新的葡萄牙史料能够证明葡萄牙人先于荷兰人最早将茶叶运回欧洲。

随着欧洲人对饮茶功效了解的慢慢加深，以及随后与茶叶近距离接触机会的渐渐增多，自 17 世纪后半期饮茶习俗开始逐步在欧洲多国上层社会中兴起。此习俗能够兴起的最大促成因素就在于饮茶者们对饮茶功效的认可，而这主要得益于相关领域专业人士对茶叶功效的大力宣赞和对饮茶习俗的积极推荐，其中尤以曾到访过东方而接触到茶或者在欧洲本土最先开始接受茶的那些人为重要。他们当中的一部分人根据本人在华、在日居留生活期间对茶叶本质特性以及饮茶功效与益处等知识的间接了解，并结合其切身体会，或者一部分人基于自己在本国的饮茶感受或依据职业性研究案例的分析，再加上对从那些东方游历者等处所获相关信息的理解，对饮茶功效的诠释已具有相当高的专业性和科学性。而要切实做到让社会各阶层能够更多地接收到其对饮茶功效与益处的大力认同和传颂，所采取的最起作用的方式就是将其主张以各种形式的出版物发表并广泛传播，而其宣传效果显而易见。当然，鉴于在相关科学专业知识掌握上所具有的时代局限性，同样也有一些对饮茶功效的正面描述一定程度上不可避免地存在着夸大其词、以讹传讹、自我矛盾的嫌疑，但这些最终都未能从根本上影响到后期越来越多的上层社会人士对饮茶的喜爱和接受。

在早期欧洲社会中，伴随着饮茶有益论的还有对饮茶益处的质疑和反对之声，其既包括那些试图从所谓的医学和化学原理专业角度来观察分析中国茶，从而对此神秘东方饮料在与中国有着截然不同的空气、水和自然环境的欧洲发挥其在原产地那样的功效提出质疑的论调，也包括那些试图让人相信中国茶叶经过长途海运而早已缺失其在亚洲原本所具备的品质功效的观点，亦包括那些试图为本国民众找到同样能够治疗那些通过饮茶而被治愈的疾病的本土植物的想法，还包括那些认为饮茶有益论者总是习惯性夸大茶叶功效却不能给出合理解释，或认为饮茶只适合于东方人而根本就不适应于欧洲气候及欧洲人的体质、年龄和饮食习惯的主张，又包括那些指出饮茶可能对国民经济和家庭生活造成消极影响或彻底破坏的论断，甚至包括那些强烈敦促人们基于其所认为的医学和道德方面的原因而停止饮茶的呼吁。这些质疑者和反对者中，有的终其一生倔强地坚持着自己的观点，也有的在后期完全转变态度而成为饮茶有益论的支持者、拥护者和追随者，这或许正因应了人们所常说的"真理越辩越明，道理越讲越清"。

17 世纪中后期，饮茶习俗相继在较早开展对华交往的葡、荷、英、法等国上层社会中兴起。但与荷、法、英不同的是，葡萄牙的早期饮茶习俗兴起的相关史料记载截至目前并不被研究者所熟知，虽然这一习俗如上文所推测确实存在于该国。就现有可考资料分析，最先开始接受饮茶习俗的上层社会人群主要包括宫廷皇族、达官贵族、文人艺者、科学专家、富商大贾等，此现象基本出现于这几个国家。在此期间，茶一直被当作具有药用治疗功效的舶来饮料而受到欢迎，被这些人群在自家精细品尝，或用作高级接待、娱乐活动的特殊饮料，或作为馈赠友人的贵重礼品，而因物以稀为贵，其巨大的商业价值也开始慢慢显示出来。

然而，真正开始较大批量进口中国茶叶还要等到 17 世纪末 18 世纪初，而之前的对华贸易重心则放在了丝绸、瓷器等商品上。随着茶叶在欧洲出售而不断获得高额利润，对这一市场现象有着敏锐洞察力的多国商人先后对茶叶在对亚洲贸易中的地位开始重视起来，并纷纷行动，相继尝试采取最适合自身的贸易经营方式，其中以英、荷两国尤为突出。

英印公司于 17 世纪末从中国零星进口茶叶，自 18 世纪初开始扩大对华茶叶贸易。18 世纪第二个十年末期，茶叶开始取代英印公司先前的主要采购商品丝绸。18 世纪 60 年代，茶叶在该公司对华贸易回程货物中的占比开始超越其他商品。18 世纪后期，在该公司对华进口货物中，茶叶更是占据着绝对统治地位，成为公司专心集中经营的货物。为了最大限度地在对华贸易（主要是茶叶贸易）上获取高额利润，英印公司长期以来不断力争垄断专营该贸易，并于 1784 年真正获得该贸易的垄断专营权且成功维持到 1833 年。一路走来，伴随着英印公司在华茶叶采购量的逐期攀升的是英国国内茶叶销售消费量的稳步增长，茶叶对英印公司的重要性不问可知，而该公司在对华茶叶贸易上的成功也是不言而喻的。在整个近代欧洲几个主要国家的对华茶叶贸易中，英国的可谓经营规模最大、持续时间最长、经营方式最成功。

作为欧洲的茶叶贸易先驱者，荷兰人整个 17 世纪基本上是在荷属东印度，通过来此贸易的中国帆船获取茶叶，然后再运回欧洲。其最主要的原因在于，中国海禁政策、政治乱局使得西方商人整体无法正常开展对华直航贸易。虽然在此一个世纪的时期内，荷兰是欧洲最大茶叶贩运国，但其对中国商品的兴趣点一直落在丝绸、瓷器等货物之上。17 世纪末 18 世纪初，随着中国政局的稳定和海禁政策的松弛，加之欧洲消费者对茶叶需求量的逐渐增加，荷印公司同样加强了对茶叶在其亚洲贸易中商业价值的重视。但与其最大竞争对手英印公司不同的是，荷印公司直至 1729 年才开始进行直航广州贸易。其根本原因在于，该公司商船完全可以在巴城获得中国茶叶，尽管其质量、货量及价格等方面的稳定性难以令人满意。此后 70 多年里，为了在公司所购回程最大宗货物茶叶上实现利润最大化，荷印公司在应对不断变化的全球贸易格局的同时，历经重重困难而不断尝试。经过对直航广州贸易经营方式的多次变更，最终于 1757~1794 年使其对华茶叶贸易进入最成功阶段，其中 1757~1781 年更是被视作该贸易的"黄金时代"。然而，在接下来的后荷印公司时期里，荷兰政府经营下的对华茶叶贸易则难以再现往日的辉煌。

18 世纪，同样对中国贸易特别是茶叶贸易高回报率垂涎三尺的法、丹、瑞、德等国商人在利益驱使下，也纷纷通过先后成立的贸易公司加强对华茶叶贸易。事实上，这些国家并非像英、荷那样为茶叶消费强国，因此它们中的多数所进口的茶叶大部分被拿来再出口而获取丰厚利润，其中主要是被以走私方式偷运到当时已是欧洲最大茶叶消费国的英国。

　　茶叶的进口及其在各国的销售和消费意味着各类相应茶叶税的征收。在近代欧洲，不同国家的茶叶税征收情况也不同。受可参考资料所限，本书主要讨论分析了最具代表性的、差异性也极大的荷兰、英国这两个欧洲最重要的茶叶进口国和消费国的茶叶进口税、销售及消费税。荷印公司时期，荷兰政府征收的茶叶进口税，长期以来都是被纳入针对整体亚洲进口商品所征收的进口税当中，其征收对象为亚洲商品唯一进口商荷印公司，所征税率简单明了并长期保持稳定的低水平。这主要是属于联邦分权性质的荷兰共和国政府，面对组建了荷印公司的不同城市商会隶属于不同地方行政当局这一复杂局面时，采取了进口税简单化的办法。后荷印公司时期，也基本上沿袭了这一税制。国内销售税的征收对象包括经销商和店主，消费税的缴纳者则显而易见为各类国民。消费者应缴税额依据贫富差距或家庭年收入多少来划分，同时也存在着被免税的情况。在英国，茶叶进口税制相对复杂，因为茶叶不仅来源于中国，也长期进口自欧洲其他国家，为此所实行的是两种税率。而自 17 世纪末起，英国的茶叶进口税率整体上呈逐步提升状态，直至 1784 年因减税法案的通过而急剧下降。颁布该法案的最主要目的在于打击欧洲大陆对英国的茶叶走私贸易，且最终得以实现。自 18 世纪初始，英国茶叶消费税也是由于为应对茶叶走私、增加国库收入等而反复波动、调整。英国政府为此针对国内茶叶经销商和零售商，以消费税务局为依托实行的征收模式也经受住了实践的考验。

　　具体到欧洲大陆向英国再出口茶叶，其绝大部分是通过走私的途径。之所以走私，根本原因在于合法输入会被征重税而毫无利润可挣。此现象的长期存在，一方面是因为欧洲大陆国家茶叶进口过剩，另一方面更是因为英印公司供应量不足但其国内消费需求却持续旺盛。参与向英国走私茶叶者主要包括欧洲大陆诸国的走私贸易商、英国走私商帮，时而也包括一部分英印公司商船船员。他们分别按照各自习惯已久的渠道和方式开展业务活动，与此同时显然面临着英国政府的严厉防范和惩罚。但即便如此，走私现象在 18 世纪 80 年代中期之前一直都是屡禁不止，发展越发猖獗。茶叶走私为欧洲大陆诸多贸易公司和走私商人以及英国走私商人赢取了高额利润，却给英国政府的财政收入造成了无法弥补的巨大损失，同时也严重伤害到英国国内合法纳税经营的茶叶销售商利益。但是，对于英国消费者特别是普通民众而言，这未尝不是一件好事。因为，越来越多的民众可以花更少的钱消费到更便宜，但质量并不比税后茶叶差多少甚至相当的走私茶叶，从而在客观上对饮茶习俗在英国的普及起到了积极推动作用。

针对茶叶走私，英国政府也是想尽一切办法予以坚决打击。其除了加强有关政府职能部门的查私缉私力度，鼓励进口商增加合法茶叶进口，同时也在英印公司的请求下以及根据国家利益的自身需求，不断积极而又艰难地尝试制定和完善相关税收法案法令并加以贯彻执行，力争从法律制度层面彻底解决这一重大难题，而这一过程几乎贯穿了整个18世纪。这些陆续出台或修正的专门性法案法令相应地牵涉到茶叶进口、销售消费及其再出口，相关税率也不断地发生波动性变化。其中，最为重要、影响最大的当属1773年茶叶法案和1784年减税法案，这两项法案不仅深刻改变了近代欧洲茶叶贸易的发展轨迹，更是对英国的历史发展影响深远。前者的颁布直接导致了波士顿倾茶事件，继而引发了北美殖民地独立革命运动，其不仅重创了英印公司，更使得大英帝国最终丢失了广大的北美殖民地；而后者的推行对英国而言则是影响积极，其基本上避免了欧洲大陆对英国的茶叶走私贸易，加强了英印公司对华茶叶贸易的垄断专营，保护并大幅增加了英国国库收入。

近代欧洲茶叶贸易及销售长期以来除了经受着走私问题的冲击，还面临着掺假制假问题的烦扰。茶叶掺假制假，是为了降低茶叶成本以及获取茶叶的表现价值而欺骗性地、带有一定目的性地以其他东西替代茶叶，或在茶叶中添加某些特殊材料的行为。在茶叶出口地中国，茶叶掺假制假现象既出现于内地产茶区，也发生在外销港口。纵观之，此现象虽早已有之，但真正变得越来越普遍和严重的时间则是19世纪。比较而言，在外销港口该现象的严重程度远高于在内地产茶区，也更多更易于被欧洲商人了解、熟悉和掌握。在欧洲茶叶消费国，主要存在于销售环节的掺假制假现象充斥于整个18世纪，截至19世纪三四十年代，所配材料丰富，所用方法多样，所产数量巨大，为茶叶出口国方面所远不能及。总而言之，茶叶掺假制假所产生的后果并非简单的茶叶口感被改变或变差，而是较此更为严重，轻则影响身体健康，重则甚至会造成生命危险。不法商人因茶叶掺假制假而获利，但大量假茶充斥市场则严重干扰了正常的市场秩序，打击了合法经营商利益，更是减损了（特别是消费国）政府的应得税收。

英国是近代欧洲最大、最严重的茶叶掺假制假国家，其政府长期以来都在不断努力制止和打击茶叶掺假制假这一不法行为。相关法案法令的制定从 18 世纪的零散、不成体系逐渐发展至 19 世纪的系统化、明细化及针对化，与此同时，英国政府持续加大查办力度，强化惩处办法，完善质监、质检制度，并设法多方提高商人与民众的认识和思想觉悟。所有这些，既回应了合法销售商和消费者的强烈呼吁，更彻底制止了市面上假茶的大行其道给国库收入带来的损失。最终，茶叶掺假制假现象于 19 世纪后期基本被制止，茶叶质量得到改善和提升。

当然，有别于掺假制假行为，在正常的茶叶贸易及销售过程中也时常存在着掺混拼配行为。掺混现象主要出现于在华茶叶采购过程中，大多数适用于红茶，可以是欧洲商人购茶后自行操办，这样可以确保茶叶质量；也可以是供应商在售茶前根据市场需求事先完成，这就需要欧洲商人在交易过程中，严防供应商在掺混茶的质量上弄虚作假，否则将会严重影响到此类茶叶在欧洲市场上的销售。现实中，的确长期存在着销售商或消费者对低质掺混茶的抱怨，但也无法解决这一问题。因为从根本上来讲，这一行为虽违反商业道德，却难言违法。拼配业务，主要是欧洲消费国的茶叶销售商们为了适应消费市场的需求，稍晚发展并成熟起来的一项特别业务。茶叶销售商对待售茶叶进行拼配及包装，既满足了消费者的需求，同时也可扩大商家的茶叶销售量和提高其销售利润。当然，并非所有茶叶销售商都有能力经营好此项业务，只有那些配有高水平的专业技师，持有数量充足、种类等级齐全的茶叶，拥有丰富销售经验并握有雄厚商业资本的大商家，才可能在此业务上深耕，并大获厚利。

近代欧洲多个国家的茶叶销售广告宣传演变过程揭示，广告宣传在茶叶商的对外营销中得到了各种程度的重视和利用。商家们所采用的广告宣传方式不尽相同，归纳起来主要包括招牌标志物、实物陈列及口头宣传等传统广告方式，以及新兴的报纸期刊、招贴、海报、活页、传单、宣传册等平面印刷广告方式。这些广告宣传方式有的被商家单独使用，有些则被综合采纳。商家不管采用何种广告宣传方式，其都是根据实际业务需求决定，同时也与时俱进。归根到底，商家的最终目的就是扩大自家商品（或品牌）影响力，从而增加商品销售量。但是，其所带来的附加效应不容忽视。首先，通过各种各样的有效广告宣传方式，茶叶功效得以在欧洲国家全社会各层面传播。其次，无论是其形式还是内容，一些优秀的茶叶广告设计本身就是对近代欧洲文化艺术内蕴的极好充实。此外，一些商家及其广告标志物数百年后传承至今，这也一定程度地彰显出欧洲国家深厚的家族商业文化基因。

在近代中国茶叶传入欧洲的过程中，欧洲一些国家的植物学家曾尝试在本土引种茶树。之所以有如此尝试，他们中有的人是完全出于科学兴趣，而有的人则是怀着如能在欧洲成功移植茶树，则无须再花费巨资从中国进口茶叶这一美好愿望。17世纪末期伊始，经历了数代专业人士努力尝试后证明，近代欧洲在当时的地理、气候和技术条件下根本无法成功地大规模商业化种植茶树，因为那里并不具备茶树正常生长所必需的气温和热量、水分及土壤的基本条件。当然，随着相关技术的成熟和改进，特别是在树苗、树种的培育、培植技术方面，现如今欧洲极个别地方才勉强实现小规模的种茶和制茶。

随着17世纪中后期饮茶习俗在欧洲一些国家上流阶层兴起，自17世纪晚期18世纪上半叶中产阶层，以及自18世纪中后叶下层社会，也先后开始接受并普及饮茶习俗。而截至18世纪末，饮茶习俗基本普及全社会各阶层日常生活，尤其是家庭日常生活。这一过程，就是饮茶习俗在这些国家从上流阶层向中产阶层，再到平民百姓阶层普及的基本演进过程。伴随着的，也是茶叶在社会生活中的角色从被视为贵重药草，逐步向被当作日常普通饮料成功转变的过程。饮茶习俗大众化最终实现，得益于多方面因素：其一，在饮茶有益论者的大力宣传和推荐下，广大民众随着对茶叶特性及饮茶功效的认识了解不断加深，而越来越多地接受和喜爱饮茶；其二，在茶叶进口量逐期增加的同时，茶叶进口国的茶叶销售价格却持续普降；其三，随着收入的逐步增长，中下阶层民众的生活水平逐步提高，消费购买力随之提升。

饮茶习俗在近代欧洲普及与发展的进程，同时也正是欧洲饮茶习俗本土化不断完善的过程。首先，近代欧洲饮茶习俗本土化是建立在学习、模仿中国、日本传统饮茶习俗基础之上，是由到访过亚洲的欧洲人承担起这一重任并带头实践的；其次，通过效仿后再创新，分别形成了以荷兰、英国为典型代表的欧洲大陆与英伦海岛两种派系的欧洲饮茶习俗；再者，作为近代欧洲家庭生活主要角色的妇女们，在各国本土化饮茶习俗的形成和完善历程中所做的贡献不可磨灭，更极为重要。综观这一历程，可谓是荷兰人开启了近代欧洲饮茶习俗本土化之先河，英国人则将其发扬光大至极。而显然，其他国家在这一进程中所发挥的作用也不可忽略。譬如，欧洲人普遍接受和喜爱的"五时茶"风气的形成，就有早期法国贵族的很大一份功劳。可以说，大陆派和英伦派饮茶习俗，彼此之间从一开始就存在着相互交流、相互参考、相互影响、相互吸融的趋势。当然，就各派本土化饮茶习俗自身而言，同时还存在着上流阶层饮茶仪式与中下阶层饮茶仪式的不同或较大差异，这些都是适时顺应社会生活发展的必然结果。

　　伴随着近代欧洲饮茶习俗的普及和本土化，围绕茶叶和茶饮的方方面面成为时人文学作品中既丰富又新鲜的创作素材。后人正是通过阅读这些文学作品，才加深了对相关内容的了解和认识。这些关于茶叶和茶饮的文学作品几乎囊括了当时已流行的各类体裁，不仅生动描述了近代欧洲社会各阶层民众的丰富多彩的饮茶习俗，如实记录了作者对茶叶及茶饮的态度（大多数都是对饮茶的喜爱或痴醉），以及他们千差万别的饮茶习惯，甚至自觉或不自觉地表露出作者自身的内心情感世界。总而言之，这些文学作品很好地展现出近代欧洲饮茶习俗丰富多彩的发展面貌，揭示了完成本土化的饮茶习俗是如何成为欧洲当地文化的重要组成部分，是一种从特定层面对近代欧洲社会演变进程的生动反映。

参考文献

未刊档案

Brabants Historisch Informatie Centrum（BHIC），'s-Hertogenbosch

Plakkaten 1607, 2237, 2157.

British Library, London

a. Additional Miscellaneous.

Horatio Walpole, "Some Thoughts on Running Tea," 74051.

b. Collection of Scientific Papers and Letters.

Hooke, Robert. "Qualities of the Herb Called Tea or Chee. Tran-scribed from a
　　　Paper of Thomas Povey Esq. Oct. 20 1686," Sloane MS 1039.

c. Additional Manuscripts 38 & 407.

d. "Home Miscellaneous, 1631–1881," vol. LXI, India Office Records (IOR).

British Museum, London

Garway, Thomas. "An Exact Description of the Growth, Quality and Vertues of
　　　the Leaf Tea," Advertisement Broadsheet Folio: Ink on paper, 11x15
　　　inches, c. 1660.

Gemeentearchief Amsterdam

a. "Reclamebriefjes," bibliotheek N 40. 03. 012. 24 & N 61. 01. 016. 33.

b. Inventaris no. P. A. 76, no. 196.

Humanities Research Institute, University of Sheffield

The Hartlib Papers.

a. "Ephemerides 1654 Part 3, Hartlib," no. 254, 4 August 1654, HP 29/4/29A–B.

b. "Ephemerides 1657 Part 1, Hartlib," HP 29/6/12B.

c. "Copy Extract on Tea, Anon," ("Descriptio Herbæ Theê, ex Tulpii lib. 4. Observ. 59") HP 42/4/5A–6B.

Marits Sabbe Bibliotheken, Katholieke Universiteit Leuven

Camelli, Georgii Josephi. *Herbarum aliarumque stirpium in Insulâ Luzone Philippinarum primariâ nascentium Icones ab autore delineatæ ineditæ, quarum syllabus in Joann. Raii historiæ plantarum tomo tertio*, handschrift, Luzon, 1700.

Museum Rotterdam

Quotizatie biljet, op de coffy, thee, chocolate, &c., Collectie Atlas van Stolk (CAS) 3873.

Nationaal Archief (NA), Den Haag

a. Archieven van de Verenigde Oostindische Compagnie 1602–1795 (VOC).

(a) "Generale staten voor de VOC in haar geheel (1730–1790)," VOC 4592–4597.

(b) "Kopie-resolutie van de kamer Zeeland," VOC 7258.

(c) "Missive van de Heren Zeventien aan den Gouverneur Generaal en de Raad te Batavia," VOC 333.

(d) "Resoluties van de Heren Zeventien," VOC 25, 165, 166.

b. Archief van de Nederlandse factorij te Canton, 1742–1826 (NFC).

(a) "Dagregisters," NFC 72, 73.

(b) "Resoluties," NFC 28, 32, 42.

(c) "Instructie van de Chinasche Commissie naar de supercarga's," NFC 124.

National Archives, Kew

a. Treasury Papers T 64/149.

"An Account of the Particular Instances of Frauds Which have Come to the
Knowledge of the Commissioners of the Customs Relating to Tea and Brandy
in London and the Out Ports with the Proceedings Which have been Had
Thereupon".

b. Public Records Office (PRO).

(a) "Memorial on Smuggling," PRO 30/8/354, foli. 247.

(b) "Papers Relating to Tea," PRO 30/8/293-294.

Parliamentary Archives, House of Parliament, London

a. "The Report of the Committee Appointed to Inquire into the Frauds and
Abuses in the Customs," *House of Commons Parliamentary Papers*, 1733.

b. "House of Commons Journal, 1784," *Proceedings and Journals*, vol.
ⅩL, 1784.

Universiteitbibliotheek Leiden

Archief van Curatoren, no. 228.

已刊史料

博克舍编注《十六世纪中国南部行纪》，何高济译，中华书局，1990。

多默·皮列士：《东方志——从红海到中国》，何高济译，江苏教育出版
社，2005。

广州地方志编纂委员会办公室、广州海关志编纂委员会编译《近代广州口
岸经济社会概况：粤海关报告汇集》，暨南大学出版社，1995。

李必樟译编《上海近代贸易经济发展概况：1854~1898 年英国驻上海领事
报告汇编》，上海社会科学院出版社，1993。

利玛窦、金尼阁：《利玛窦中国札记》，何高济等译，中华书局，1983。

麦克伊文：《中国茶与英国贸易沿革史》，冯国福译，《东方杂志》第 10 卷
第 3 期，1913 年 9 月。

屈大均：《广东新语》卷 2，香港中华书局，1974。

严中平等编《中国近代经济史统计资料选辑》，科学出版社，1955。

姚贤镐编《中国近代对外贸易史资料（1840~1895）》第 1 册，中华书局，1962。

Accum, Fredrick. *A Treatise on Adulteration of Food, and Culinary Poisons, Exhibiting the Fraudulent Sophistications of Bread, Beer, Wine, Spirituous Liquors, Tea, Coffee, Cream, Confe-ctionery, Vinegar, Mustard, Pepper, Cheese, Olive Oil, Pickles, and Other Articles Employed in Domestic Economy and Methods of Detecting Them*, London: Sold by Longman, Hurst, Rees, Orme, and Brown, Paternoster Row, 1820.

Anoniem. *De gedebaucheerde en betoverde koffy- en thee-weereld, behelzende een meenigte van aardige voorvallen, welke zich sedert weinig tydts tot Amsterdam, Rotterdam, in den Haag, te Uitrecht, en de bygelegene plaatsen, …: benevens een uitreekening van de jaarlykse schade, welke door dit koffy- en thée-gebruik, …, daar toe behoorende, word veroorzaakt, enz.*, Amsterdam: Timotheus ten Hoorn, 1701.

Anoniem. *De Oost-Indische thee-boom: getrokken uit velerhande gezangen, zynde voorzien met de nieuwste liederen en melodyen, die hedendaags gezongen worden, dienende op gezelschappen, bruiloften en maaltyden*, Amsterdam: B. Koene, 1818.

Anoniem. *De vermakelyke Haagsche reize of 't geselschapje van sessen: bestaande in drie heeren, twee juffers, en een boer. Varende met de trek-schuiten van Amsterdam over Haarlem en Leiden na den Haag. …*, Alkmaar: Simon van Hoolwerf, 1731.

Anoniem. *Vermakelyk theegezelschap, zynde het tweede deel van de bedrogen dienstmaagt, of de bok voor de kruywagen*, Amsterdam: Pieter Joosten, 1704.

Anonymous. *Of the Use of Tobacco, Tea, Coffee, Chocolate, and Drams. Under the Following Heads. I. of Smoking Tobacco. II. of Chewing. …VII. of Drams*, London: Printed by H. Par-ker, 1722.

Anonymous. *Tea, a Poem: in three cantos*, London: Aaron Ward and sold, 1743.

Anonymous. (comp.) *A Treatise on the Inherent Qualities of the Tea-herb*: *being an account of the natural virtues of the bohea*, *green*, *and imperial teas. ...*, *which reigns so much in this kingdom*, London: Printed for C. Corbett, and may also be had of the publishers at Charing-Cross, and the Royal-Exchange, 1750.

Anonymous. *Tea-drinking*: *a fragment*, Dublin, 1752.

Anonymous. *Advice to the Unwary*: *or*, *an abstract of certain penal laws now in force against smuggling in general*, *and the adulteration of tea*; *with some remarks*, London: Printed by E. Cox, and sold by G. Robinson, 1780.

Anonymous. *The Tea Purchaser's Guide*; *or the Lady and Gentl-eman's Tea-Table and Useful Companion*, *in the Knowledge and Choice of Teas*, London: G. Kearsley, 1785.

Anonymous. *The Monthly Repertory of English Literature*, *for December*, *January*, *February*, *and March*; *or an Impartial Account of All the Books Relative to Literature*, *Arts*, *Sciences*, *History*, *Biography*, *Architecture*, *Commerce*, *Chemistry*, *Physics*, *Medicine*, *Theatrical Productions*, *Poems*, *Novels*, *etc. ...*, vol. Ⅲ, Paris: Parsons, Galignani, and Co. , 1808.

Anonymous. *The New Annual Register*, *or General Repository of History*, *Politics*, *Arts*, *Sciences*, *and Literature*, *for the Year 1824*, London: Published by B. J. Holdworth, 1825.

Anonymous ("An Enemy of Fraud and Villany"). *Deadly Adulteration and Slow Poisoning*; *or*, *Disease and Death in the Pot and the Bottle*; *in Which the Blood-empoisoning and Life-destroying Adulterations of Wines*, *Spirits*, *Beer*, *Bread*, *Flour*, *Tea*, *Sugar*, *Spices*, *Cheesemongery Pastry*, *Confectionary*, *Medicines*, *&c.* , London: Published by Sherwood, Gilbert and Piper, 1830.

Antonius, Joannes & Barge, James. *De oudste inventaris der oudste academische anatomie in Nederland*, Leiden: H. E. Stenfert Kroese, 1934.

Baldaeus, P. *Naauwkeurige beschryvinge van Malabar en Chor-omandel*, *der zelver aangrenzende ryken*, *en het machtige eyland Ceylon*, Amsterdam: J. Janssonius van Waasberge en J. van Someren, 1672.

Bannister, Saxe. *A Journal of the First French Embassy to China, 1698–1700*, London: Thomas Caultey Newby, 1859.

Bauhin, Caspard. *Pinax theatri botanici Caspari Bauhini basileens archiatri & professoris ordin. Sive index in theophrasti dioscoridis plinii et botanicorvm: qui à seculo scripserunt opera: plantarvm circiter sex millivm ab ipsis exhibitarvm nomina cvm earundem synonymiis & differentiis methodicè secundùm earum & genera & species proponens …*, Basileae Helvet: Sumptibus et typis Ludovici Regis, 1623.

Beeton, Isabella. *Book of Household Management*, London and New York: Ward, Lock, 1879.

Bell, Currer. *Villette*, vol. II, Leipzig: Bernard Tauchnitz, 1853.

Bell, William J. & Scrivener, H. S. *The Sale of Food & Drugs Acts, 1875 to 1899, and Forms and Notices Issued Thereunder, with Notes and Cases; Together with an Appendix Containing the Other Acts Relating to Adulteration, Chemical Notes, etc.*, London: Shaw and Sons, 1900.

Beresford, John. (ed.) *The Diary of a Country Parson: the reverend James Woodforde, 1758–1781*, London: Humphrey Milford, Oxford University Press, 1924.

Bernagie, Pieter. *De gôe vrouw: kluchtspel*, ton. V, Amsterdam: A. Magnus, 1686.

Betz, Gerardus Henri. *Het Haagsche leven in de tweede helft der zeventiende eeuw*, 's-Gravenhage: M. Hols, 1900.

Bierens de Haan, A. et al. *Memorieboek van pakhuismeesteren van de thee te Amsterdam 1818–1918, en de Nederlandsche theehandel in den loop der tijden*, Amsterdam: J. H. De Bussy, 1918.

Birdwood, George. *Report on the Old Records of the India Office*, London: W. H. Allen & Co., Limited, 1891.

Blankaart, Steven. *De Kartesiaanse academie, ofte institutie der medicyne. Behelsende de gantsche medicyne, bestaande in de leere der gesondheid en des selfs bewaringe, als ook der ongesondheid en haar herstellinge. Alles op de waaragtige gronden, volgens de meining van den heer Cartesius &c.*

gebouwt, Amsterdam: Johannes ten Hoorn, 1683.

Blankaert, Steven. *De borgerlyke tafel, om lang gezond te leven: waar in van yder spijse in 't besonder gehandelt werd. Mitsgaders een beknopte manier van de spijsen voor te snijden, en een onderrechting der schikkelijke wijsen, die men aan de tafel moet houden. Nevens de Schola Salernitana*, Amsterdam: Jan ten Hoorn, 1683.

Boerhaave, Herman. *Elementa chemiae, quae anniversario labore docuit, in publicis, privatisque, scholis, Hermannus Boerhaa-ve*, tom. 2, Lugduni Batavorum: Apud Isaacum Severi-num, 1732.

Bontekoe, Cornelis. *Tractaat van het excellenste kruyd thee: 't welk vertoond het regte gebruyk, en de grote kragten van 't selve in gesondheid, en siekten...*, 's-Gravenhage: Pieter Hagen, 1678.

Bontekoe, Cornelis & Blankaart, Stephanus. *Gebruik en mis-bruik van de thee, mitsgaders een verhandelinge wegens de deugden en kragten van de tabak ..., hier nevens een verhandelinge van de coffee ...*, 's-Gravenhage: Pieter Hagen, 1686.

Bontius, Jacobus. *Historiæ naturalis en medicae Indiae Orientalis*, libri 6, Amsterdam: Ludovicum et Danielem Elzevirios, 1658.

Botero, Giovanni. *The World, or an Historical Description of the Most Famous Kingdoms and Commonweales Therein Relating Thier Situations, Manners, Customes. Translated into English, and Inlarged*, trans. by Robert Johnson, London, 1601.

Botero, Giovanni. *A Treatise concerning the Causes of the Magnificencie and Greatness of Cities, Deuided into Three Books by Sig: Giovanni Botero, in the Italian Tongue; now done into English*, trans. by Robert Peterson, London: Richard Ockould and Henry Tomes, 1606.

Braga, J. M. "The 'Tamao' of the Portuguese Pioneers," Ching-hsiung Wu, *T'ien Hisa Monthly*, vol. 8, no. 5, 1939.

Breynius, Jacobus. *Jacobi Breynii Gedanensis exoticarum aliaru-mque minus cognitarum plantarum centuria prima, cum figuris aeneis summo studio elaboratis*, libr. 5, Gedani: David-Fridericus Rhetius, 1678.

Bruck-Auffenberg, N. *De vrouw 'comme il faut'*, Leiden: E. J. Brill, 1900.

Byron, George Gordon. *Don Juan*, cans. Ⅲ, Ⅳ, Ⅴ, London: Printed by Thomas Davison, Whitefriars, 1821.

Campbell, John. *The Life of the Celebrated Sir Francis Drake: the first English circumnavigator*, London: Longman, Rees, Orme, Brown, and Green, 1828.

Campbell, William. *Formosa under the Dutch: described from contemporary records with explanatory notes and a bibliography of the island*, London: Kegan Paul, Trench, Trubner & Co. Ltd. , 1903.

Carlyle, Alexander & Burton, John Hill. *Autobiography of the Rev. Dr. Alexander Carlyle, Minister of Inveresk, Containing Memorials of the Men and Events of His Time*, Edinburgh and London: William Blackwood and Sons, 1860.

Cathay and the Way Thither: being a collection of medieval notices of China, ed. &trans. by Henry Yule, London: Hakluyt Society, 1866.

Churchill, Charles. *The Ghost*, London: Printed for the author, and sold by William Flexney, 1763.

Cibber, Colley. " The Lady's Last Stake: or, the wife's resentment. A comedy. As it is acted at the queen's theatre in the Hay-market, by her majesty's servants," act I, scene " Lord Wronglove's Apartment," C. Cibber, *Plays*, vol. Ⅱ, London: Printed for B. Lintot, W. Mears, and W. Ch-etwood, 1721.

Ciceronis, M. T. M. *Tullii Ciceronis Opera Philosophica*, vol. 1, lib. 4, Londini: Curante et imprimente A. J. Valpy, A. M. , 1830.

Cleyer, Andreas. *Miscellanea curiosa sive ephemeridum medico-physica Germanicarum academiae naturae curiosorum*, decuriae Ⅱ, annus Ⅳ, Norimbergae: Sumptibus Wolfgangi Mauritii Endteri, 1686.

Cole, C. *Colbert and a Century of French Mercantilism*, vol. I, New York: Columbia University Press, 1939.

Comte, Louis Le. *Nouveaux memoires sur l'etat present de la Chine*, tome I, Paris: Jean Anisson, Directeur de l'Imprimerie Royale, 1696.

Congreve, Willin. *The Double-dealer. A Comedy*, scene I, The Hague: Printed for T. Johnson, 1711.

Cooper, William Durrant. (ed.) *Savile Correspondence. Letters to and from Henry Savile, Esq. , Envoy at Paris, and Vice-chamberlain to Charles II and James II ,* …, London: Printed for the Camden Society, 1858.

Cordier, Henri. *La France en Chine aux dix-huitième siècle,* tome premier, Paris: Ernest Leroux, 1883.

Cordier, Henri. "La Compagnie Prussienne d'Embden au XVIIIe siècle," *T'oung Pao,* vol. XIV, 1920.

Couperus, L. *Eline Vere, een Haagsche roman,* dl. 1, Amsterdam: P. N. van Kampen & Zoon, 1889.

Cowper, William. *The Task: a poem. In six books. To which is added, tirocinium: or, a review of schools,* Philadelphia: Printed for Thomas Dobson, 1787.

Cruz, Gaspar da. *Tractado em que se cõtam muito por estêso as cousas da China, cõ suas particularidades, e assi do reyno de Ormuz: cõposto por el. R. Padre Frey Gaspar da Cruz da Ordê de Sam Domingos.* …, Éuora: em casa de Andréde Burgos, 1569.

D'Anania, Giovanni Lorenzo. *L'universale fabrica del mondo, overo cosmografia di M. Gio. Lorenzo d'Anania, diuisa in quattro trattati, ne i quali distintamente si misura il cielo, e la terra, & si descriuono particolarmente le prouincie, città, castella, monti, mari, laghi, fiumi, & fonti, et si tratta delle leggi, & costumi di molti popoli:* …, tra. II, Venetia: Ad instantia di Aniello San Vito di Napoli, 1576.

D'Israili, Isaac. *Curiosities of Literature,* vol. 5, London: J. Murray, 1823.

Darwin, Erasmus. *The Botanic Garden. Part II. Containing the Loves of the Plants. A Poem. With Philosophical Notes,* vol. II, Dublin: Printed for J. Moore, 1796.

"De kamer Amsterdam der O. -I. Compagnie verzoekt de H. -E. te Batavia caue (koffie) over te zenden," *Bijdragen van het Kon. Instituut voor de Taal-, Land- en Volkenkunde van Nederlandsche Indië,* dl. 26, 1878.

"De 's Gravenhaagsche buurten," *Mededeelingen van de vereeniging ter beoefening der geschiedenis van 's Gravenhage 1*, 's-Gravenhage: Van Stockum, 1863.

Deering, Charles. *Nottinghamia vetus et nova or an Historical Account of the Ancient and Present State of the Town of Nottingham. Gather'd from the Remains of Antiquity and Collected from Authentic Manuscripts and Ancient as well as Modern Historians. ...*, Nottingham: Printed by and for George Aysccugh, & Thomas Willington, 1751.

Delamare, Nicolas. *Traité de police, où l'on trouwera l'histoire de son établissement, les fonctions et les prérogatives de ses magistrats; toutes les loix et tous les réglemens qui la concernent ...*, tome Ⅲ, Paris: Michel Brunet, Grand' Salle du Palais, au Mercure Galant, 1719.

Denyer, C. H. "The Consumption of Tea and Other Staple Drinks," *The Economical Journal*, vol. 3, iss. 9, 1893.

Deuntzer, J. H. "Af det Asiatiske Kompagnis historie," *Nationaløkonomisk Tidsskrift*, Bind 16 Række 3, 1908.

Dickens, Charles. *The Posthumous Papers of the Pickwick Club*, London: Chapman and Hall, 1837.

Dickens, Charles. (ed.) *Household Words*, vol. 1, iss. 11, 1850.

Dokkum, Jan Dirk Christiaan van. "Oude reclamekunst," *Elsevier's geïllustreerd maandschrift, jaargang 21*, Amsterdam, 1911.

Drake, Gustaf. "Linnés avhandling potus theae 1765," *Svenska Linnésällskapets årsskrift*, 22 Årg. 1939.

Draper, Theodore. *A Struggle for Power: the American Revolution*, New York: Times Books, 1996.

Duncan, Daniel. *Avis salutaire a tout le monde, contre l'abus des choses chaudes, et particulierement du café, du chocolat, & du thé*, Rotterdam: Abraham Acher, 1705.

Eden, Frederick Morton. *The State of the Poor; or an History of the Labouring Classes in England, from the Conquests to the Present Period ...*, 2 vols, London: Printed by J. Davis, for B. & J. White, G. G. & J. Robinson, T. Payne, R. Faulder, T. Egerton, J. Debrett, and D. Bremner, 1797.

Eden, William. "First Report of the Committee Appointed to Enquire into the Illicit Practices Used in Defrauding the Revenue (24 December 1783) ," *Reports from Committees of the House of Commons*, vol. XI, 1803.

Elsland, Jan van. *Gezangen, of het vrolyk gezelschap der negen zanggodinnen, kweelende en speelende, op zeer aangenaame uitgezochte muzicaale toonen, verscheide zangstoffen: tot verversinge en verkwikkinge der hédendaagsche zangminnende herten*, Haarlem: de Wed. Hulkenroy en Zoons, 1717.

"Extensive Adulteration of Tea by the Chinese," *The Lancet*, vol. 43, iss. 1080, 1844.

Fergusson, Robert. "Tea: a poem," *The Weekly Magazine, or Edinburgh Amusement*, vol. 21, Edinburgh: Printed by and for Wal. and Tho. Ruddimans, 1773.

Fielding, Henry. *Love in Several Masques. A Comedy, as It Is Acted at the Theatre-Royal, by His Majesty's Servants*, act IV, scene XI, London: Printed for John Watts, 1728.

Fortune, Robert. *Two Visits to the Tea Countries of China and the British Tea Plantations in the Himalaya: with a narrative of adventures, and a full description of the culture of the tea plant, the agriculture, horticulture, and botany of China*, vol. II, London: John Murray, 1853.

Foster, William. (ed.) *Letters Received by the East India Company from Its Servants in the East: transcribed from the "original correspondence" series of the India Office Records*, vol. III, London: Sampson Low, Marston & Company, 1899.

Francius, Petrus. *Petri Francii in laudem Thiae Sinensis anacreontica duo*, Amstelodami, 1635.

Francq van Berkhey, Johannes le. *Natuurlyke historie van Holland*, dl. 3, Amsterdam: Yntema en Tieboel, 1773.

Frankin, Alfred. *La vie privée d'autrefois: arts et métiers, modes, mœurs, usages des Parisiens, du xiie au xviiie siècle d'après des documents originaux ou inédits*, serie I, vol. 8, Paris: Librairie Plon, 1893.

Froger, François. *Relation du premier voyage des François à la Chine fait en*

1698, *1699 et 1700 sur le vaisseau l'Amphitrite*, Leipzig: Verlag der Asia major, 1926.

Fróis, Luís. *Historia de Japam*: *1549–1564*, edição anotada por S. J. José Wicki, 5 vols. , Lisboa: Bibloteca Nacional de Lisboa, 1976, 1981–1984.

Fruin, Robert Jacobus. (red.) *Overblyfsels van geheugchenis*, *der bisonderste voorvallen*, *in het leeven van den heere Coenraet Droste*, dln. 1, 2, Leiden: Brill, 1879.

Fussell, George Edwin. *Village Life in the Eighteenth Century*, Worcester: Littlebury & Company, 1940.

Gaskell, Elizabeth Cleghorn. *Cranford*, New York: Harper & Brothers, 1853.

Gay, John. "The Man, the Cat, the Dog, and the Fly: to my native country," M. D. Robert Anderson (comp.), *The Works of the British Poets*: *with prefaces*, *biographical and critical*, vol. 8, London: Printed for John & Arthur Arch, and for Bell & Bradfute, and J. Mundell & Co. Edinburgh, 1795.

Gebhard, Johan Fredrik. *Het leven van mr. Nicolaas Cornelisz. Witsen.* (*1641 – 1717*), dl. 2, Utrecht: J. W. Leeflang, 1882.

Ghirardini, Gio. *Relation du voyage fait à la Chine sur le vaisseau l'Amphitrite en 1698*, Paris: Chez Nicolas Pepie, 1700.

Grashuis, Joannes. *Verhandeling uitgegeeven door de Hollandse Maatschappy der Weetenschappen te Haarlem*, dl. 4, Haarlem: F. Bosch, 1758.

Groeneveldt, W. P. *De Nederlanders in China*: *eerste stuk*: *de eerste bemoeiingen om den handel in China en de vestiging in de Pescadores* (*1610–1624*), 's-Gravenhage: Nijhoff, 1898.

Groenewoud, Abraham. *De verloore diämantring*, *of de verkwistende thee-drinkster. Kluchtspel*, Haarlem: de Wed. H. van Hulkenroy, 1719.

Haaze, J. O. de. *Verhandelingen van de Natuur- en Geneeskundige Correspondentie-Societeit in de Vereenigde Nederlanden*, *opgericht in 's Hage*, dl. 1, 's-Gravenhage: Jan Abraham Bouvink, 1783.

Halgouet, Hervé Du. "Pages coloniales: relations maritimes de la Bretagne et de la Chine au XVIIIe siècle. Lettres de Canton," *Mémoires*, Rennes: Société d'histoire et d'archéologie de Bretagne, 1934.

Hamersveld, Ijsbrand van. *De zedelijke toestand der Nederlandsche natie, op het einde der achttiende eeuw*, Amsterdam: Johannes Allart, 1791.

Hanson, Reginald. *A Short Account of Tea and the Tea Trade, with a Map of the China Tea Districts*, London: Whitehead, Morris and Lowe, 1878.

Hanway, Jonas. *A Journal of Eight Days Journey from Portsmouth to Kingston upon Thames, through Southampton, Wiltshire, &c. ; …. To Which is Added, an Essay on Tea*, …, vol. II, London: Printed for H. Woodfall, 1757.

Hassall, Arthur Hill. *Adulterations Detected*; *or*, *Plain Instructions for the Discovery of Frauds in Food and Medicine*, London: Longman, Brown, Green, Longmans, and Roberts, 1857.

Haywood, Eliza Fowler. (ed.) *The Female Spectator*, vol. 8, London: Printed for T. Gardner, 1745.

Houssaye, J. G. *Monographie du thé*: *description botanique, torréfaction, composition chimique, propriétés hygiéniques de cette feuille*, Paris: l'auteur, 1843.

Huet, Pierre Daniel. *Poemata, latina et graeca, quotquot colligi potuerunt*, Trajecti ad Rhenum: Ex Officina Guilielmi Broedelet, 1694.

Huet, Pierre Daniel. *Commentarius de rebus ad eum pertinentibus*, Amstelodami: Apud Henricum du Sauzet, 1718.

Hullu, Johannes de. " Over den Chinaschen handel der Oost-Indische Compagnie in de eerste dertig jaar van de 18e eeuw, " *Bijdragen tot de taal-, land- en volkenkunde van Nederlandsch-Indië*, dl. 73, 1917.

Huygens, Christiaan. *Oeuvres complètes de Christiaan Huygens*, dl. 5, 's-Gravenhage: Martinus Nijhoff, 1893.

Huygens, Constantijn Jr. *Journaal van Constantijn Huygens, den zoon, van 21 October 1688 tot 2 Sept. 1696*, handschrift van de Koninklijke Akademie van Wetenschappen te Amsterdam, Werken: Historisch Genootschap, no. 25, dl. 2, Utrecht: Kemink & zoon, 1877.

Huygens, Constantijn Jr. *Journaal van Constantijn Huygens, den zoon, gedurende de veldtochten der jaren 1673, 1675, 1676, 1677 en 1678 ,* handschrift van de Koninlijke Akademie van Wetenschappen te Amsterdam, Werken: Historisch Genoot-schap, no. 32, Utrecht: Kemink & zoon, 1881.

Ijzerman, Jan Willem. *Dirck Gerritsz Pomp, alias Dirck Gerritsz China, de eerste Nederlander die China en Japan bezocht (1544 – 1604)*, 's-Gravenhage: Martinus Nijhoff, 1915.

Ilbert, Courtenay P. *Government of India: a brief historical survey of parliamentary legislation relating to India*, Oxford: The Clarendon Press, 1922.

Jonge, Johann K. de. *De opkomst van het Nederlandsch gezag over Java: verzameling van onuitgegeven stukken uit het oud-koloniaal archief*, dl. vi, 's-Gravenhage: Nijhoff, 1872.

Jonker, J. *De vrolyke bruidlofs gast: bestaande in boertige bruidlofs levertjes, en vermaakelyke minne-digten, op de natuur, van de viervoetige dieren, vissen, vogelen, etc. Als ook op andere voorwerpen. Mitsgaders, een toegiste, van eenige raadselen, kus, drink en blaas-levertjes*, Amsterdam: Daniel van den Dalen, en Andries van Damme, 1697.

Kæmpfer, Engelbert. *Amaenitatum exoticarum politico-physici-medicarum facsiculi V, quibus continentur variæ relationes, observationes & descriptines rerum Persicarum & ulterioris Asiæ*, fac. III, Lemgoviæ: Henrichi Willhelmi Meyeri, 1712.

Kalff, Gerrit. *Huiselijk en maatschappelijk leven te Amsterdam in de 17e eeuw*, Amsterdam: Emmering, 1911.

Keats, John. "Pensive They Sit," Edmund Blunden (ed.), *Selected Poems: John Keats*, London and Glasgow: Goll-ins, 1922.

Kemp, P. H. van der. *Oost-Indië's geldmiddelen: Japansche en Chineesche handel van 1817 op 1818: in-en uitvoerrechten, opium, zout, tolpoorten, kleinzegel, boschwezen, Decima, Canton*, 's-Gravenhage: Nijhoff, 1919.

Klem, Knud. "Den danske Ostindie-og Kinahandel," *Handels-og Søfartsmuseets Årbog*, 1943.

Kneppelhout, Johnnes. *Studentenleven door klikspaan*, Leyden: H. W. Hazenberg & Comp., 1844.

Konst, Yver Bloeid de. *De theezieke juffers*, Amsteldam: de Erfg. van J. Lescailje, 1701.

Krook, Enoch. *De theezieke juffers*, *kluchtspel. Onder de zinspreuk*, *door Yver Bloeid de Konst*, Amsterdam: de Erfg: van J. Lescailje, 1701.

Leche, V., J. F. Nyström, K. Warbrug, Th. Westrin. (red.) " Ostindiska Kompanier," *Nordisk familjebok/Uggleupplagan*, 20, Stockholm: Nordisk familjeboks förl aktiebolag, 1914.

Leeuwenhoek, Antonie van. *Derde vervolg der brieven*, *geschreven aan de Koninglyke Societeit tot London*, Delft: Henrik van Kroonevelt, 1693.

Lettsom, John Coakley. *The Natural History of the Tea-tree*, *with Observations on the Medical Qualities of Tea*, *and Effects of Tea-drinking*, London: Printed for Edward and Charles Dilly, 1772.

Linnæus, Carlous. *Species plantarum*, *exhibentes plantas rite cogn-itas ad genera relatas*, *cum differentiis specificis*, *nominibus tri-vialibus*, *synonymis selectis*, *locis natalibus*, *secundum systema sexuale digestas*, tomus I, Holmiæ: Impensis Laurentii Sal-vii, 1753.

Linschoten, Jan Huyghen van. *Itinerario*, *voyage ofte schipvaert van Jan Huyghen van Linschoten naer Oost ofte Portugaels Indien*, *inhoudende een corte beschryvinge der selver landen ende zee-custen* …: *waer by ghevoecht zijn* …: *maer ooc een corte verhalinge van de coophandelingen* … *Alles beschreven ende by een vergadert*, *door den selfden*, *seer nut*, *oorbaer*, *ende oock vermakelijcken voor alle curieuse ende liefhebbers van vreemdigheden*, Amsterdam: Cornelis Claesz, 1596.

Lockyer, Charles. *An Account of the Trade in India*: *containing rules for good government in trade*, *price courants*, *and tables*: *with descriptions of fort St. George*, *Acheen*, *Malacca*, *Condore*, *Canton*, *Anjengo*, *Muskat*, *Gombroon*, *Surat*, *Goa*, *Carwar*, *Telichery*, *Panola*, *Calicut*, *the Cape of Good-Hope*, *and St. Helena* …, London: Printed for the author, and sold by Samuel Crouch, 1711.

Luzac, Elie. *Hollands rijkdom*, *behelzende den oorsprong van den koophandel*, *en van de magt van dezen staat*, *de toeneemende vermeerdering van deszelfs koophandel en scheepvaart, de oorzaaken, welke tot derzelver aanwas medegewerkt hebben; die, welke tegenwoordig tot derzelver verval strekken; mitsgaders de middelen, welke dezelven wederom zouden kunnen opbeuren, en tot hunnen voorigen bloei brengen*, dl. 4, Leiden: Luzac & van Damme, 1783.

Macgregor, John. *Commercial Tariffs and Regulations, Resources, and Trade of the Several States of Europe and America Together with the Commercial Treaties between England and Foreign Countries*, part 23, London: Charles Whiting, Beaufort House, 1849.

Mackay, Henry. *An Abridgement of the Excise-laws, and of the Customs-laws Therewith Connected, Now in Force in Great Britain*, Edinburgh: Printed for the author, and sold by him, C. Elliot, and T. Cadell, 1779.

Mackintosh, William. *An Essay on Ways and Means for Inclosing, Fallowing, Planting, &c. Scotland; and That in Sixteen Years at Farthest*, Edinburgh: Printed and sold at Mr. Freebairn's shop, 1729.

Mackmath, John. *Considerations on the Duties upon Tea, and the Hardships Suffer'd by the Dealers in That Commodity, together with a Proposal for Their Relief: collected from the champion, and publish'd at the request of the tea-dealers*, London: Printed for M. Cooper, 1744.

Macpherson, David. *The History of the European Commerce with India: to which is subjoined a review of the arguments for and against the trade with India, and the management of it by a chartered company; with an appendix of authentic accounts*, London: Printed for Longman, Hurst, Rees, Orme, and Brown, Paternoster-Row, 1812.

Madrolle, C. *Les premieres voyages français à la Chine: la Compagnie de la Chine, 1698–1719*, Paris: Augustin Challamel, 1901.

Maffeii, Giovanni Pietro. *Selectarum epistolarum ex India libri quatuor*, Venetiis: Ex officina Damiani Zenarii, 1588.

Maffeii, Giovanni Pietro. *Historiarvm Indicarvm libri xvi. Selectarvm item ex India epistolarum eodem interprete libri jv. Accessit Ignatij Loiolae vita postremo recognita. Et in opera singula copiosus index*, Florentiae: Apvd Philippvm

Ivnctam, 1588.

Marillac, Michel de. (réd.) *Ordonnance du roy Louis XⅢ sur les plaintes et doléances faittes par les députés des estats de son royaume convoqués et assemblés en la ville de Paris en 1614, publiée au parlement le 15 janvier 1629*, Paris: A. Est-ienne, 1629.

Markham, Clements Robert. *The Voyages of Sir James Lancaster, Kt. , to the East Indies: with abstracts of journals of voyages to the East Indies, during the seventeenth century, preserved in the India Office*, London: Printed for the Hakluyt Society, 1877.

Martin, John Biddulph. *"The Grasshopper" in Lombard Street*, New York: Scribner & Welford, 1892.

Martineau, Alfred. *Dupleix et l'Inde Française 1722 – 1741*, Paris: Librairie Ancienne Honoré Champion, 1920.

Mason, Simon. *The Good and Bad Effects of Tea Consider'd. Wherein Are Exhibited, the Physical Virtues of Tea; Its General and Particular Use; to What Constitutions Agreeable; ...; with a Persuasive to the Use of Our Own Wholesome Product, Sage, &c. ,* London: Printed for M. Cooper, 1745.

McCalman, Godfrey. *A Natural, Commercial and Medicinal Treatise on Tea: with a concise account of the East India Company-thoughts on its government, &c. also, an advice as to the use and abuse of tea, the qualities of waters, and vessels, employed in its infusion, with other miscellaneous observations ...,* Glasgow: David Niven, 1787.

Meister, Georg. *Der Orientalisch-Indianische kunst und lustg-ärtner*, Dresden: Riedel, 1692.

Mendoza, Juan González de. *Historia de las cosas mas notables, ritos y costvmbres, del gran Reyno dela China, sabidas assi por los libros delos mesmos Chinas, como por relacion de religiosos y otras personas que an estado en el dicho Reyno. ...,* par. 1, lib. 3, cap. 19, Roma: Vincentio Accolti, 1585.

Mentzel, Christian. *Index nominum plantarum universalis, diversis terrarum, gentiúmque linguis, quotquot ex auctoribus ad singula plantarum nomina* excerpi & juxta seriem *A. B. C. collocari potuerunt*, *ad unum redactus*, *videlicet*: …, Berolini: ex officina Rungiana, 1682.

Michel, Jean Françis. *Journal de voiage a la Chine et courte description de la ville d'Embden*, 1755.

Milburn, William. *Oriental Commerce: containing a geographical description of the principal places in the East Indies*, *China*, *and Japan*, *with their produce*, *manufactures*, *and trade*, …, vol. Ⅱ, London: Printed for the author, and published by Black, Parry, & Co. , 1813.

Molhuysen, Philipp Christiaan. (ed.) *Bronnen tot de geschiedenis der Leidsche Universiteit*, dl. 4, 's-Gravenhage: Nijhoff, 1920.

Morais, Joaquim Manuel de Araujo Correia de. *Manual do cultivador do cha do commercio*, *ou resumo dos apontamentos*, *que acerca de tao importante e facil cultura*, *foram publicados no preterito anno de 1881*, Lisboa: Typographia de G. M. Martins, 1882.

Morellet, M. l'Abbé. *Mémoire sur la situation actuelle de la Compagnie des Indes*, Paris: Chez Desaint, Libraire, 1769.

Morse, Hosea Ballou. *The Chronicles of the East India Company Trading to China 1635-1834*, 5 vols. , Cambridge: Clarendon Press, 1926-1929.

Motteux, Peter Anthony. *A Poem upon Tea* (*A Poem in the Praise of Tea*), London: Printed for J. Tonson, 1712.

N. , R. V. *Natuur-kundige verhandeling van de theé*, *koffeé*, *tabak en snuf-poeders. Waar in na een nauwkeurig onderzoek*, *gevestigd op de genees-en heel-kunde*, *de waare werking van deze kruiden*, *onzydig worden voorgesteld.* …, Amsterdam: J. ten Hoorn, 1701.

Nieuhof, Joan. *Beschryving van 't gesantschap der Nederlandtsche Oost-Indische Compagnie*, *aen den grooten Tartarischen Cham*, *nu keizer van China*, Asmterdam: Jacob van Meurs, 1665.

Nussbaum, Frederick L. "The Formation of the New East India Company of Calonne," *The American Historical Review*, vol. 38, iss. 3, 1933.

Olán, Eskil. *Ostindiska Compagniets saga: historien om sveriges märkligaste handelsföretag*, Göteborg: Elanders boktryckeri aktiebolag, 1920.

Osbeck, Peter & Toreen, Olof. *A Voyage to China and the East Indies* , ... *Together with a Voyage to Suratte by Olof Toreen ... And Account of the Chinese Husbandry by Captain Charles Gustavus Eckeberg*, vol. Ⅱ, London: Printed for Benjamin White, 1771.

Ovington, John. *An Essay upon the Nature and Qualities of Tea. Wherein Are Shown*, Ⅰ. ...Ⅱ. ... Ⅲ. ... Ⅳ. ... V. ..., London: Printed by and for R. Roberts, 1699.

Paulli, Simon. *Commentarius de abusu tabaci Americanorum veteri, et herbæ thee Asiaticorum in Europe novo, quæ ipsissima est chamæleagnos Dodonæi, alias myrtus Brabantica, ...*, Arge-ntorati: Sumptibus Authoris Filij, 1665.

Paulli, Simon. *A Treatise on Tobacco, Tea, Coffee, and Chocolate. In Which* ..., trans. by Robert James, London: Printed for T. Osborne, J. Hildyard, and J. Leake, 1746.

Perron, E. du. *Sonnet van burgerdeugd*, Maastricht: A. A. M. Stols, 1928.

Phillips, Henry. *History of Cultivated Vegetables; Comprising Their Botanical, Medical, Edible, and Chemical Qualities; Natural History; and Relation to Art, Science, and Commerce*, vol. Ⅱ, London: Henry Colburn and Co. , 1822.

Phipps, J. *A Practical Treatise on the China and Eastern Trade: comprising the commerce of Great Britain and India, particularly Bengal and Singapore, with China and the Eastern Islands...*, London: Wm. H. Allen, and Co. , 1836.

Pisonis, Gulielmi. *De Indiae utriusque re naturali et medica libri quatuordecim*, libri 6, Amstelædami: Apud Ludovicum et Danielem Elzevirios, 1658.

Pope, Alexander. *The Rape of the Lock: an heroi-comical poem. In five canto's*, can. 3, London: Printed for Bernard Lintott, 1714.

Pope, Alexander. "Epistle to Miss Blount, on Her Leaving the Town, after the Coronation," Samuel Johnson (comp.), *The Poetical Works of Alexander Pope, Esq. , to Which is Prefixed the Life of the Author*, Philadelphia: J. J. Woodward, 1836.

Pritchard, E. H. "The Struggle for Control of the China Trade during the Eighteenth Century," *Pacific Historical Review*, vol. 3, iss. 3, 1934.

Pritchard, Hampton. *Anglo-Chinese Relations during the Seventeenth and Eighteenth Centuries*, Urbana: The Unive-rsity of Illinois, 1929.

Purchas, Samuel. *Purchas His Pilgrimage. Or Relations of the World and the Religions Observed in All Ages and Places Discovered, from the Creation unto This Present. Containing a Theologicall and Geographicall Historie of Asia, Africa, and America, with the Ilands Adiacent.* …, bk. 5, London: William Stansby, 1626.

Quincey, Thomas Penson De. *Confessions of an English Opium-eater, and Suspiria de Profundis*, London: Printed for Taylor and Hessey, 1823.

Rabutin-Chantal, M. de. *Lettres de Madame de Sévigné:* …, tom. 4, let. 711, Paris: Librairie de firmin Didot Frères, 1860.

Ramsay, Allan. "The Morning Interview," *The Poems of Allan Ramsay: a new edition, corrected and enlarged; with a glossary*, vol. I, London: Printed by A. Strahan, for T. Cadell Jun. and W. Davies, 1800.

Ramusio, Giovanni Battista. *Primo volvme delle nauigationi et viaggi nel qval si contiene la descrittione dell Africa, et del paese del Prete Ianni, con uarii uiaggi, dal mar Rosso a Calicut, & insin all'isole Molucche, doue nascono le Spetiere, et la nauigatione attorno il mondo.* …, Venetia: Lvcantonio Givnta, 1550.

Ramusio, Giovanni Battista. *Secondo volume delle navigationi et viaggi nel qvale si contengono l'historia delle cose de Tartari, & diuesi satti de loro imperatori, descritta da M. Marco Polo gentilhuomo Venetiano, & da Hayton Armeno.* …, Venetia: Tomaso Givnti, 1559.

Ramusio, Giovanni Battista. *Delle navigationi et viaggi raccolte da M. Gio. Battista Ramusio, volvme terzo. Nel quale si contiene le nauigationi al mondo nuouo, à gli antichi incognito, fatte da don Christoforo Colombo genouese, che fù il primo à scoprirlo à i Re Catholici, detto hora l'Indie occidentali, gli acquisti fatti da lui, accresciuti poi da Fernando Cortese, da Francesco Pizarro, & da altri valorosi capitani, in diuerse parti delle dette Indie, in nome di Carlo Quinto Imperatore:* …, Venetia: I. Givnti, 1606.

Raii, Joannis. *Historia plantarum*, vol. 3, London: Apud Sam, Smith &

Benj. Walford, 1704.

Reade, Arthur. *Tea and Tea Drinking*, London: Sampson Low, Marston, Searle, & Rivington, 1884.

Rhodes, Alexandre de. *Voyages et missions du Père Alexandre de Rhodes en la Chine et autres royaumes de l'Orient*, Paris: Julien, Lanier et Cie. , 1854.

Rijn, Gerrit van & Ommeren, C. van. (eds.) *Atlas van Stolk te Rotterdam: katalogus der historie, spot-en zinneprenten betrekkelijk de geschiedenis van Nederland, verzameld door Abraham van Stolk*, dl. 5, Amsterdam: Frederik Muller & Co. , 1901.

Ring, Viktor. *Asiatische Handlungscompagnien Friedrichs des Grossen. Ein beitrag zur geschichte des Preussischen seehandels und aktienwesens*, Berlin: Heymann, 1890.

Russell, Francis. *A Collection of Statutes concerning the Incorporation, Trade, and Commerce of the East India Company, and the Government of the British Possessions in India, with the Statutes of Piracy. To Which, for More Succinct Information, Are Annexed, Lists of Duties and Drawbacks on the Company's Trade, and of the Company's Duties and Charges on Private Trade; the By-Laws, Constitutions, Rules and Orders of the Company; and an Abridgement of the Company's Charters. With a Copious Index*, London: Printed by Charles Eyre and Andrew Strahan, 1794.

Scheltema, Jacobus. *Geschiedenis van de dagelijksche kost in de burger-huishoudingen*, Amsterdam: Felix Meritis, 1829.

Scheltema, Jacobus. *Geschied-en letterkundig mengelwerk*, dl. 4, Utrecht: J. G. van Terveen & zoon, 1830.

Scheltus, Jacobus. *Groot placaet-boek, vervattende de placaten, ordonnantien ende edicten van de ... Staten Generael der Vereenigde Nederlanden, ende van de ... Staten van Hollandt en West-Vrieslandt, mitsgaders van de ... Staten van Zeeland*, dl. 4, 's-Gravenhage: P. Scheltus, 1705.

Schlessinger, Arthur. *The Colonial Merchants and the American Revolution, 1763-1776*, London: P. S. King & Son, 1918.

Schotel, Gilles D. J. *Letterkundige bijdragen tot de geschiedenis van den tabak, de koffij en de thee*, 's-Gravenhage: P. H. Noordendorp, 1848.

Semedo, Alvaro. *Imperio de la China, i cvltvra evan gelica en èl, por los religios de la Compañia de Iesvs. Compuesto por el Padre Alvaro Semmedo de la propia Compañia, natural de la Villa de Nisa en Portugal, procurador general de la prouincia de la China, de donde fue embiado a Roma el año de 1640*, Madrid: Iuan Sanchez en Madrid, 1642.

Shaw, John. *Charters Relating to the East India Company from 1600 to 1761: reprinted from a former collection with some additions and a preface for the government of Madras*, Madras: R. Hill at the Government Press, 1887.

Shelley, Percy Bysshe. "Letter to Maria Gisborne," Harry Buxton Forman (ed.), *The Poetical Works of Percy Bysshe Shelley*, vol. 3, London: Reeves and Turner, 1877.

Shore, Henry N. *Smuggling Days and Smuggling Ways; or the Story of a Lost Art*, London: Cassell & Co. , Ltd. , 1892.

Short, Thomas. *A Dissertation upon Tea, Explaining Its Nature and Properties by Many New Experiments; and Demonstrating from Philosophical Principles, the Various Effects It Has on Different Constitutions. To Which is Added the Natural History of Tea: and a detection of the several frauds used in preparing it. ...*, London: Printed by W. Bowyer, for Fletcher Gyles, 1730.

Sigmond, George Gabriel. *Tea: its effects, medicinal and moral*, London: Longman, 1839.

Smith, James Edward. *A Selection of the Correspondence of Linnæus, and Other Naturalists, from the Original Manuscripts*, vol. I, London: Printed for Longman, Hurst, Rees, etc. , 1821.

Soothill, William Edward. *China and the West: a sketch of their intercourse*, Oxford: Oxford University Press, 1925.

Southerne, Thomas. *The Wives Excuse; or, Cuckolds Make Themselves a Comedy, as It Is Acted at the Theatre-Royal by Their Majesties Servants*, act IV, scene I, London: Printed for W. Freeman, 1692.

Southerne, Thomas. *The Maids Last Prayer: or, any, rather than fail. A* comedy. As it is acted at the theatre royal, by their majesties servants, act Ⅲ, scene I, London: Printed for R. Bentley and J. Tonson, 1693.

Staunton, George. An Authentic Account of an Embassy from the King of Great Britain to the Emperor of China; including Cursory Observations Made, and Information Obtained, in Travelling through That Ancient Empire, and a Small Part of Chinese Tartary. …, vol. Ⅱ, London: Printed for G. Nicol, 1797.

Steele, Richard. The Funeral: or, grief a-la-mode. A comedy. As it is acted at the theatre royal in Drury-lane, by his majesty's servants, London: For Jacob Tonson, 1702.

Strickland, Agnes. Lives of the Queens of England, from the Norman Conquest; with Anecdotes of Their Courts, vol. Ⅷ, New York: James Miller, 1845.

Struthers, John. The History of Scotland: from the union to the abolition of the heritable jurisdictions in 1748, vol. 2, Glasgow: Published by Blackie, Fullarton, & Co., and A. Fullarton & Co., 1828.

Sweerts, Hieronymus. Het derde deel der koddige en ernstige opschriften, Amsterdam: J. Jeroense, 1718.

Tate, Nahum. Panacea, a Poem upon Tea in Two Canto's, London: Printed by and for J. Roberts, 1700.

Teixeira, Pedro. Relaciones de Pedro Teixeira d'el origen descendencia y svccession de los reyes de Persia, y de Harmuz, y de vn viage hecho por el mismo avtor dende la India Oriental hasta Italia por tierra, vol. 1, Amberes (Antwerpen): En cafa de Hieronymo Verdussen, 1610.

Teixeira, Pedro. The Travels of Pedro Teixeira; with His "Kings of Harmuz", and Extracts from His "Kings of Persia", trans. & anno. by William Frederick Sinclair, London: Printed for the Hakluyt Society, 1902.

Thackeray, William Makepeace. The History of Pendennis. His Fortunes and Misfortunes, His Friends and His Greatest Enemy, vol. Ⅰ, New York: Harper & Brothers, 1850.

The Analytical Sanitary Commission. "Records of the Results of Microscopical and Chemical Analyses of the Solids and Fluids Consumed by All Classes of the Public. Green Tea, and Its Adulterations," *The Lancet*, vol. 58, iss. 1458, 1851.

The Case of the Dealers in Tea (with a docket title of *A Petition to the House of Commons*), London: s. n. , 1736.

The London Genuine Tea Company. (comp.) *The History of Tea Plant; from the Sowing of the Seed, to Its Package for the European Market, including Every Interesting Particular of This Admired Exotic*, London: Published by Lackington, Hughes, Harding, Mavor, and Jones, 1819.

Thomson, Gladys Scott. *Life in a Noble Household, 1641 – 1700*, London: Jonathan Cape, 1937.

Tickell, Richard et al. *Criticisms on the Rolliad*, part one, London: Printed for James Ridgway, 1785.

Tiele, Pieter Anton. *Bibliotheek van Nederlandsche pamfletten*, dl. 3, Amsterdam: Frederik Muller, 1860.

Tulp, Nicolaes. *Observationes medicæ*, libro 4, Amstelredami: Apud Ludovicum Elzevirium, 1652.

Twinings, Richard. *Observations on the Tea and Window Act, and the Tea Trade*, London: Printed for T. Cadell, 1784.

Ukers, William Harrison. *All about Tea*, 2 vols. , New York: The Tea and Coffee Trade Journal Company, 1935.

Ukers, William Harrison. *The Romance of Tea: an outline history of tea and tea-drinking through sixteen hundred years*, New York: Alfred A. Knopf, 1936.

Valentyn, François. *Oud en nieuw Oost-Indien, vervattende een naaukeurige en uitvoerige verhandelinge van Nederlands mogentheyd in die gewesten …*, dln. 4, 5, Dordrecht en Amsterdam: Joannes van Braam en Gerard onder de Linden, 1726.

Varley, Paul and Isao, Kumakura. (eds.) *Tea in Japan: essays on the history of Chanoyu*, Honolulu: University of Hawai' i Press, 1989.

Vincent, Ysbrand. *Pefroen met 'et schaapshooft, klucht-spel, gespeelt op d 'Amsterdamsche Schouwburg*, derde tooneel, Amsterdam: Jacob Lescailje, 1669.

Vri, Abram de. *Thee-geselschap, gehouden tusschen eenige juffrouwen, en vermakelyke byeenkomst, of zeldzaam koffypraatje*, vol. 1, Groningen: Sander Wybrantz, 1702.

Vries, Simon de. *Kort begryp en 't voornaemste margh van allerley onlanghs uytgekoomene boecken in verscheydene talen en gewesten van Europa; soo in alle soorten van geleerdheyd, als insonderlinge curieusheden, uytsteeckende konsten, en wonderlijcke voorvallen. ...*, Utrecht: Wilhelm van Poolsum, 1703.

Vry, Abraham de. *Theegezelschap, gehouden tusschen eenige juffrouwen*, onbedende uitgever, 1702.

W., F. *Warm Beere, or, a Treatise Wherein is Declared by Many Reasons That Beere So Qualified Is Farre More Wholsome Then That Which Is Drunke Cold with a Confutation of Such Objections That Are Made against It, Published for the Preservation of Health*, Cambridge: R. D. for Henry Overton, 1641.

Waller, Edmund. *The Works of Edmund Waller Esqr. in Verse and Prose*, London: Mr. Fenton, 1729.

"Wat er alzoo in een burgerhuis van de 17e eeuw te vinden was," *De oude tijd*, Haarlem: A. C. Kruseman, 1869.

Mrs. Ward, Humphry. *Robert Elsmere*, vols. I – III, Leipzig: Bernhard Tauchnitz, 1888.

Mrs. Ward, Humphry. *The History of David Grieve*, Leipzig: Bernhard Tauchnitz, 1892.

Mrs. Ward, Humphry. *Marcella*, vols. I – III, Leipzig: Bernhard Tauchnitz, 1894.

Wesley, John. *A Letter to a Friend, concerning Tea*, London: W. Strahan, 1748.

Wissett, Robert. *A View of the Rise, Progress and Present State of the Tea Trade in Europe*, London: Jos. Banks, 1801.

Wissett, Robert. *A Compendium of East India Affairs, Political and Commercial / Collected and Arranged for the Use of the Court of Directors*, London: E. Cox and Sons, 1802.

Wolzogen Kükr, S. I. von. *De Nederlandsche vrouw in de eerste helft der 18e eeuw*, dissertatie, Leiden Universiteit, 1914.

Woodville, William. *Medical Botany: containing systematic and general descriptions, with plates of all the medicinal plants, indigenous and exotic, ... successfully employed*, vol. IV, London: Printed and sold by William Phillips, 1810.

World Methodist Museum. (ed.) *Treasures of the World Methodist Museum*, London: Biltmore Press, 1970.

Worp, J. A. (red.) *De gedichten van Constantijn Huygens, naar zyn handschrift uitgegeven*, dl. 8, Groningen: J. B. Wolters, 1893.

Young, Arthur. *A Six Months Tour through the North of England. Containing, an Account of the Present State of Agriculture, Manufactures and Population, in Several Counties of This Kingdom*, vol. 2, London: Printed for W. Straham, etc. , 1771.

Young, Edward. *Love of Fame, the Universal Passion: in seven characteristical satires*, London: Printed for J. and R. Tonson, 1741.

Yule, Henry and Burnell, A. C. *Hobson-Jobson: a glossary of colloquial Anglo-Indian words and phrases, and of kindred terms, etymological, historical, geographical and discursive*, London: John Murray, 1903.

报刊

《申报》

Daily Advertise, 2 November 1772.

De Schiedammer, 15 juli 1954.

Leidsch Dagblad, 27 augustus 1994.

Leids Courant, 31 juli 1985.

Mercurius Politicus, 23−30 September 1658.

Nieuwe Amersfoortsche Courant, 5 dec. 1888.

The British-Mercury, 1 October 1712.

The Daily Journal, London, 27, 29, 30, 31 January 1733.

The Edinburgh Review or Critical Journal: for Feb. 1816 ... June 1816, vol.

XXVI，1816.

The Guardian，Tuesday，21 September 2010.

The Illustrated London News，8 March 1845.

The London Evening-Post，19 December 1738；22 October 1771.

The London Gazette，13−16 December 1680；5−8 August 1689.

The London Magazine：*and the monthly chronologer*，Tuesday，9 November 1736.

The Morning Chronicle，Wednesday，18 September 1833.

The Morning Post，Friday，18 October 1833.

The Spectator，daily paper，no. 10，Monday，12 March 1711；no. 323，Tuesday，11 March 1712.

The Spectator，weekly magazine，21 September 1833.

Zierikzeesche Nieuwsbode，12 sep. 1899.

著作

包乐史：《巴达维亚华人与中荷贸易》，庄国土等译，广西人民出版社，1997。

陈慈玉：《近代中国茶业的发展与世界市场》，中研院经济研究所，1982。

陈慈玉：《近代中国茶叶之发展》，中国人民大学出版社，2013。

陈乐民：《十六世纪葡萄牙通华系年》，辽宁教育出版社，2000。

陈椽：《中国茶叶外销史》，碧山岩出版社，1993。

陈椽编著《茶业通史》，中国农业出版社，2008。

杜继东：《中德关系史话》，社会科学文献出版社，2011。

格林堡：《鸦片战争前中英通商史》，康成译，商务印书馆，1961。

鹤见祐辅：《拜伦传》，陈秋帆译，湖南人民出版社，1981。

矶渊猛：《一杯红茶的世界史》，朝颜译，东方出版社，2014。

蒋恭晟：《中德外交史》，中华书局，1929。

角山荣：《茶的世界史》，王淑华译，玉山社，2004。

刘勤晋主编《茶文化学》，中国农业出版社，2002。

刘勇：《近代中荷茶叶贸易史》，中国社会科学出版社，2018。

刘章才：《英国茶文化研究（1650~1900）》，中国社会科学出版社，2021。

马晓俐：《多维视角下的英国茶文化研究》，浙江大学出版社，2010。

戚印平：《远东耶稣会史研究》，中华书局，2007。

仁田大八：《邂逅英国红茶》，林呈蓉译，布波出版有限公司，2004。

生活设计编集部编《英式下午茶》，许瑞政译，台湾东贩公司，1997。

沈光耀：《中国古代对外贸易史》，广东人民出版社，1985。

施丢克尔：《十九世纪的德国与中国》，乔松译，三联书店，1963。

滕军：《中日茶文化交流史》，人民出版社，2004。

土屋守：《红茶风景：走访英国的红茶生活》，罗躜译，麦田出版公司，2000。

姚国坤编《惠及世界的一片神奇树叶——茶文化通史》，中国农业出版社，2015。

张忠良、毛先颉编《中国世界茶文化》，时事出版社，2005。

仲伟民：《茶叶与鸦片：十九世纪经济全球化中的中国》，三联书店，2010。

Adshead, Samuel Adrian Miles. *China in World History*, New York: St. Martin's Press, 2000.

Affonso, Domingos de Araújo e Ruy Dique Travassos Valdez. *Livro de oiro da nobreza*, volume terceiro, Lisboa: J. A. Telles da Sylva, 1988.

Aldous, Richard. *The Lion and the Unicorn: gladstone vs disraeli*, New York: W. W. Norton & Company, 2007.

Ashworth, Willam J. *Customs and Excise: trade, production, and consumption in England, 1640-1845*, Oxford: Oxford University Press, 2003.

Bate, Walter Jackson. *Samuel Johnson*, New York: Harcourt Brace Jovanovich, 1977.

Berg, Maxine & Elizabeth, Eger. (eds.) *Luxury in the Eighteenth Century: debates, desires and delectable goods*, Hampshire and New York: Palgrave Macmillan, 2003.

Blussé, J. L. *Strange Company: Chinese settlers, mestizo women and the Dutch in VOC Batavia*, Leiden: KITLV, 1986.

Bötig, Klaus & Heinze, Ottmar. *Ostfriesland-Zeit für das beste: highlights-geheimtipps-wohlfühladressen*, München: Bruckmann Verlag GmbH, 2013.

Boxer, C. R. *South China in the Sixteenth Century: being the narratives of Galeote Pereira, Fr. Gaspar da Cruz, O. P. (and) Fr. Martinde Rada, O. E. S. A. (1550-1575)*, London: Hakluyt Society, 1953.

Bracken, Susan, Gáldy, Andrea M. and Turpin, Adriana. (eds.) *Women Patrons and Collectors*, Newcastle upon Tyne: Cambridge Scholars Publishing, 2012.

Braga, J. M. *The Western Pioneers and Their Discovery of Macao*, Macau: Imprenso Nacional, 1949.

Braudel, Fernand. *Civilisation matérielle, économie et capitalisme, XVe - XVIIIe siècle*, tom. 1, Paris: Armand Colin, 1986.

Breen, T. H. *The Marketplace of Revolution: how consumer politics shaped American Independence*, Oxford: Oxford University Press, 2004.

Brighton, Paul. *Original Spin: downing street and the press in Victorian Britain*, London: Bloomsbury Academic, 2016.

Brook, Timothy. *The Confusions of Pleasure: commerce and culture in Ming China*, Berkeley: University of California Press, 1998.

Bruijn, J. R., Gaastra, F. S. and Schöffer, I. (eds.) *Dutch-Asiatic Shipping in the 17th and 18th Century*, 3 vols., The Hague: Martinus Nijhoff, 1987.

Burgess, Anthony. *The Book of Tea*, Paris: Flammarion, 1990.

Chaudhuri, K. N. *The Trading World of Asia and the English East India Company: 1660-1760*, Cambridge: Cambridge University Press, 1978.

Constantine, Stephen. *Community and Identity: the making of modern Gibraltar since 1704*, Oxford University Press, 2009.

Croot, Viv. *Salacious Sussex*, Alfriston: Snake River Press, 2009.

Dermigny, Louis. *La Chine et l'Occident: le commerce à Canton au XVIIIe siècle, 1719-1833*, 3 vols., Paris: S. E. V. P. E. N., 1964.

Driem, George van. *The Tale of Tea: a comprehensive history of tea from the prehistoric times to the present day*, Leiden, Boston: Brill, 2019.

Drossaers, S. W. A. & Scheurleer, T. H. Lunsingh. *Inventarissen van de inboedels in de verblijven van de Oranjes en daarmee gelijk te stellen stukken 1567 – 1795*, dln. 1, 4, 's-Gravenhage: Martinus Nijhoff, 1974.

Drummond, Jack C. & Wilbraham, Anne. *The English Man's Food*: *a history of five century of English diet*, London: J. Cape, 1958.

Eberstein, Bernd. *Preußen und China*: *eine geschichte schwieriger beziehungen*, Berlin: Duncker & Humbolt GmbH, 2007.

Ekkart, R. E. O. *Athenae Batavae*: *de Leidse Universiteit 1575 – 1975*, Leiden: Universitaire Pers Leiden, 1975.

Ellis, Markman. *The Coffee House*: *a cultural history*, London: Weidenfeld & Nicolson, 2004.

Ellis, Markman, Coulton, Richard and Mauger, Matthew. *Empire of Tea*: *the Asian leaf that conquered the world*, London: Reaktion Books, 2015.

Ellis, Markman, Coulton, Richard, Mauger, Matthew and Dew, Ben. (eds.) *Tea and Tea-table in Eighteenth-century England*, vols. III, IV, London: Pickering & Chatto, 2010.

Eyck van Heslinga, Els van. *Van compagnie naar koopvaardij. De scheepvaartverbinding van de Bataafse Republiek met de koloniën in Azië 1795 – 1806*, Amsterdam: De Bataafsche Leeuw, 1988.

Faulkner, Rupert. (ed.) *Tea*: *east & west*, London: V&A Publications, 2003.

Ferrão, José Eduardo Mendes. *A aventura das plantas e os descobrimentos Portugueses*, Lisboa: IICT/CNCDP, Fundação Berardo, 1992.

Fichter, James. *So Great a Proffit*: *how the East Indies trade transformed Anglo-American capitalism*, Cambridge, MA: Harvard University Press, 2010.

Forrest, Denys Mostyn. *Tea for the British*: *the social and economic history of a famous trade*, London: Chatto & Windus, 1973.

Frängsmyr, Tore. *Ostindiska kompaniet*: *människorna, äventyret och den ekonomiska drömmen*, Hoganas: Wiken, 1990.

Gaastra, F. S. *The Dutch East India Company*: *expansion and decline*, Zutphen: Walburg Pers, 2003.

Gardella, Robert. *Harvesting Mountains*: *Fujian and the China tea trade, 1757 – 1937*, Berkeley: University of California Press, 1994.

Glamann, Kristof. *Dutch Asiatic Trade*, *1620 – 1740*, Copenhagen and the Hague: Danish Science Press and Martinus Nijhoff, 1958.

Greenberg, Michael. *British Trade and the Opening of China 1800 – 42*, Cambridge: Cambridge University Press, 1951.

Greene, Jack P. and Pole, J. R. (eds.) *A Companion to the American Revolution*, Oxford: Blackwell Publishers Ltd. , 2000.

Gross, David M. *99 Tactics of Successful Tax Resistance Campaigns*, North Charleston: Createspace Independent Publishing Platform, 2014.

Gunn, Mary and Codd, L. E. *Botanical Exploration Southern Africa*: *an illustrated history of early botanical literature on the Cape flora biographical account of the leading plant collectors and their activities in Southern Africa from the days of the East India Company until modern times*, Cape Town: A. A. Balkema, 1981.

Harrison, J. F. C. *Late Victorian Britain 1875 – 1901*, Abingdon & New York: Routledge, 1991.

Haudrère, Philippe. *Les Français dans l'océan Indien XVIIe – XIXe siècle*, Rennes: Press universitaires de Rennes, 2014.

Hesse, Eelco. *Thee*: *de oogleden van Bodhidharma*, Amsterdam: Bert Bakker, 1977.

Hodacs, Hanna. *Silk and Tea in the North*: *Scandinavian trade and the market for Asian goods in eighteenth-century Europe*, Hampshire: Palgrave Macmillan, 2016.

Hohenegger, Beatrice. *Liquid Jade*: *the story of tea from east to west*, New York: St. Martin's Press, 2006.

Israel, Johathan. *The Dutch Republic*: *its rise, greatness, and fall 1477 – 1806*, Oxford: Oxford University Press, 1995.

Jörg, Christiaan J. A. *Porcelain and the Dutch China Trade*, The Hague: Martinus Nijhoff, 1982.

Karsten, Mia C. *The Old Company's Garden at Cape & Its Superintendents*, Cape Town: Maskew Miller, 1951.

Kjellberg, Sven. *Svenska Ostindiska Compagnierna 1731 – 1813*: *kryddor, te, porslin*, *siden*, Malmö: Allhem, 1975.

Knollenberg, Bernhard. *Growth of the American Revolution*, *1766 – 1775*, New York: Free Press, 1975.

Koninckx, Christian. *The First and Second Charters of the Swedish East India Company* (*1731–1766*): *a contribution to the maritime*, *economic and social history of North-Western Europe in its relationships with Far East*, Kortrijk: Van Ghemmert, 1980.

Kossmann-Putto, J. A. and Kossmann, E. H. *The Low Countries*: *history of the Northern and Southern Netherlands*, Rekkem: Flemish-Netherlands Foundation, 1987.

Labaree, Benjamin Woods. *The Boston Tea Party*, Boston: Nor-theastern University Press, 1979.

Lach, Donald F. *Asia in the Making of Europe*, 5 vols., Chiacago: The University of Chiacago Press, 1965.

Langford, Paul. *The Excise Crisis*: *society and politics in the age of Walpole*, Oxford: Oxford University Press, 1975.

Latham, Robert & Matthews, William G. (eds.) *The Diary of Samuel Pepys*, vols. I, VI, VIII, London: Bell & Hyman Limited, 1970–1983.

Lindqvist, Herman. *Historien om Ostindiefararna*, Gothenburg: Hansson & Lundvall, 2002.

Linebaugh, Peter. *The London Hanged*: *crime and civil society in the eighteenth century*, London: Verso, 2003.

Liu, Yong. *The Dutch East India Company's Tea Trade with China*, *1757 – 1781*, Leiden and Boston: Brill, 2007.

Macfarlane, Alan and Macfarlan, Iris. *Green Gold*: *the empire of tea*, London: Ebury Press, 2003.

Maier, Pauline. *From Resistance to Revolution*: *colonial radicals and the development of American opposition to Britain*, *1765 – 1776*, New York: Alfred A. Knopf, Inc., 1972.

Mair, Victor H. & Hoh, Erling. *The True History of Tea*, London: Thames & Hudson, 2009.

Marshall, Dorothy. *Eighteenth Century England*, London: Long-mans, Green & Co. , 1962.

Martin, Laura C. *Tea: the drink that changed the world*, Tokyo & Singapore: Tuttle Publishing, 2007.

Mason, Laura. *Book of Afternoon Tea*, Swindon: National Trust, 2018.

McCabe, Ina Baghdiantz. *Orientalism in Early Modern France: Eurasian trade, exoticism, and the ancient régime*, Oxford and New York: Berg Publishers, 2008.

Mehta, Jaswant Lal. *Advanced Study in the History of Modern India 1707–1813*, New Delhi: New Dawn Press, 2005.

Middlekauff, Robert. *The Glorious Cause: the American Revolution, 1763 – 1789*, New York: Oxford University Press, 2005.

Molen, Joh R. ter. *Thema thee: de geschiedenis van de thee en het theegebruik in Nederland*, Rotterdam: Museum Boymans-Van Beuningen, 1978.

Morgan, Edmund Sears and Morgan, Helen M. *The Stamp Act Crisis: prologue to revolution*, New York: Collier Books, 1963.

Moxham, Roy. *Tea: addiction, exploitation and empire*, London: Constable & Robinson Ltd. , 2003.

Mui, Hoh-cheung and Mui, Lorna H. *The Management of Monopoly: a study of the English East India Company's conduct of its tea trade, 1784 – 1833*, Vancouver: University of British Columbia Press, 1984.

Mui, Hoh-cheung and Mui, Lorna H. *Shops and Shopkeeping of Eighteenth-century England*, Montreal: McGill-Queen's University Press, 1989.

Mukherjee, Ramkrishna. *The Rise and Fall of the East India Company*, Berlin: VEB Deutscher Verlag der Wissenschaften, 1958.

Nash, Gary B. *The Unknown American Revolution: the unruly birth of democracy and the struggle to create America*, New York: Penguin Books, 2006.

Nierstrasz, Chris. *Rivalry for Trade in Tea and Textiles: the English and Dutch East India Companies (1700 – 1800)*, Hampshire: Palgrave Macmillan, 2015.

Ogborn, Miles. *Spaces of Modernity: London's geographies, 1680–1780*, New

York: Guilford Press, 1998.

Otterspeer, Willem. (ed.) *Leiden Oriental Connections, 1850-1940*, Leiden: Brill, 2003.

Painter, George Duncan. *William Caxton: a biography*, New York: Putnam Publishing, 1977.

Pettigrew, Jan & Richardson, Bruce. *A Social History of Tea: tea's influence on commerce, culture & community*, Danville: Benjamin Press, 2014.

Pool, Daniel. *What Jane Austen Ate and Charles Dickens Knew: from fox hunting to whist - the facts of daily life in nineteenth-century England*, New York: Simon & Schuster, 1993.

Pritchard, Hampton. *The Crucial Years of Early Anglo-Chinese Relations, 1750-1800*, New York: Octagon Books, 1970.

Raven-Hart, Rowland. *Cape Good Hope 1652-1702: the first fifty years of Dutch colonisation as seen by callers*, Cape Town: A. A. Balkema, 1971.

Razzell, Peter. *Essays in English Population History*, London: Caliban Books, 1994.

Riddick, John F. *The History of British India: a chronology*, London: Praeger Publishers, 2006.

Rogala, Jozef. (comp. and anno.) *A Collector's Guide to Books on Japan in English: a select list of over 2500 titles*, London and New York: Routledge, 2004.

Rosa, Paulo. *Chá: uma bebida da China*, Mirandela: Viseu, 2004.

Rowell, Christopher. (ed.) *Ham House: 400 years of collecting and patronage*, New Haven, Conn.: Yale University Press, 2013.

Rubiés, Joan-Pau. *Travellers and Cosmographers: studies in the history of early modern travel and ethnology*, Ashgate: Aldershot and Burlington VT, 2007.

Sabri, Helen. *Teatimes: a world tour*, London: Reaktion Books, 2018.

Smail, John. *The Origins of Middle-Class Culture: Halifax, Yorkshire, 1660-1780*, Ithaca: Cornell University Press, 1994.

Soboul, Albert. *The French Revolution 1787 - 1799: from the storming of the Bastille to Napoleon*, New York: Vintage, 1975.

Söderpalm, Kristina. (ed.) *Christopher Tärnströms journal*: *en resa mellan Europa och Sydostasien*, *år 1746*, London-Whitby: IK Foundation & Co. Ltd. , 2005.

Standage, Tom. *A History of the World in Six Glasses*, New York: Walker & Company, 2005.

Stearns, Peter N. (ed.) *Expanding the Past*: *a reader in social history*, New York and London: New York University Press, 1988.

Stoecker, Helmuth. *Deutschland und China im 19. jahrhundert. Das eindringen des Deutschen kapitalismus*, Berlin: Rütten & Loening, 1958.

Supico, Francisco Maria. *Escavações*, vol. Ⅲ, Ponta Delgada: Instituto Cultural, 1995.

Sutherland, Lucy S. *The East India Company in Eighteenth Century Politics*, Oxford: Oxford University Press, 1952.

Taknet, D. K. *The Heritage of Indian Tea*: *the past*, *the present*, *and the road ahead*, Jaipur: IIME, 2002.

Thomas, Gertrude Z. *Richer than Spices*: *how a royal bride's dowry introduced cane*, *lacquer*, *cottons*, *tea*, *and porcelain to England*, *and so revolutionized taste*, *manners*, *craftsmanship*, *and history in both England and America*, New York: Knopf, 1965.

Thomas, Peter D. G. *The Townshend Duties Crisis*: *the second phase of the American Revolution*, *1767-1773*, Oxford: Oxford University Press, 1987.

Thompson, Flora. *Lark Rise to Candleford*: *a trilogy by Flora Thompson*, London, New York and Toronto: Oxford University Press, 1945.

Tomasi, Lucia Tongiori and Willis, Tony. *An Oak Spring Herbaria*, Upperville, Va. : Oak Spring Garden Library, 2009.

Tucker, Robert and Hendrickson, David. *The Fall of the First British Empire*: *origins of the war of American Independence*, Baltimore: Johns Hopkins University Press, 1982.

Waugh, Mary. *Smuggling in Kent and Sussex 1700-1840*, Berks: Countryside Books, 1985.

Weatherill, Lorna. *Consumer Behaviour and Material Culture in Britain*, *1660-*

1760，London & New York：Routledge，1996.

Weinberg，Bennett Alan & Bealer，Bonnie K. *The World of Caffeine：the science and culture of the world's most popular drug*，New York and London：Routledge，2002.

Wilkes，Christopher. *Social Jane：the small*，*secret sociology of Jane Austen*，Newcastle upon Tyn：Cambridge Scholars Pub-lishing，2013.

Wood，Gordon S. *The American Revolution：a history*，New York：Modern Library，2002.

Yi，Sabine，Jumeau-Lafond，Jacques et Walsh，Michel. *Le livre de l'amateur de thé*，Paris：Robert Laffont，1983.

Zhuang，Guotu. *Tea，Silver，Opium and War：the international tea trade and western commercial expansion into China in 1740－1840*，Xiamen：Xiamen University Press，1993.

Zumthor，Paul. *Daily Life in Rembrandt's Holland*，Stanford：Stanford University Press，1994.

Zúquete，Afonso Eduardo Martins. *Nobreza de Portugal e do Brasil*，volume terceiro，Lisboa：Rio de Janeiro，1989.

文章

车乒、蓝江湖：《丝绸之路上中国茶文化的传播及其对欧洲的影响》，《福建茶叶》2017 年第 8 期。

杜大干：《明清时期茶文化海外传播初探》，硕士学位论文，山东师范大学，2010。

辜振丰：《英国红茶文化的光与影》，《农业考古》1999 年第 4 期。

谷雪梅：《俾斯麦与近代德国对华贸易》，《白城师范高等专科学校学报》2001 年第 1 期。

郝赛丽：《英国人的饮茶风俗》，《中国茶叶》1998 年第 6 期。

何丽丽：《中国茶在欧洲的传播及其影响研究》，硕士学位论文，南京农业大学，2009。

侯军：《英伦问茶》，《农业考古》1999 年第 4 期。

贾雯：《英国茶文化及其影响》，硕士学位论文，南京师范大学，2008。

凯亚：《略说西方第一首茶诗及其他——〈饮茶皇后之歌〉读后》，《中华养生保健》2007年第1期。

李荣林：《茶叶传欧史话》，《农业考古》2000年第4期。

刘勇：《中国茶叶与近代荷兰饮茶习俗》，《历史研究》2013年第1期。

刘章才：《十八世纪中英茶叶贸易及其对英国社会的影响》，博士学位论文，首都师范大学，2008。

刘章才：《饮茶在近代英国的本土化论析》，《世界历史》2019年第1期。

罗家庆：《西方茶文化一瞥》，《农业考古》1991年第4期。

沈立新：《略论中国茶文化在欧洲的传播》，《史林》1995年第3期。

孙云、张稚秀：《茶之西行》，《茶叶科学技术》2004年第4期。

吴建雍：《清前期中西茶叶贸易》，《清史研究》1998年第3期。

徐克定：《英国饮茶轶闻》，《农业考古》1992年第2期。

徐克定：《英国饮茶趣事》，《食品与生活》1996年第3期。

杨静萍：《17～18世纪中国茶在英国》，硕士学位论文，浙江师范大学，2004。

姚江波：《中英茶文化比较》，《农业考古》1999年第4期。

叶素琼：《19世纪中英茶叶贸易中的掺假作伪问题研究》，硕士学位论文，湖南师范大学，2017。

张应龙：《中国茶叶外销史研究》，博士学位论文，暨南大学，1994。

张稚秀、孙云：《西方茶文化溯源》，《农业考古》2004年第2期。

郑雯嫣：《论维多利亚时代红茶文化的形成与发展》，《农业考古》2003年第2期。

庄琳璘：《18世纪英中红茶贸易及其对英国社会的影响》，硕士学位论文，福建师范大学，2016。

邹瑚：《英国早期的饮茶史料——英国工人饮茶始于何时》，《农业考古》1992年第2期。

Acerra, Martine. "Le modes du thé dans la Société Française aux XVIIe et XVIIIe siècles," Raibaud Martine and Souty François, *Le commerce du thé. De la Chine à l'Europe XVIIe-XXIe siècle*, Paris: Les Indes Savantes, 2008.

Ames, Glenn Joseph. " Colbert's Indian Ocean Strategy of 1664 – 1674: a reappraisal," *French Historical Studies*, vol. 16, iss. 3, 1990.

Beckett, J. V. "The Levying of Taxation in Seventeenth-and Eighteenth-century England," *English Historical Review*, vol. 100, iss. 395, 1985.

Borao, Jose Eugenio. "Macao as the Non-entry Point to China: the case of the Spanish Dominican missionaries (1587–1632)," International Conference on the Role and Status of Macao in the Propagation of Catholicism in the East, Macao: Centre of Sino-Western Cultural Studies, Instituto Politecnico de Macao, 2009.

Boxer, C. R. "The Dutch East India Company and the China Trade," *History Today*, vol. 29, iss. 11, 1979.

Breen, T. H. " 'Baubles of Britain': the American and consumer revolutions of the eighteenth century," *Past and Present*, vol. 119, iss. 1, 1988.

Broeze, F. J. A. "Het einde van de Nederlandse theehandel op China," *Economisch-en Sociaal-Historish Jaarboek*, dl. 34, 1971.

Cole, William Alan. "Trends in Eighteenth Century Smuggling," *The Economic History Review*, vol. 10, iss. 3, 1985.

Dalsgård, Sune. "Aa. Rasch og P. P. Sveistrup: Asiatisk Komp-agni i den florissante periode 1772–1792," *Historisk Tidsskrift*, 11. Række, II Bind, 1947–1949.

Dübeck, Inger. "Aktieselskaber i krise: om konkurs i aktie-selskabernes tidlige historie," *Historisk Tidsskrift*, Bind 90 Hæfte 2, 1990.

Eeghen, Isabella Henriette van. "Een Amsterdamse bruiloft in 1750," *Jaarboek Amstelodamum 50*, 1958.

Feldbæk, Ole. "Den Danske Asien-handel 1616–1807: værdi og volumen," *Historisk Tidsskrift*, Bind 90 Hæfte 2, 1990.

Glamann, Kristof. "Studie i Asiatisk Kompagnis økonomiske historie 1732–1772," *Historisk Tidsskrift*, 11. Række, II Bind, 1947–1949.

Glamann, Kristof. "The Danish Asiatic Company, 1732–1772," *Scandinavian Economic History Review*, vol. 8, iss. 2, 1960.

Gøbel, Erik. "Asiatisk Kompagnies Kinafarter 1732–1772, sejlruter og sejltider," *Handels-og Søfartsmuseets Årbog*, Kronborg: Handels-og søfartsmuseet, 1978.

Gøbel, Erik. "Sygdom og død under hundrede års Kinafart," *Handels-og Søfartsmuseets Årbog*, 1979.

Graaf, Dennis de. "De Koninklijke Compagnie: de Pruisische Aziatische Compagnie 'von Emden nach China' (1751 – 1765)," *Tijdschrift voor zeegeschiedenis*, dl. 20, nr. 2, 2001.

Hunter, Lynette. "Women and Domestic Medicine: lady experi-menters, 1570–1620," Lynette Hunter & Sarah Hutton (eds.), *Women, Science and Medicine, 1500 – 1700: mothers and sisters of the royal society*, Thrupp, Stroud, Gloucestershire: Sutton Pub. , 1997.

Ivester, Hermann. "The Stamp Act of 1765-A Serendipitous Find," *The Revenue Journal*, vol. 20, iss. 3, 2009.

Jones, Eric L. "The Fashion Manipulators: consumer tastes and British industries, 1660 – 1800," Harold F. Williamson, Louis P. Cain, Paul J. Uselding (eds.), *Business Enterprise and Economic Changes: essays in honor of Harold F. Wi-lliamson*, Kent: Kent State University Press, 1973.

McCants, Anne E. C. "Exotic Goods, Popular Consumption, and the Standard of Living: thinking about globalization in the early modern world," *Journal of World History*, vol. 18, iss. 4, 2007.

McMillan, Sherrie. "What Time Is Dinner?" *History Magazine*, October/ November 2001.

Moura, Mário. "The Tea Time has Changed in Azores," *European Scientific Journal*, special edition, vol. 3, 2014.

Moura, Mário. "Tea: a journey from the East to Mid-Atlantic," *European Scientific Journal*, vol. 11, no. 29, 2015.

Mui, Hoh-cheung and Mui, Lorna H. "William Pitt and the Enforcement of the Commutation Act, 1784–1788," *The English Historical Review*, vol. 76, iss. 301, 1961.

Mui, Hoh-cheung and Mui, Lorna H. "The Commutation Act and the Tea Trade in Britain 1784 – 1793," *The Economic History Review*, vol. 16, iss. 2, 1963.

Mui, Hoh-cheung and Mui, Lorna H. "Smuggling and the Bri-tish Tea Trade before 1784," *The American Historical Review*, vol. 74, iss. 1, 1968.

Mui, Hoh-cheung and Mui, Lorna H. "'Trends in Eighteenth-century Smuggling' Reconsidered," *Economic History Review*, new series, iss. 28, 1975.

Parmentier, Jan. "The Ostend Trade to Moka and India (1714–1735): the merchants and supercargoes," *The Mariner's Mirror*, vol. 73, iss. 2, 1987.

Parmentier, Jan. "Søfolk og supercargoer fra Oostende i Dansk Asiatisk Kompagnis tjeneste 1730–1747," *Handels-og Søfa-rtsmuseets Årbog*, 1989.

Pelzer, J. and Pelzer, L. "Coffee Houses of Augustan, London," *History Today*, vol. 32, iss. 10, 1982.

Rubiés, Joan-Pau. "The Spanish Contribution to the Ethnology of Asia in the Sixteenth and Seventeenth Centuries," *Renaissance Studies*, vol. 17, iss. 3, 2003.

Shakespeare, Howard. "The Compagnie des Indes," *International Bond & Share Society Journal*, yr. 20, no. 1, 1997.

Skott, Christina. "Expanding Flora's Empire: Linnaean science and the Swedish East India Company," Robert Aldrich and Kirsten McKenzie (eds.), *The Routledge History of Western Empires*, London and New York: Routledge, 2013.

Sutherland, L. S. "The East India Company in Eighteenth Cen-tury Politics," *The Economic History Review*, vol. 17, iss. 1, 1947.

Twining, Samuel H. G. "L'héritage d'une famille," Greet Barrie and Jean Pierre Smyers (eds.), *Tea for 2: les rituels du thé dans le monde*, Bruxelles: Crédit Communal, 1999.

Wallis, Helen. "The Cartography of Drake's Voyage," Norman J. W. Thrower (ed.), *Sir Francis Drake and the Famous Voyage, 1577 – 1580: essays commemorating the quadricentennial of Drake's circumnavigation of the earth*, Los Angeles: University of California Press, 1984.

Wander, B. "Engelse en continentale etiquette in de negentiende eeuw: invloeden en ontwikkelingen; literatuurrapport," *Volks-kundig Bulletin*, dl. 2, nr. 2, 1976.

网络资料

"Explore the Tea Plantations," https：//tregothnan. co. uk/tea-plantations/.

"Gorreana," https：//gorreana. pt/en/about-us/7.

"Our Tea Story," https：//tregothnan. co. uk/our-tea-story/.

Schechter, Alex. "How Chinese Tea Arrived – and Flourished – on an Island in Portugal," https：//www. mic. com/articles/180549/how – chinese – tea – arrived-and-flourished-on-an-island-in-portugal, 22 June 2017.

Sousa, Rogério. "Tea in the Azores – a Cup of Heaven on Earth," https：// medium. com/made-in-azores/tea – in – the – azores – a – cup – of – heaven – on – earth-6408953cde30, 6 Auguest 2018.

工具书

林崇德等主编《心理学大辞典》上卷，上海教育出版社，2003。

Anonymous. *The Politician's Dictionary*；*or*, *a Summary of Political Knowledge*：*containing remarks on the interests*, *connections*, *forces*, *revenues*, *wealth*, *credit*, *debts*, *taxes*, *commerce*, *and manufactures of the different states of Europe*, vol. II, London：Printed for Geo. Allen, 1775.

Brûlons, Jacques Savary des. *Dictionnaire universel de commerce*：*contenant tout ce qui concerne le commerce qui se fait dans les quatre parties du monde*, *par terre*, *part mer*, *de proche en proche*, *& par voyages de long long cours*, *tant en gros qu' en detail.* ..., tom. III, Geneve：Chez les Heritiers Cramer & Freres Philibert, 1742.

Bunge, Wiep van et al. (eds.) *The Dictionary of Seventeenth and Eighteenth-Century Dutch Philosophers*, vol. 1, Bristol：Thoemmes Press, 2003.

Chambers, Robert & Thomson, Thomas Napier. *A Biographical Dictionary of Eminent Scotsmen*, vol. 1, Glasgow：Blackie and Sons, 1857.

Chisholm, Hugh. (ed.) *The Encyclopædia Britannica*：*a dictionary of arts*, *sciences*, *literature and general information*, eleventh edition, vol. 18,

Cambridge: Cambridge University Press, 1911.

Desmond, Ray. *Dictionary of British and Irish Botanists and Horticulturists: including plant collectors, flower painters and garden designers*, London: Taylor & Francis Ltd. and Natural History Museum, 1994.

Hartog, Philip Joseph. *Dictionary of National Biography, 1885-1900*, vol. 59, London: Smith, Elder, & Co., 1899.

McCulloch, John Ramsay. *A Dictionary, Practical, Theoretical, and Historical of Commerce and Commercial Navigation: illustrated with maps and plans*, London: Printed for Longman, Brown, Green, and Longmans, 1834.

Meyer, Hermann Julius Joseph. *Meyers Konversations-Lexikon. Fünfte auflage*, sechzehn band, Leipzig, Wien: Bibliographisches Institut, 1897.

Miller, Philip. *The Gardener's and Botanist's Dictionary; Containing the Best and Newest Methods of Cultivating and Improving the Kitchen, Fruit, and Flower Garden, and Nursery; of Performing the Practical Parts of Agricultyure; of Managing Vineyards, and of Propagating All Sorts of Timber Three*, vol. 2, London: Printed for F. C. and J. Rivington, etc., 1807.

Soanes, Catherine. (ed.) *The Oxford Compact English Dictionary*, Oxford: Oxford University Press, 2002.

Taylor, George. *Dictionary of Scientific Biography*, vol. 1, New York: Charles Scribner's Sons, 1970.

Traill, Thomas Stewart. (ed.) *The Encyclopædia Britannica: or dictionary of arts, sciences, and general literature*, eighth edition, vol. 21, Edinburgh: Adam and Charles Black, 1860.

图书在版编目（CIP）数据

中国茶叶与近代欧洲 / 刘勇著 . --北京：社会科
学文献出版社，2023.9
ISBN 978-7-5228-1964-8

Ⅰ.①中… Ⅱ.①刘… Ⅲ.①茶文化-文化传播-欧
洲 Ⅳ.①TS971.21

中国国家版本馆 CIP 数据核字（2023）第 106230 号

中国茶叶与近代欧洲

著　　者 / 刘　勇

出 版 人 / 冀祥德
责任编辑 / 李期耀
文稿编辑 / 梅怡萍
责任印制 / 王京美

出　　版 / 社会科学文献出版社·历史学分社（010）59367256
　　　　　　地址：北京市北三环中路甲 29 号院华龙大厦　邮编：100029
　　　　　　网址：www.ssap.com.cn
发　　行 / 社会科学文献出版社（010）59367028
印　　装 / 北京盛通印刷股份有限公司

规　　格 / 开　本：787mm×1092mm　1/16
　　　　　　印　张：18　字　数：293 千字
版　　次 / 2023 年 9 月第 1 版　2023 年 9 月第 1 次印刷
书　　号 / ISBN 978-7-5228-1964-8
定　　价 / 89.00 元

读者服务电话：4008918866